INSEL-STUDIEN.

VERSUCH

EINER AUF OROGRAPHISCHE UND GEOLOGISCHE VERHÄLTNISSE GEGRÜNDETEN EINTHEILUNG DER INSELN.

VON

DR. F. G. HAHN,

DOCENT DER ERDKUNDE AN DER UNIVERSITÄT LEIPZIG.

MIT EINER KARTE IN FARBENDRUCK.

LEIPZIG,

VERLAG VON VEIT & COMP.

1883.

Druck von **Metzger & Wittig** in Leipzig.

Inhalt.

Seite

Erster Abschnitt. Zur Geschichte der Inselsysteme 1
Die morphologische und die biologische Methode 1. Geschichte der biologischen Methode 2. Einwürfe gegen die biologische Methode 10. Geschichte der morphologischen Methode 23 ff. Ueber die Grenze zwischen Insel und Continent 23. Grössenclassen der Inseln 27. Die Lage der Inseln zum Festlande 27 f. Unterscheidung der Inseln nach Form und Höhe 30.

Zweiter Abschnitt. Die tektonischen Inseln 34
Vergleichung der Inseln des Mittelmeeres mit der ostasiatischen und der westindischen Inselwelt 34 ff. Tiefenverhältnisse des Mittelmeeres 34. Tiefenverhältnisse der ostasiatischen Meere 38. Tiefenverhältnisse der westindischen Meere 41. Höhen der Inseln des Mittelmeeres 43. Höhen der ostasiatischen Inseln und Halbinseln 45. Höhen der westindischen Inseln 46. Die Inselcurven Ostasiens 47. Die Inselcurven Westindiens 51. Die Inselcurven des Mittelmeeres 52. Grosse Verbreitung vulcanischer Erscheinungen in den zu vergleichenden Gebieten 52. Die drei Vergleichungsgebiete gehören zu den Bruchzonen der Erde 53. Aufstellung des Begriffes der tektonischen Inseln 56. Die Inseln des Mittelmeeres sind theils Reste grösserer Schollen, theils vulcanische Bildungen 57. Der arktische Inselring besteht auch aus tektonischen Inseln 62. Tiefen und Höhen 65. Geologische Verhältnisse 66. Der antarktische Inselring 72. Tektonische Inseln im Atlantischen Ocean 76. Tektonische Inseln im Indischen Ocean 81. Ceylon ist keine tektonische Insel 90. Die tektonischen Inseln der Südsee 96.

Eintheilung der tektonischen Inseln nach ihrer Form und geologischen Beschaffenheit in sieben Hauptgruppen 110 ff.

Dritter Abschnitt. Die Erosionsinseln 116
Aufstellung des Begriffes der Erosionsinseln 116. Sechs Arten der Erosion hier zu berücksichtigen 117. Erosion in Folge von Temperaturschwankungen 117. Erosion durch den Wind 119. Erosion durch Niederschläge 121. Erosion durch Quellen und Flüsse 123. Erosion durch die Strömungen und Wellen des Meeres 124. Betrachtung einiger charakteristischer Erosionsküsten 131. Erosion durch Gletschereis 140. Geographische Verbreitung der Fjorde 141. Die Gletscher können nicht die alleinigen Urheber der Fjordbildungen sein 153. Welche Zugeständnisse dürfen wir der erodirenden Thätigkeit der Gletscher machen? 155.

Eintheilung der Erosionsinseln in fünf Typen 161.

Seite

Vierter Abschnitt. Die Aufschüttungsinseln 165

Aufschüttungsinseln schon dem VARENIUS bekannt 165. Minerogene Aufschüttungsinseln 166. Durch Bewegungen des Meeres aufgeschüttet 166. Durch vulcanische Ausbrüche aufgeschüttet 171. Phytogene Aufschüttungsinseln 174. Zoogene Aufschüttungsinseln 176. Geschichte der Theorien über die Koralleninseln 177. DARWIN's Korallentheorie und ihre Schicksale 179. Kritik dieser Theorie 182. Die Ansichten von SEMPER und REIN 191.

Schluss 193

Register 195

Erster Abschnitt.

Zur Geschichte der Inselsysteme.

Wenn wir auf einer Weltkarte die Oceane mit ihren unregelmässig verstreuten Inseln und Inselgruppen überschauen, wird sich uns sehr bald die Frage aufdrängen, ob sich denn nicht unter diesen so verschiedenartig gestalteten, bald hohen, bald flachen, theils kreisförmigen, theils langgestreckten, theils ganz unregelmässig geformten Inseln doch gewisse Grundtypen erkennen lassen. Dabei macht sich schon die Hoffnung geltend, dass es uns durch Auffindung solcher Grundformen gelingen möchte, auch über die Ursachen der unregelmässigen Vertheilung der Inseln und über ihre Bildungsgeschichte überhaupt grössere Klarheit zu gewinnen. Wir möchten wissen, warum der Atlantische Ocean so auffällig arm an Inseln ist, warum Asiens Ostrand von jenen merkwürdigen, nur ihm in dieser Weise eigenen Inselketten begleitet wird, warum manche Küsten, wie die norwegischen, schottischen und patagonischen, von einer Schaar dichtgedrängter Inseln umsäumt werden, während andere Küsten, wie Amerikas Westrand von Südchile bis zum Pugetsund, so gut wie völlig frei von Inseln sind. Ist jene Insel, die uns durch ihre seltsame Gestalt gerade auffällt, vom Meeresgrunde aufgestiegen oder ist sie ein losgerissenes Bruchstück eines grösseren Ganzen, vielleicht gar der letzte Rest eines völlig versunkenen Festlandes? Dürfen wir das Letztere annehmen, auf welche Weise wurde dann die Abtrennung bewirkt? Waren es Senkungen einzelner Theile der Erdrinde, oder die unablässige Thätigkeit der Meereswogen, der fliessenden Gewässer oder der Niederschläge, die den Zusammenhang endlich lockerten? War die Insel aber kein Bestandtheil eines Festlandes, ist sie dann durch vulcanische Thätigkeit aufgeschüttet worden, wurde sie von Korallen auf einer unterseeischen Bank langsam emporgeführt, oder haben die Winde und die Strömungen so lange Sand, pflanzliche und thierische Ueberreste zusammengetrieben, bis endlich die neue Insel den Meeresspiegel erreichte? Eine Antwort auf diese und andere Fragen hat man auf verschiedenen Wegen zu erhalten versucht.

Die Anhänger der morphologischen Methode betrachten Form, Küstengestaltung, Relief und geologischen Bau der Inseln, dann die Tiefenverhältnisse des umgebenden Meeres sowie die Lage der Inseln in Bezug auf andere Gruppen oder auf das Festland. Auf Grund der so gewonnenen Thatsachen versuchen sie dann ein System der Inseln aufzubauen. Wollen wir aber einen zweiten, besonders in den letzten Jahrzehnten oft gewählten Weg einschlagen, so werden wir zwar auch die physischen Verhältnisse der Insel nicht ausser Acht lassen dürfen, aber unsere Hauptbeweise werden wir einem anderen Gebiete entlehnen; wir werden die Flora und ganz besonders die Fauna der Insel darauf prüfen, ob wir an ihr Eigenthümlichkeiten entdecken, die uns andeuten, welchem Festlande (wenn dies überhaupt der Fall war) die Insel einst angehörte. Diese Methode können wir kurz als die biologische bezeichnen.

Von beiden Methoden ist die morphologische ohne Zweifel die ältere, wir finden Versuche einer morphologischen Classification der Inseln bei Strabo und wir sehen mit Genugthuung, wie der grosse Geograph des siebzehnten Jahrhunderts, Bernhard Varenius, ein Inselsystem aufstellte, das mit manchem der neueren Zeit wohl einen Vergleich aushalten kann. Aber auch die biologische Methode ist weit älter, als man häufig annimmt. Ihre Geschichte soll uns zunächst beschäftigen.

Oscar Peschel's noch oft zu erwähnende Aufsätze über die Inseln fussen, wenn sie auch viele eigene Zusätze enthalten, doch im Wesentlichen auf den Arbeiten der Engländer Darwin, Lyell und Wallace. Aber auch diese Naturforscher waren nicht die ersten, die aus der Vertheilung der Thierwelt Schlüsse auf die Geschicke von Erdräumen zu ziehen suchten. Vielmehr wurde dies in zusammenhängender Darstellung zuerst von dem Thiergeographen Eberhard August Wilhelm Zimmermann (1743—1815) versucht. Zimmermann schliesst seine umfangreiche Darstellung der gesammten Thiergeographie mit einem ziemlich langen Capitel über die verschiedenen Classen der Inseln und ihre Abgrenzung auf Grund thiergeographischer Thatsachen. Niemand wird bezweifeln, sagt er,[1]

[1] Specimen Zoologiae Geographicae, Lugd. Bat. 1777, S. 623.

dass aus den Wanderungen der Thierarten die Geschicke einer Gegend einigermaassen erkannt werden können; mit einiger Wahrscheinlichkeit könne man auch daraus entscheiden, ob diese oder jene Insel von Anbeginn der Welt Insel gewesen oder erst im Verlaufe der Zeiten entstanden sei. Inseln, die niemals Festland waren, nennt er ursprüngliche Inseln (*Insulae originales*);[1] diese können auf verschiedene Weise entstanden sein. Einige will er als Trümmer eines ganz versunkenen Festlandes betrachtet wissen, andere verdanken vulcanischen Kräften ihre Entstehung, noch andere wurden von Korallen erbaut oder sind von Wind und Wellen aufgeschüttet worden. Zunächst gesteht unser Thiergeograph nun zu, dass aus der Beschaffenheit und den Bodenverhältnissen der Inseln die Art ihrer Entstehung erkannt werden könne, ob aber eine Insel überhaupt als ursprünglich zu betrachten sei, will er nur an der Hand der zoologischen Erfahrungen untersuchen. Es werden nun die einzelnen Inseln sehr ausführlich besprochen, und ZIMMERMANN trifft hierbei vielfach das Richtige, so lückenhaft seine Kenntnisse über die Thierwelt der meisten Inseln auch noch waren. Grossbritannien wird nach Maassgabe seiner Thierwelt unbedingt für ein Zubehör des europäischen Festlandes erklärt. Unschlüssig bleibt ZIMMERMANN über die Stellung Islands, schliesslich will er es aber doch lieber den ursprünglichen Inseln zurechnen, da die Füchse und weissen Bären, welche die ersten Ansiedler daselbst fanden, leicht auf grösseren Eisschollen von Grönland herübergeschwommen sein könnten. Die umfangreicheren Inseln des Mittelmeeres sieht ZIMMERMANN sämmtlich für Bruchstücke der nächsten Festlande an, dagegen weist er die vulcanischen Liparen und manche Inseln des Aegäischen Meeres den ursprünglichen Inseln zu. Japan, die Philippinen, Sumatra, Borneo, Java sind für ZIMMERMANN nur abgetrennte Stücke Asiens, doch warnt er bei dieser Gelegenheit mit Recht,[2] über den ehemaligen Landzusammenhang entlegener Inseln voreilig zu entscheiden, bevor die Inseln selbst und ihre Thierwelt genauer erforscht seien. Nach einer längeren Auseinandersetzung über die geologische Geschichte Amerika's, dessen einstiger Zusammenhang mit Nordasien für nicht unmöglich gehalten, dessen ehemalige Verbindung mit wärmeren Gegenden Afrika's oder Asiens dagegen wegen der Verschiedenheit der Thierwelt gänzlich geläugnet wird, geht ZIMMERMANN endlich zu

[1] Der Ausdruck „ursprüngliche Inseln“ ist jetzt von KIRCHHOFF wieder in die Wissenschaft eingeführt worden, vgl. Zeitschr. für wissenschaftl. Geographie, Bd. 3 S. 171.

[2] Specimen, S. 629.

den Inseln der Südsee über.[1] Er führt aus den Reiseberichten Roggeveen's, Le Maire's, Cook's u. A. zahlreiche Belege für die seinen Zeitgenossen wohlbekannte Armuth jener Inseln an Säugethieren an. Wenn auch unser Autor die Möglichkeit, im Innern der grösseren Inseln bei genauerer Durchwanderung noch andere Säugethiere anzutreffen, nicht völlig ausschliessen kann, kommt er doch zu dem Ergebnisse, dass alle jene kleinen Inselgruppen weder mit der alten noch mit der neuen Welt jemals im Zusammenhang gestanden haben können, dass sie vielmehr nur als schmale Reste eines grossen, durch Ueberfluthung oder Erdbeben zu Grunde gegangenen Festlandes anzusehen sind. Auch Neuseeland müsse eines Zusammenhanges mit dem Australcontinent entbehrt haben, da die Känguruhs und andere Characterthiere Australiens auf Neuseeland fehlen.

Es dauerte lange, bis Zimmermann's gründliche Zusammenstellung durch eine neuere Arbeit entbehrlich gemacht wurde. Die zahlreichen Weltumsegler im letzten Viertel des achtzehnten und im ersten des neunzehnten Jahrhunderts brachten zwar viele wichtige Beobachtungen über die Thierwelt der besuchten Inseln mit, fassten aber ihre Wahrnehmungen nur selten zu Gesammtbildern zusammen. Wenn sie trotzdem, wie Forster und fast 50 Jahre später Chamisso „Lehrgebäude" über die Inseln aufstellten, zogen sie nur das äussere Bild und die Zusammensetzung der Inseln, nicht ihre Thierwelt zu ihren Vergleichen heran. (S. weiter unten.)

Reichen Gewinn brachte der Inselkunde Charles Darwin's Reise um die Erde (27. Dec. 1831 bis 2. Oct. 1836). Darwin untersuchte auf dieser Fahrt u. A. den in so vielen Beziehungen merkwürdigen St. Paulsfelsen, Fernando Noronha, die Falkland-Inseln, die Galápagos, die Keelings-Inseln, Mauritius, St. Helena und Ascension. Die beiden Hauptwerke Darwin's über die von ihm besuchten Inseln[2] gehören mehr in das Gebiet der Morphologie, wir werden uns später noch mit ihnen zu beschäftigen haben. Eine vollständige Darstellung der thiergeographischen Verhältnisse oceanischer Inseln hat Darwin nicht gegeben, doch finden sich in seinem Reisebericht[3] und in der „Entstehung der Arten"[4] vielfache zerstreute Bemerkungen,

[1] Specimen, S. 649 ff.

[2] Ueber den Bau und die Verbreitung der Korallenriffe, zuerst 1842 erschienen; ferner: Geologische Betrachtungen über die vulcanischen Inseln, zuerst 1844.

[3] Reise eines Naturforschers um die Welt, zuerst 1839, vgl. besonders S. 438 der Carus'schen Ausgabe (Stuttgart 1875).

[4] S. 472 der Bronn-Carus'schen Ausgabe. 6. Aufl. Stuttgart 1876.

die gleichsam die Bausteine bildeten, auf denen später WALLACE, PESCHEL u. A. ihre umfangreicheren Gebäude aufführten. Namentlich zeigte DARWIN viel bestimmter als Frühere, dass nicht nur die Inseln der Südsee, sondern alle Hochsee-Inseln an Landsäugethieren wie an Landreptilien äusserst arm sind, und dass landferne, nie mit einem Festlande verbundene Gruppen, wie die Keelings und die Galápagos, gleichsam einen Zufluchtsort für zufällig strandende Pflanzenarten darstellen; unter der geringen Zahl der überhaupt vorhandenen Arten werden also viele verschiedene Gattungen und Familien vertreten sein,[1] da bald von dieser bald von jener Küste her eine Vermehrung der Artenzahl erfolgte. Auf der kleinen Keelingsgruppe gehörten von den überhaupt gefundenen 20 Pflanzenarten[2] 19 zu verschiedenen Gattungen, diese wiederum zu 16 verschiedenen Familien. CHARLES LYELL empfing durch DARWIN's Forschungen Anregung zu einem der anziehendsten Abschnitte im zweiten Bande seines geologischen Hauptwerkes,[3] ganz besonders war es aber A. R. WALLACE, der das Begonnene rüstig weiterführte. Am 8. Juni 1863 legte WALLACE der geographischen Gesellschaft in London eine kleine Abhandlung über die physikalische Geographie des Malayischen Archipels vor,[4] welche die Resultate achtjähriger Forschungsreisen zusammenfasste. Diese Arbeit, die in manchen Beziehungen an PESCHEL's „Neue Probleme" erinnert, erregte sofort ungewöhnliches Aufsehen; eine Besprechung in PETERMANN's Mittheilungen[5] bezeichnet sie als ein grossartig aufgefasstes Bild des Indischen Archipels, wie man dergleichen nur sehr selten in der geographischen Literatur antreffe. WALLACE zeigt uns, wie der anscheinend so schwer übersichtliche Archipel sich zoologisch in eine asiatische und eine australische Region sondern lässt, wie die Grenze zwischen beiden durch die Celebessee, die Makassarstrasse und die schmale Strasse zwischen Bali und Lombok gebildet wird. Ueber die Tiefenverhältnisse der letztgenannten jetzt in jedem Lehrbuch erwähnten Strasse ist man übrigens noch sehr mangelhaft unterrichtet,[6] nur eine bei 50 Faden (= 91,5 m) abgebrochene Sondirung dicht unter der Küste von Bali dient als Stütze für die Annahme, dass der zoologischen Grenze hier auch ein tief eingeschnittenes unterseeisches Thal entspreche. Die

[1] Reise um die Welt, S. 523 ff.
[2] Ohne Kryptogamen und ohne Berücksichtigung der Bäume.
[3] Principles of Geology. 12. Aufl. London 1875. Bd. 2 S. 406 ff.
[4] Journal of the R. Geogr. Society. Bd. 33 (1863) S. 217 ff.
[5] Jahrgang 1865, S. 74.
[6] OTTO KRÜMMEL in Zeitschr. für wissensch. Geogr. Bd. 3 S. 3.

westwärts von jener Grenze belegenen Inseln stellen sich nun durch ihre Thierwelt als Anhängsel Asiens, die östlichen dagegen als Bestandtheile der australischen Welt dar, von kleinen Verschiedenheiten im Einzelnen natürlich abgesehen. WALLACE verschweigt uns nicht,[1] dass jene zoologische Grenze keineswegs auch eine physische ist. Die grosse Vulcanzone berührt beide Abtheilungen, Borneo hat in seiner Pflanzenwelt und seinem Klima manche Aehnlichkeit mit Neuguinea, die Molukken sind geologisch und auch botanisch den Philippinen verwandt, das trockene Klima Timor's greift bis an das Ostende Java's hinüber. Man sollte deshalb bei beschreibenden Darstellungen der Sundawelt die WALLACE'sche Grenze nicht allzusehr in den Vordergrund treten lassen. Auch dürfen wir nicht vergessen, dass schon WINDSOR EARL[2] den Archipel in ähnlicher Weise zertheilt hat wie WALLACE. Doch lässt er die zoologischen Verhältnisse unberücksichtigt und unterscheidet Inseln auf der seichten asiatischen Bank, Inseln auf der australischen Bank und Inseln, die zwischen beiden Flachmeeren aus grosser Tiefe aufsteigen. Rein geographisch betrachtet ist übrigens diese Eintheilung der WALLACE'schen entschieden vorzuziehen. Sehr eingehend hatte sich ausserdem SALOMON MÜLLER[3] mit der Thiergeographie der Sundawelt beschäftigt. MÜLLER betrachtet Celebes und Timor als die Inseln, auf denen die indische und die australische Fauna sich berühren. Die rasche Abnahme der Säugethiere nach Artenzahl und Grösse auf Celebes, den Molukken und der Inselreihe, welche die östliche Fortsetzung Java's bildet, war ihm wohlbekannt. Ebenso werden die übereinstimmenden Züge in der Thierwelt Sumatra's und Borneo's (während Java viel fremdartiger erscheint) mehrmals hervorgehoben.

Aber WALLACE zieht doch aus der Vergleichung der Thierwelt der einzelnen Sundainseln viel weitergehende Schlüsse als seine Vorgänger. Er zeigt uns,[4] dass sich Java früher als die anderen grossen Sundainseln vom Stamme Asiens losgelöst haben muss, dass ihm Borneo folgte, während Sumatra am längsten mit der malayischen Halbinsel vereinigt blieb. Noch früher als Java musste aber der entferntere Archipel der Philippinen seine Selbständigkeit gewonnen haben. Die Grundregeln, auf welche sich WALLACE stützte, waren sehr einfach. Inseln mit einer Thierwelt, die der eines naheliegenden Continentes ganz oder fast ganz gleicht, können erst vor

[1] Journal R. Geogr. Soc. Bd. 33 (1863) S. 231 f.

[2] Journal R. Geogr. Soc. Bd. 15 (1845) S. 358 ff. und Karte.

[3] Text zu BERGHAUS' Physikal. Atlas. Bd. 2 (Gotha 1848) S. 157 ff.

[4] a. a. O. Bd. 33 (1863) S. 228.

(geologisch gesprochen) kurzer Zeit Inseln geworden sein; solche Inseln dagegen, welche zahlreiche eigene Formen, besonders von alterthümlichem an längst verschollene Epochen erinnerndem, Habitus besitzen, müssen schon lange selbständig gewesen sein, bilden vielleicht nur die letzten Reste eines versunkenen Continentes. So kann nach Wallace die genaue Kenntniss der geographischen Vertheilung einer kleinen Gruppe von Vögeln oder Insekten dazu beitragen, die Inseln und Continente einer vergangenen Epoche vor unseren Augen neu erstehen zu lassen.[1]

Peschel hatte im Ausland zweimal über Wallace's Entdeckungen Bericht erstattet[2] und sicherlich sind Peschel's bekannte Aufsätze: „Ueber den Ursprung der Inseln“ und „Die Thier- und Pflanzenwelt der Inseln“[3] unter dem Einflusse der Wallace'schen Arbeit entstanden. Aber Peschel erweiterte die vorhandenen Andeutungen so sehr, dass sein System namentlich in Deutschland für lange Zeit an die Stelle der zunächst nur auf den malayischen Archipel angewendeten Aufstellungen des englischen Forschers trat. Das Inselsystem Peschel's lässt sich kurz folgendermaassen darstellen. Es wurden unterschieden:

A. Inseln, die niemals Festland waren.

1) Junge Inseln, von Korallen erbaut, arm an Pflanzen und Thieren, vorzüglich Säugethieren und Reptilien.

2) Junge Inseln vulcanischen Ursprungs, reicher an Arten als die vorige Gruppe.

3) Alte Inselvulcane, noch reicher an Arten, mit eigenen Pflanzen- und Thiertrachten, Zufluchtsstätten ausgestorbener Continentalarten.

B. Bruchstücke früherer Festlande.

4) Frisch abgetrennte Inseln mit derselben Pflanzen- und Thierwelt wie das benachbarte Festland.

5) Inseln, die sich in der geologischen Vorzeit abtrennten. Ihre Thier- und Pflanzenwelt zeigt bereits Verschiedenheit vom Mutterfestlande.

6) Zusammengeschrumpfte Weltinseln. Reichthum an eigengehörigen Arten mit alterthümlichem Anstrich.

---

[1] Wallace a. a. O. S. 233 f.

[2] Ausland 1863. S. 999 ff.; 1864. S. 1215 ff.

[3] Zuerst am 29. Jan. und 19. Febr. 1867 im „Ausland“ erschienen, dann in die Neuen Probleme (S. 24 und 44 der 2. Aufl.) aufgenommen.

[4] Neue Probleme. 2. Aufl. Leipzig 1876. S. 64 f.

Es versteht sich von selbst, dass diese Eintheilung nur von den Anhängern der biologischen Methode als maassgebend angesehen werden kann. Will man der Form und dem inneren Bau, sowie der geographischen Vertheilung der Inseln nur einige Beachtung schenken, wird man zu ganz anderen Resultaten gelangen. Gleichwohl fand PESCHEL's Inselsystem wegen seiner Klarheit und leichten Fasslichkeit Aufnahme in die meisten Lehr- und Handbücher der letzten Jahrzehnte.

Wie zu erwarten war, blieb WALLACE nicht bei jenen vorläufigen Ergebnissen, die sich doch immer nur auf einen kleinen Theil der Erde bezogen, stehen. Zwar sein nächstes grösseres Werk[1] bleibt noch auf das erste Forschungsfeld beschränkt, liefert aber namentlich in den zusammenfassenden Besprechungen der Naturverhältnisse der westlichen Sundainseln, der Timorgruppe, der Molukken und der Papua-Inseln werthvolle Ergänzungen.

In WALLACE's späteren Werken, in der „Geographischen Verbreitung der Thiere“[2] und ganz besonders im „Island Life“[3] werden aber die im südöstlichen Asien gewonnenen Anschauungen auf die ganze Erde angewendet. Namentlich an das letztgenannte Werk müssen wir uns halten, wenn wir WALLACE's neuere Ansichten über die Eintheilung der Inseln kennen lernen und mit denen PESCHEL's vergleichen wollen. Auffällig ist, dass in keinem der erwähnten Werke PESCHEL's Arbeiten auch nur erwähnt sind, überhaupt werden nichtenglische Quellen von WALLACE nur ausnahmsweise herausgezogen.

WALLACE's Inselsystem ist nicht schwer zu merken. Inseln, sagt er,[4] können zwei Entstehungsursachen haben, entweder sind sie abgetrennte Bruchstücke von Continenten oder sie sind im Ocean entstanden, ohne Continenten angehört zu haben. Die Continentalinseln werden dann noch in ältere und jüngere eingetheilt und wir erhalten so das folgende Schema:

A. Jüngere Continentalinseln, liegen meist auf unterseeischen Bänken, werden von einem nicht über 100 Faden (= 183 m) tiefen Meere umgeben, ähneln den benachbarten Continenten in ihrer geologischen Zusammensetzung, ihre Fauna ist der des Continentes ganz oder fast ganz gleich.

---

[1] The Malay Archipelago, 2 Bde., London 1869, in deutscher Ausgabe von A. B. MEYER, Braunschweig 1869, 2 Bde.

[2] The geographical Distribution of Animals. 2 Bde. London 1876. Deutsch von A. B. MEYER. 2 Bde. Dresden 1876.

[3] Island Life. London 1880. Mit zahlreichen, auch die Seetiefen berücksichtigenden Kärtchen der Inselgebiete.

[4] Island Life. S. 234.

B. Aeltere Continentalinseln werden schon durch tiefere Meeresstrecken (1000 Faden oder darüber) von den Continenten getrennt, ihre geologische Beschaffenheit variirt sehr, ist aber den Continenten auch noch ähnlich; ihre Fauna ist reich, aber eigenthümlich und wird durch ihren fragmentarischen Charakter (so dass manche auf Continenten gut vertretene Ordnungen ganz oder fast ganz fehlen) und durch alterthümliche Formen bezeichnet.

C. Oceanische Inseln. Sie liegen weit von den Continenten entfernt und sind von sehr tiefen Meeresbecken umgeben; sie sind entweder vulcanisch oder von Korallen erbaut, entbehren der einheimischen Landsäugethiere und Landreptilien, können aber an Vögeln und Insecten reich sein.

Wir gewahren hier, wie WALLACE sich nicht mehr ganz mit den thiergeographischen Thatsachen begnügt, sondern auch die Geologie der Inseln und, was besonders wichtig und nothwendig ist, die Tiefen des umgebenden Meeres betrachtet, aber wir müssen auch eingestehen, dass PESCHEL's Inselsystem entschieden reichhaltiger und dabei doch nicht weniger übersichtlich war. Wir werden später sehen, dass WALLACE die Zuverlässigkeit seiner Kennzeichen, soweit er sie der Thiergeographie entnimmt, etwas überschätzt hat. Eine ganze Reihe anderer Bedenken gegen WALLACE's Inseltafel ist neuerdings von ALFRED KIRCHHOFF geltend gemacht worden. KIRCHHOFF hatte schon 1879[1] eine kleine Studie über die Entstehung der Inseln veröffentlicht. Damals entschied er sich für ein höchst einfaches System, das nur Festlandbruchstücke (Abgliederungsinseln und Reste sonst ganz versunkener Festlande), ferner Koralleninseln, die damals noch fast überall als Denksteine einer Küstensenkung galten, endlich ursprünglich oceanische Inseln, stets vulcanischer Abkunft kannte. In seiner neueren Arbeit[2] zieht KIRCHHOFF zwar auch noch vorwiegend biologische Thatsachen zur Begründung seiner Sätze heran, aber er erkennt doch schon an, dass eine allen ausschliessliche Berücksichtigung der Thier- und Pflanzenwelt der Inseln unter Vernachlässigung der Thatsachen, die uns die Orographie, Geologie und ganz besonders die Tiefseeforschung an die Hand geben, auf Irrwege führen kann. Die Aufschüttungsinseln und die nichtvulcanischen Hebungsinseln fügt er seinem System hinzu, wobei wir aber nicht vergessen wollen, dass schon STRABO und VARENIUS wussten, dass aus

[1] Deutsche Revue. Jahrgang 3. Band 2 (Januar — März 1879), S. 96 ff., besonders 105.

[2] Zeitschr. für wissensch. Geogr. Bd. 3. S. 169 ff., besonders 172.

dem Material, welches die Strömungen des Meeres hier und da zusammentragen, unter besonders günstigen Verhältnissen wohl Inseln entstehen können.[1] Jedenfalls bezeichnet KIRCHHOFF's Inselsystem WALLACE und auch PESCHEL gegenüber einen höchst beachtenswerthen Fortschritt, es lautet folgendermaassen:

I. Festländische Inseln.
   1) Abgliederungsinseln.
   2) Restinseln.

II. Ursprüngliche Inseln.
   1) Submarin entstandene Inseln.
   2) Aufschüttungsinseln (von denen die Koralleninseln nur eine besondere Form sind.)
   3) Nichtvulcanische Hebungsinseln.

Begreiflicherweise konnten die Verfasser unserer grösseren geographischen und geologischen Lehr- und Handbücher dieses neuere System noch nicht berücksichtigen, sie geben meist noch die älteren Anschauungen von WALLACE und PESCHEL in grösserer oder geringerer Ausführlichkeit wieder.[2] Nur GUTHE-WAGNER berücksichtigt KIRCHHOFF's erste Arbeit.

Ohne Zweifel haben die Untersuchungen DARWIN's, WALLACE's, PESCHEL's und Anderer in hohem Grade anregend gewirkt und der Erdkunde manchen Freund gewonnen. Denn es musste für Viele einen eigenen Reiz haben, den früheren Geschicken einer einsamen, um mit RITTER zu reden „mondfernen" Insel nachzuspüren und mit Hülfe der durch das Studium der insularen Thierwelt gewonnenen Andeutungen die Continente, die man in den Tiefen der grösseren Oceane versunken wähnte, gleichsam wieder auftauchen zu lassen. Dringend ist zu wünschen, dass die in den letzten Jahrzehnten mit Erfolg begonnenen biologischen Forschungen auf oceanischen, selten besuchten Inseln nicht nur fortgesetzt, sondern noch kräftiger und rascher als bisher gefördert werden möchten. Denn die Thier- und Pflanzenwelt gerade der kleineren Inseln ist in einer äusserst raschen Umwandlung begriffen. Bald werden, sagt MOSELEY, die insularen Floren und Faunen verschwunden sein; was jetzt in ihrer Erforschung

---

[1] Vgl. darüber unten.

[2] Vergl. z. B. HANN, HOCHSTETTER u. POKORNY, Allgemeine Erdkunde. 3. Aufl. Prag 1881. S. 203 u. 588 ff. CREDNER, Elemente der Geologie. 4. Aufl. Leipzig 1878. S. 12 f. GUTHE-WAGNER, Lehrbuch der Geographie. 5. Aug. Hannover 1882. Bd. 1 S. 85 f. GEIKIE, Kurzes Lehrbuch der physikalischen Geographie. Deutsch von WEIGAND, Strassburg 1881. S. 320 ff. RECLUS, La Terre. 3. Aufl. Paris 1876. Bd. 2 S. 227 ff.

versäumt wird, kann niemals wieder eingeholt werden und wird für immer eine klaffende Lücke in unseren Kenntnissen bilden.[1] Aber gerade in dieser raschen Veränderlichkeit liegt nun, wie ich glaube, das wesentlichste Bedenken gegen die Verwendbarkeit biologischer Wahrnehmungen für geographische, doch auf längere Dauer berechnete Inselsysteme begründet. Man hat den Einfluss des Menschen und der durch ihn eingeführten Thiere und Pflanzen auf die organische Welt der Inseln zu gering angeschlagen. Einige Beispiele werden darthun, in wie kurzer Zeit sich durch anscheinend geringfügige Einflüsse das Pflanzenkleid und mit ihm die Thierwelt einer Insel gänzlich verändern kann. Mehrere Fälle der raschen Ausrottung einer hülflosen Thierart sind in den beiden letzten Jahrhunderten genau verfolgt worden, wir müssen aber bedenken, dass sich diejenigen Veränderungen, welche vor der Ankunft der Europäer z. B. auf den Südseeinseln durch die ausgedehnten Wanderungen der Polynesier eintraten, so gut wie ganz der nachträglichen Feststellung entziehen. Oft bleiben nur höchst dürftige Knochenreste als letzte Spuren einer erloschenen Art übrig; wie wollen wir aber nachweisen, welche Veränderungen im Pflanzenreiche vor Jahrhunderten vorgingen, da die Fälle, dass sich Reste erloschener Pflanzen im Boden, oder rohe Zeichnungen derselben an den Geräthen der Eingeborenen erhielten, doch äusserst selten sind?

Besonders rasch haben sich die grossen Landschildkröten einiger Archipele des Indischen Oceans und der Südsee an Zahl vermindert. Auf den westlichen kleinen Inselgruppen des Indischen Oceans scheinen sie sich nur noch auf Aldabra zahlreicher erhalten zu haben, aber auch hier wird die Elephantenschildkröte (Testudo nigra) in neuerer Zeit nicht mehr so gross als früher, da die Nachstellungen überhandnehmen. Ein Hamburger Kaufmann, welcher diese Inseln 1847 besuchte, erzählte dem Afrikareisenden v. d. Decken, dass hundert Menschen in kurzer Zeit dort 1200 solcher Schildkröten gefangen hatten.[2] Wenn sich solche Verwüstungen öfters wiederholen, ist die gänzliche Ausrottung dieser Thiere allerdings nur noch eine Frage der allernächsten Zeit.

Aehnlich steht es mit den durch Darwin's Schilderungen allgemein bekannt gewordenen Landschildkröten der Galapagos. Die ersten Verwüstungen beschränkten sich nur auf die dem Meere

[1] Moseley, Notes by a Naturalist on the „Challenger". London 1879. S. 598 f.

[2] v. d. Decken, Reisen in Ostafrika. Leipzig und Heidelberg 1871. Bd. 2 S. 119; vgl. auch Günther in Neumayer's Anleitung zu wissenschaftlichen Beobachtungen auf Reisen. Berlin 1875. S. 394.

nächsten Strecken, 1813 waren die Thiere selbst dort noch recht zahlreich,[1] DARWIN konnte aber schon eine merkliche Abnahme wahrnehmen,[2] was begreiflich genug ist, da einzelne Schiffe bis zu 700 Stück mit fortgeführt haben sollen. COOKSON führt an, dass in Zeit von zwölf Monaten allein auf Albemarle Island an 3000 dieser Thiere vertilgt wurden.[3] Ausser den Walfischfängern und den Insassen der früher auf den Galápagos befindlichen Strafkolonie haben die Schildkröten auch an den zahlreichen verwilderten Hunden gefährliche Feinde. Auf Charles Island, Chatham Island, James Island und Indefatigable Island scheinen sie jetzt fast erloschen, nur auf Albemarle Island, das viele unzugängliche Partien hat, werden sie sich, wie COOKSON (a. a. O.) meint, trotz aller Verfolgungen durch Menschen und Hunde noch einige Zeit erhalten.

Der Mensch verschleppt aber auch bisweilen Amphibien freiwillig oder unfreiwillig über weite Strecken; finden diese in ihrer neuen Heimath ein passendes Klima und zusagende Nahrung vor, so können sie dort ausdauern und unter Umständen wohl zu Missverständnissen Veranlassung geben. GÜNTHER (a. a. O. S. 394) macht darauf aufmerksam, dass kleine Schildkröten bisweilen von Matrosen in grösserer Anzahl aus einer Tropengegend in die andere gebracht werden. Auch kleinere Schlangen und Eidechsen können zufällig auf Schiffe gerathen und mit diesen weite Reisen machen. Die Naturforscher der Novara-Expedition bemerkten eines Morgens in einer Cabine eine Seeschlange (*Pelamys bicolor*), welche ganz unbemerkt auf das Schiff gelangt war und sehr leicht auch, wie HOCHSTETTER hinzufügt,[4] an einem weit entfernten Orte ebenso unbemerkt das Meer wieder aufsuchen konnte. So mögen auch hier und da Landschlangen mit der Ladung an Bord kommen. Andere Transportmittel bieten ihnen schwimmende Baumstämme oder losgerissene Stücke des Ufers in den grossen Strömen der Tropenländer. Man hat solche schwimmende Inseln Hunderte von Kilometern vom Festlande entfernt treiben sehen. SPIX und MARTIUS bezeugen ausdrücklich, dass Schlangen auf dem Amazonas diese Flösse als unfreiwillige Passagiere benutzten.[5] Die südamerikanische Boa constrictor, welche um einen Treibholzstamm geringelt, die Insel St. Vincent erreichte, glücklicherweise aber be-

[1] SCHMARDA in BEHM's geogr. Jahrb. Bd. 6 S. 143.
[2] DARWIN-CARUS, Reise eines Naturforschers. S. 431.
[3] Proc. Zoological Soc. 1876. S. 524 ff.
[4] HOCHSTETTER, Neuseeland. Stuttgart 1863. S. 430.
[5] SPIX u. MARTIUS, Reise in Brasilien. München 1823—31. Bd. 3 S. 1011 ff.

merkt und getödtet wurde, ist ein anderes oft erwähntes Beispiel.[1] Wahrscheinlich spielen aber Verschleppungen durch Schiffe eine grössere Rolle als solche Naturflösse, die in der Regel bald von den Wellen auseinandergerissen werden.

Der Moa, der Riesenvogel Neuseelands, ist wahrscheinlich in sehr kurzer Zeit von den einwandernden Maoris, denen er als willkommene Beute diente, vertilgt worden, da ihm keinerlei Mittel zum Entfliehen oder zur Vertheidigung zu Gebote standen. Noch im Jahre 1823 will ein Robbenjäger Moaknochen mit dem Fleische daran im Molyneuxhafen auf der Südinsel gesehen haben. Ob vielleicht noch jetzt einzelne Moas in den kleinen noch nicht genauer durchforschten Theilen Neuseelands ihr Leben fristen, ist ganz ungewiss und jedenfalls nicht wahrscheinlich.[2] Die Ueberreste des erloschenen Thieres sind aber keineswegs so häufig zu finden, als man denken sollte, HOCHSTETTER musste lange suchen, bis er einige Fundstätten ermitteln konnte.

Der Dodo oder Dronte (*Didus ineptus*) auf Mauritius, Réunion und Rodriguez wurde 1598 zuerst beschrieben. In demselben Jahre wurde aber durch die Leute des holländischen Admirals WYBRAND mit seiner schonungslosen Vertilgung begonnen.[3] Er konnte weder fliegen noch sich durch schnellen Lauf retten, bereits 1681 wird er zum letzten Male als lebend erwähnt, noch vor dem Ablauf des 17. Jahrhunderts scheint sich am Dronte das Schicksal erfüllt zu haben, welches vertheidigungslose Thiere auf Inseln, wo keine Flucht möglich ist, stets betrifft, sobald sie von einem mächtigeren Gegner angegriffen werden. Wie BORY DE ST. VINCENT nachwies, waren am Anfang unseres Jahrhunderts selbst keine Traditionen mehr vom Dronte auf Mauritius vorhanden. Auch vom Dronte haben sich nur verhältnissmässig wenig Knochenreste erhalten.[4] Auf dem grösseren Madagaskar ist ein grosser Vogel, der *Aepyornis maximus*, erst in den letzten Jahrhunderten erloschen. WALLACE wenigstens glaubt,[5] dass der Aepyornis vor 200 Jahren noch gelebt habe und diese Annahme wird durch MARCO POLO's Bericht von einem Riesenvogel auf Madagaskar immerhin gestützt, schwerlich wird sich aber der Zeitpunkt

[1] Zoological Journal. Bd. 3 (1827) S. 406. Vgl. auch LYELL, Principles of Geology. 12. Aufl. London 1875. Bd. 2, S. 369.

[2] HOCHSTETTER, Neuseeland. S. 460 ff.

[3] SCHMARDA, Geogr. Verbreitung der Thiere. Wien 1853. Bd. 1 S. 215. WALLACE, Geogr. Verbreitung der Thiere. Bd. 1 S. 197 f. der deutschen Ausgabe.

[4] HOCHSTETTER, Neuseeland. S. 440 f.

[5] Geogr. Verbreitung der Thiere. Bd. 1 S. 198.

des Erlöschens genauer fixiren lassen. Die früher sehr spärlichen Reste des Vogels sind neuerdings durch Grandidier etwas vermehrt worden.[1]

Noch weit schneller erfolgte die Vernichtung des Borkenthieres, der Steller'schen Seekuh (*Rhytina Stelleri*). 1741 entdeckte der deutsche Naturforscher Steller das Borkenthier an der Beringinsel und schon 1768 soll nach den bisherigen Annahmen das letzte Exemplar erlegt worden sein. Neuere Berichte, welche Nordenskiöld auf der Beringinsel sammelte, machen es jedoch sehr wahrscheinlich, dass das Borkenthier in einzelnen Exemplaren auch später noch vorkam.[2] Im Jahre 1779 oder 1780 hatte man noch Seekühe getödtet, während sie bei niedrigem Wasserstande Seepflanzen frassen. Dann scheint man viele Jahre kein Stück wieder gesehen zu haben. Zwei russisch-aleutische Mischlinge berichteten aber dem schwedischen Polarfahrer, dass sie vor ungefähr 25 Jahren (also zwischen 1850 und 1855) an der Ostseite der Insel ein ihnen unbekanntes Thier bemerkt hätten, das jedenfalls mit dem Borkenthier grosse Aehnlichkeit gehabt haben muss, wenn wir nicht vorziehen, es geradezu als ein solches zu bezeichnen. Auch die übrigen Thiere der Beringinsel hatten bei Nordenskiöld's Besuche stark abgenommen, so der Seebär, die Seeotter und sogar der Polarfuchs. Nordenskiöld konnte allerdings noch eine ziemliche Menge von Knochenresten des Borkenthieres einsammeln, hat aber damit den noch vorhandenen Rest wohl ziemlich erschöpft. Die Alaska-Gesellschaft hatte vor seiner Ankunft vergeblich 150 Rubel für ein Skelet geboten. Die Rippen waren seltener als die anderen Knochen, da sie wegen ihrer Härte von den Eingeborenen zum Beschlagen der Schlitten und zu Beinschnitzereien verwendet wurden.[3] Auf diese Weise mögen die Reste noch anderer ausgestorbener Thiere gleichfalls der Nachwelt so gut wie ganz entzogen sein.

Einzelne Thierarten lassen in ihrem Auftreten eigenthümliche, nicht auf menschliche Einwirkung zurückführende Schwankungen wahrnehmen, die wir am einfachsten durch zeitweilige oder dauernde klimatische Veränderungen erklären können. Jeder Insectensammler weiss, dass seltene Arten, die einem gewissen Bezirk viele Jahrzehnte lang fremd geblieben waren, plötzlich in Menge auftreten können,

---

[1] Vergl. auch Sibree, Madagaskar. Leipzig 1881. S. 59.

[2] Nordenskiöld, Umsegelung Asiens und Europas auf der „Vega". Bd. 2. Leipzig 1882. S. 260 ff. Einiges auch Petermann's Mittheilungen 1881. S. 28. Nordenskiöld nimmt 1854 als das Todesjahr des Rhytinageschlechtes an.

[3] Nordenskiöld, a. a. O. Bd. 2 S. 268.

um dann wieder auf längere Jahre zu verschwinden. Eine grosse Reihe hierhergehöriger, auf verschiedene Thierarten bezüglicher Thatsachen hat SCHMARDA gesammelt.[1] Darunter sind die Angaben über das Verschwinden und Wiedererscheinen der Fledermäuse (*Vespertilio noctua*) in Südschweden von besonderem Interesse. *Alauda alpestris* war LINNÉ nur als amerikanischer Vogel bekannt, jetzt ist sie auf ihrem Zuge durch Nordasien und Nordeuropa schon bis Helgoland gelangt. WESTERLUND sagt sehr richtig im Eingange eines Aufsatzes[2] über die geographische Verbreitung der Vögel in Skandinavien: „Sowohl im Thier- wie im Pflanzenreich findet ein beständiger Wechsel statt, der nicht nur im Laufe der Jahrhunderte, sondern in weit kürzerer Zeit die Fauna und Flora eines Landes bedeutenden Veränderungen unterwirft." WESTERLUND führt u. A. noch an, dass durch das Trockenlegen der Sümpfe auf der Insel Gotland zwei Vogelarten (*Limosa melanura* und *Larus minutus*) von der Insel vertrieben wurden. Erstere Art hat auf Oeland einen neuen Zufluchtsort gefunden, die letztgenannte aber soll ganz aus Skandinavien verschwunden sein. Jedenfalls sind wir nicht ohne Weiteres berechtigt, denjenigen Zustand der Fauna eines Landes und zumal einer kleinen landfernen Insel, den wir gerade beobachten können, als einen solchen zu betrachten, der schon Jahrhunderte lang bestand und noch Jahrhunderte bestehen wird. Wie dürfen wir aber dann unser Inselsystem auf Thatsachen und Erscheinungen gründen, die schon nach einem einzigen Jahrhundert vielfach andere geworden sein können? Die Naturforscher des nächsten Jahrhunderts werden auf sehr zahlreichen und nicht blos kleineren Inseln die ärmlichen Reste der ursprünglichen Fauna nicht mehr studiren können, die jetzt noch vorhanden sind, wohl aber werden sie sich einer rasch fortschreitenden Einwanderung fremder, namentlich europäischer und nordamerikanischer Thierarten gegenüber sehen. Und was der Fauna gilt, das trifft auch für die Flora der Inseln und Archipele zu. Selbst jetzt schon ist auf einzelnen Inseln die Verdrängung der einheimischen Pflanzen durch die europäischen fast vollendet. Zu diesen Inseln gehört vor Allem St. Helena. Die früher reichlich vorhandenen Wälder sind längst verschwunden. Der allgemeine Anblick der Insel ist jetzt ein ziemlich kahler, da wohl zahlreiche niedrige Pflanzen neu eingeführt wurden, Bäume aber nur schwer wieder gedeihen, weil die heftigen Regengüsse den zum Wachsthum des Waldes nöthigen Boden rasch

[1] SCHMARDA, a. a. O. Bd. 1 S. 200 f.

[2] PETERMANN's Mittheilungen 1870. S. 373.

hinweggespült haben. Die Waldverwüstung wurde hier wie auf anderen Vulcaninseln durch Waldbrände, durch unverständige Ausnutzung der Bestände, ganz vorzüglich aber durch die Ziegen verursacht, welche da keinen Nachwuchs aufkommen lassen, wo sie einigermaassen zahlreich vorhanden sind.[1] Auf St. Helena waren die Ziegen 1513 durch die Portugiesen eingeführt worden, 1588 waren sie schon auf viele Tausende angewachsen. Wie rücksichtslos auch die Beamten der Ostindischen Compagnie, welcher die Insel seit 1651 gehörte, dann gegen die Wälder vorgingen, ist bei WALLACE ausführlich erzählt. Ausdrücklich wurde geboten, die Ziegen zu schonen, welche mehr werth seien als Bauholz. Nachdem die Ziegen mit den Wäldern aufgeräumt hatten, musste mit grossen Kosten Bauholz eingeführt werden. Von den 746 blühenden Gewächsen, welche man auf St. Helena jetzt zählt, gehören nur noch 52 der einheimischen Flora an, die übrigen stammen meist aus England, einige aber auch aus Amerika, Südafrika und Australien. Als der jüngere HOOKER während JAMES CLARKE ROSS' Südpolarreise die Insel zweimal besuchte, war während seiner Abwesenheit, wie PESCHEL[2] hervorhebt, schon eine einheimische Pflanze ausgestorben, das Fortbestehen einiger anderen Arten erschien stark bedroht. Die einheimische Flora hat sich jetzt auf einige unzugängliche Berghöhen zurückgezogen, der Anblick der Pflanzenwelt des Restes der Insel ist fast ganz europäisch geworden. Diese Umwandlung hat begreiflicherweise auch den Untergang vieler auf die Pflanzen angewiesenen Thiere zur Folge gehabt (WALLACE a. a. O. S. 286), und man muss sich wundern, dass neuerdings WOLLASTON doch noch 129 der Insel eigenthümliche Insectenarten auffinden konnte. Manche Arten müssen also den Wechsel in der Nahrung ohne Schaden überstanden haben.

Auch auf Rodriguez[3] sind die Wälder und mit ihnen der grösste Theil der einheimischen Flora überhaupt jetzt verschwunden. Die enthusiastischen Beschreibungen, welche LEGUAT im Jahre 1691 von der Insel entwarf, passen heute nicht mehr. Auch hier waren es die sehr zahlreichen Ziegen- und Rindviehheerden, daneben auch häufige Waldbrände, welche die Umwandlung herbeiführten. Fremde Pflanzen haben sich massenhaft verbreitet und die Reste der alten Flora auf wenige Punkte zurückgedrängt. Die etwa vor 30 Jahren eingeführte *Lucaena glauca* überzieht den Boden auf grossen Strecken,

---

[1] WALLACE, Island Life. S. 283 ff.

[2] Neue Probleme. 2. Aufl. S. 61.

[3] PETERMANN's Mittheilungen 1880. S. 289. Vgl. auch Philos. Transact. Bd. 168 (Extraband, 1879), S. 289—293.

unter ihr aber kann nichts gedeihen. Diese rasche Verbreitung wird erklärlich, wenn wir erfahren, dass Rinder und Ziegen die Blätter und Schösslinge dieser Pflanze sehr lieben und ihre Samen überall hin verbreiten. Sogar auf dem grösseren, viele Zufluchtsstätten darbietenden Neuseeland konnte eine im raschen Fortschreiten begriffene Aenderung der Flora nachgewiesen werden. Schon HOCHSTETTER bemerkte deutliche Anzeichen des Unterganges der alten Flora;[1] in den letzten Jahrzehnten scheinen europäische Pflanzen und mit ihnen auch Thiere noch rascher vorgedrungen zu sein. Englische Unkräuter erreichen eine in der Heimath beispiellose Entwickelung, Sauerampfer und Disteln werden häufig, mit ihnen kommen Kaninchen, europäische Ratten und Mäuse, Feldlerchen, Sperlinge und Hausfliegen zum Theil in so grosser Menge, dass sie Landplagen geworden sind.[2] Dafür sind die einheimischen Pflanzen und Thiere mehr und mehr verschwunden, so dass die Maori diese Umwandlung der ganzen Physiognomie ihrer Inseln für ein Vorzeichen ihres eigenen unvermeidlichen Erlöschens ansehen.[3]

Selbst im Innern grosser Continente ändert sich mit dem Vordringen neuer Völkerstämme die Pflanzenwelt rascher als man oft annimmt. KOHL[4] versichert, dass die amerikanischen wilden Pflanzen den europäischen Unkräutern fast eben so schnell weichen, wie die Indianer den Europäern. Europäer brauchen angeblich nur einmal durch einen Wald zu reisen und ihr Bivouacfeuer anzuzünden, sogleich wird dieser Platz durch europäische Pflanzen bezeichnet bleiben. Die Indianer, die mit diesen Erscheinungen ebenso bekannt sind wie die Neuseeländer, nennen deshalb unseren Wegbreit (*Plantago major*) des Weissen Fusstapfen. In den Pampas hatte schon AZARA wahrgenommen,[5] dass an den Rändern eines jeden zu einer neu gebauten Hütte führenden Weges bald Pflanzen auftreten, welche in der Nähe bisher nicht vorkamen.

Auch wenn die Thier- und Pflanzenwelt der Inseln nicht den eben durch einige Beispiele erläuterten raschen Veränderungen unterläge, würden unsere nur auf biologische Wahrnehmungen gegründeten Inselsysteme immer noch durch die unvermeidliche Unvollkommenheit der ersten Erforschung eines Gebietes beeinflusst und je nach der Gewinnung genauerer Kenntnisse modificirt werden

[1] HOCHSTETTER, Neuseeland. S. 97.
[2] PETERMANN's Mittheilungen 1882. S. 381.
[3] HOCHSTETTER, Neuseeland. S. 479.
[4] KOHL, Reisen in Canada. Stuttgart u. Augsburg 1856. S. 160 f.
[5] DARWIN-CARUS, Reise eines Naturforschers. S. 136.

müssen. Der erste Forscher, welcher ein noch wenig bekanntes Faunengebiet betritt, wird über die scharfen Grenzen characteristischer Arten, die er zu bemerken glaubt, erstaunt sein; ein zweiter Sammler, dem vielleicht mehr Zeit zur Verfügung steht, wird nicht nur eine Menge von Arten entdecken, die seinem Vorgänger noch entgangen waren, er wird sich in der Regel auch überzeugen, dass eine Menge von Ausläufern einer Region in das Nachbargebiet hineinreichen. Die anfänglich auf den Karten eingezeichneten scharfen Grenzen der thiergeographischen Gebiete werden nun unregelmässiger, Uebergangsgebiete und Exclaven sind nachzutragen, die man zuerst übersehen hatte. Selbst WALLACE's früher besprochene Sonderung der Sundawelt in eine asiatische und australische Region ist von solcher Umwandlung nicht ganz verschont geblieben. Die Insel Celebes z. B. wurde anfänglich entschieden zur australischen Region gestellt,[1] später meinte WALLACE aber, dass es fast unmöglich sei, zu entscheiden, ob die Fauna dieser Insel mehr Asien oder Australien zuneige.[2] Man könne Celebes mit ebensoviel Recht ersterem wie dem letztgenannten Erdtheil zuweisen. In seinem neuesten Werke wiederum constatirt er,[3] dass von 16 Species der Landsäugethiere jener Insel 4 sich an Australien, 12 an Asien anschliessen, wenn sich auch unter letzteren manche ganz eigenthümliche Formen finden. Eine frühere enge Landverbindung mit Australien oder den Molukken ist ihm jetzt eben so zweifelhaft wie eine solche mit Asien. So änderten sich mit dem Fortschreiten der zoogeographischen Entdeckungen die Ansichten eines gründlichen Kenners der Sundawelt über die Zugehörigkeit einer wichtigen Insel.

Wie bedenklich es sein kann, allzufrüh aus angeblich festgestellten Uebereinstimmungen in der Thierwelt weit von einander entfernter Länder und Inseln Schlüsse über die geologischen Geschicke derselben zu ziehen, lehrt das Beispiel Lemuriens. Aeltere Nachrichten über das Verbreitungsgebiet der Lemurinen oder Fuchsaffen hatten zu der Annahme eines grossen, jetzt ganz im Indischen Ocean versunkenen Continentes geführt, welcher Ceylon mit den ostafrikanischen Inseln in Verbindung gesetzt haben sollte. SCLATER hatte diesen Continent nach jenen Affen Lemuria getauft. Der mythische Continent fand grossen Anklang und wurde rasch in die elementarsten Darstellungen aufgenommen. PESCHEL war einige Zeit

---

[1] Journal R. Geogr. Soc. 1863. S. 229 und Karte.

[2] Geogr. Verbreitung der Thiere. Bd. 1 S. 450 f.

[3] Island Life. S. 426 u. 434.

hindurch nicht abgeneigt, Lemurien für ein anthropologisches Bedürfniss zu halten, da wir dann „die niedrig stehenden Bevölkerungen Australiens, Indiens sowie die Papuanen der hinterindischen Inseln, endlich auch die Neger fast trockenen Fusses in ihre heutigen Wohnstätten einziehen lassen könnten.“[1] Er deutet auch an, wie man sich wohl vorstellen könne, dass das erste Auftreten des Menschen gerade auf jenem jetzt versunkenen Continent stattgefunden habe, durch das allmähliche Untertauchen Lemuriens habe sich die Austreibung aus dem Paradiese unerbittlich vollziehen müssen. Neuere Untersuchungen haben jedoch den Glauben an die Existenz Lemuriens gänzlich zerstört. Man hat ermittelt, dass die Lemuren nicht blos, wie man anfänglich glaubte, auf Madagaskar und Südasien beschränkt sind, man weiss jetzt, dass einige Arten derselben auch die Senegalländer, Sierra Leone und Fernando Po sowie Zanzibar und Natal bewohnen.[2] Peschel hatte schon zu Tiefenmessungen im Indischen Ocean aufgefordert, um zu ermitteln, ob noch Höhenüberreste des verschwundenen Lemurien vorhanden sein möchten.[3] Neuere übersichtliche Tiefenkarten des Indischen Oceans, wie sie Wallace und Krümmel gegeben haben,[4] wissen aber nichts von einer ausgedehnten Flachsee, die das Grab Lemuriens andeuten könnte. Alles, was man erblickt, sind einige grosse, aber nicht einmal besonders seichte Bänke. Eine von ihnen ist zwar nicht viel kleiner als Madagaskar, sie sind aber alle durch breite und tiefe Strassen von einander getrennt. Wir müssen also jeden Gedanken an eine wenigstens in naher geologischer Vergangenheit vorhanden gewesene feste Landverbindung zwischen Madagaskar und Ceylon jetzt aufgeben, und wir dürfen das um so bereitwilliger, als Wallace gezeigt hat,[5] dass jene Hypothese zur Erklärung einiger thiergeographischer Eigenthümlichkeiten gar nicht erforderlich, zur Erklärung der übrigen aber nicht ausreichend ist.

Im Jahre 1867 konnte Peschel noch einen alten Landzusammenhang zwischen Australien und Tasmanien einerseits, Neucaledonien und Neuseeland andererseits für nicht unmöglich halten[6] und auf

[1] Peschel, Völkerkunde. 1. Aufl. Leipzig 1874. S. 34 f.

[2] Wallace, Geogr. Verbreitung der Thiere. Bd. 2 S. 200. Island Life. S. 388. Peschel-Kirchhoff, Völkerkunde. 5. Aufl. S. 41, Anm. 1. Vgl. auch Brehm's Thierleben. 2. Aufl. Leipzig 1883. Bd. 1 S. 240 ff.

[3] Völkerkunde. 1. Aufl. S. 36.

[4] Island Life. S. 387 u. 396. Zeitschr. für wissenschaftliche Geographie. Bd. 2, Taf. 2.

[5] Island Life. S. 399. Geogr. Verbreitung der Thiere. Bd. 1 S. 342.

[6] Neue Probleme. 2. Aufl. S. 57 u. 73.

diese Weise die mehrfach hervortretenden Aehnlichkeiten zwischen der Thier- und Pflanzenwelt Australiens und Neuseelands zu erklären versuchen. Auch DARWIN sagt[1] noch 1869, dass Neuseeland von Australien nicht durch ein tiefes Meer getrennt werde. Die neueren Tiefseeforschungen[2] haben uns aber überzeugen müssen, dass wenigstens ein directer Zusammenhang zwischen Australien und Neuseeland nicht bestanden haben kann. Wenn wir überhaupt eine solche Verbindung noch annehmen wollen, kann sie sich nur auf dem weiten Umwege von Neuseelands Nordspitze über die Norfolk-Insel zur Küste Queenslands vollzogen haben. Die zweite unterseeische Bank erstreckt sich von Neuseeland nach der neuerlich wieder untersuchten Lord-Howe's Insel hinüber, erreicht den Australcontinent aber nicht. Neucaledonien steht überhaupt nicht in unterseeischer Verbindung mit Neuseeland. Zwischen Neuseeland und Tasmanien endlich treffen wir die Thomsontiefe, in welcher die Challengerexpedition Tiefen von 2800 Faden (= 5124 m) nachweisen konnte.

Ueberhaupt stehen die Geographen jetzt der Annahme grosser versunkener Continente entschieden kritischer gegenüber als vor 10 bis 12 Jahren.[3] Mehr und mehr bricht sich die Ansicht Bahn, dass da, wo wir jetzt tiefe Meere finden, wenigstens in näherer geologischer Vergangenheit keine Continente lagen und dass auch die Stätten der jetzt existirenden grossen Landmassen nie völlig und gleichzeitig von einem ausgedehnten Ocean bedeckt waren. Fortdauernde kleinere Schwankungen und Verschiebungen, wie sie noch unter unseren Augen vorkommen, werden dadurch nicht ausgeschlossen.[4] Jedenfalls wird es der Erdkunde nur von Vortheil sein können, wenn grosse Schwankungen in der Vertheilung des Festen und Flüssigen auf der Erde nicht mehr so rasch zur Erklärung jeder nicht sofort zu enträthselnden Erscheinung herangezogen werden.

Wollten wir aber auch die bis jetzt vorgetragenen Einwände gegen die biologischen Inselsysteme gering anschlagen und als unerheblich ablehnen, so müssten uns doch noch Bedenken ganz anderer Art davon abhalten, vorzugsweise die Thier- und Pflanzenwelt der Inseln für unsere Classificationsversuche heranzuziehen.

---

[1] Entstehung der Arten. 6. Auflage der deutschen Ausgabe. Stuttgart 1875. S. 475.

[2] PETERMANN's Mittheilungen 1877. Taf. 7.

[3] KIRCHHOFF in Zeitschr. für wissenschaftll. Geogr. Bd. 3 S. 170.

[4] Vgl. die ausführliche Darlegung bei WALLACE, Island Life, S. 81—102 besonders 99 ff., dann auch ARCHIBALD GEIKIE in den Proceed. R. Geogr Society 1879. S. 428.

Ferdinand von Richthofen hat mit aller Bestimmtheit ausgesprochen, dass „der Gegenstand der wissenschaftlichen Geographie in erster Linie die Oberfläche der Erde für sich ist, unabhängig von ihrer Bekleidung und von ihren Bewohnern“.[1] Diesen Satz müssen wir immer festhalten. Kenntniss der Gliederung und Zusammensetzung der Erdoberfläche, das ist es, was Richthofen zunächst als Aufgabe der Geographie bezeichnet. Wenden wir diesen Satz auf unseren Fall an, so wird der Geograph zunächst die horizontale Gliederung einer Insel zu erforschen haben, er wird ihre Form betrachten und zusehen, ob sich gerade diese Umrisslinien auch an anderen Inseln wiederholen, ob etwa bestimmte Erdräume diese, andere jene Inselform am häufigsten zeigen. Er wird auch die Insel, wo sie nicht vereinzelt liegt, als Glied eines grösseren Ganzen, einer Inselgruppe, ins Auge zu fassen haben. In vielen Fällen wird sich dann zeigen, dass auch die Anordnung und der Bau der Inselgruppen gewissen Gesetzen folgt, dass bestimmte Typen nur ziemlich eng umgrenzten Gebieten angehören. In diesem Theile seiner Untersuchungen wird der Geograph auch die Grösse, den Flächeninhalt der Insel nicht ganz ausser Acht lassen dürfen. Von der horizontalen Gliederung geht er dann zur verticalen weiter, wobei die Tiefenverhältnisse des umliegenden Meeres, die über den Character und die physische und Culturbedeutung einer Insel oft erst den rechten Aufschluss geben, nicht zu vergessen sind. Die Untersuchungen der Höhenverhältnisse der Insel sind systematisch von grosser Wichtigkeit, wir bedürfen aber hier des Beistandes der Geologie, um das Bodenrelief recht würdigen zu können, manche Insel (z. B. Rodriguez) hat zu abenteuerlichen Hypothesen Veranlassung gegeben, weil man ihren geologischen Bau nicht genügend kannte. Kenntniss der geologischen Verhältnisse werden wir übrigens schon bei der Küstenbetrachtung nicht ganz entbehren können, denn es giebt Fälle genug, wo der gezackte, merkwürdig unregelmässige Umriss einer Insel (oder eines Küstenstreifens) ganz unverständlich bleibt, wenn man nicht geologische Karten zu Rathe zieht. Dann freilich wird uns oft sehr schnell klar, dass die seltsamsten Küstenformen sich durch die verschiedene Zusammensetzung und Widerstandsfähigkeit der einzelnen Küstenabschnitte ganz leicht erklären lassen. In vielen Fällen wird uns die rein geographische Musterung einer Insel oder Inselgruppe, wie sie hier angedeutet wurde, nicht nur befähigen, unsere Insel einem ganz bestimmten Typus zuzuweisen,

[1] F. v. Richthofen, China. Bd. 1. Berlin 1877. S. 730, oben.

sondern wir können auch schon Schlüsse über die Entstehungsweise der Insel ziehen, namentlich beurtheilen, ob und durch welche Kräfte sie vom Festlande getrennt wurde. Sollten sich nun solche Schlüsse später als unrichtig erweisen, sollten Zweifel entstehen, ob die Insel auch wirklich den ihr zukommenden Platz im System erhalten hat, so ist eine erneute Prüfung der Grundlagen jener Schlüsse, sei es an Ort und Stelle, sei es auf Grund guter Karten, meist ohne Schwierigkeit ausführbar. Beschreibt heute ein Geograph ein Inselgebirge nach seinen Höhenverhältnissen, seiner Gliederung, seinen Felsarten, so wird man noch Jahrhunderte später durch neue Untersuchung der geognostischen Verhältnisse, durch Nachmessung seiner Berghöhen seine Arbeit prüfen können.[1] Die Behauptungen des Biologen können, wie wir sahen, nach Jahrhunderten nicht mehr genau genug geprüft werden, da die Thatsachen, auf welche er seine Annahmen stützte, inzwischen andere geworden sind.

Die Geographie will aber nicht nur die Länder und Meere beschreiben, sie will auch untersuchen, welchen Einfluss die einzelnen Erdräume auf den Verkehr, die Besiedelungen, die friedlichen und kriegerischen Begegnungen der Menschheit ausgeübt haben. Richthofen sieht sogar (a. a. O. S. 732) eine Hauptaufgabe der Erdkunde „in der unausgesetzten Betrachtung der causalen Wechselbeziehungen zwischen der Erdoberfläche nach ihren verschiedenen Gesichtspunkten, der Geophysik und dem Luftmeer einerseits, und zwischen diesen Elementen und der organischen Welt im weitesten Umfange andererseits“. Bei solchen Untersuchungen kann uns eine nach biologischen Principien durchgeführte Classification der Inseln nur geringe Hülfe leisten. Die biologische Methode fasst norwegische Küstenklippen, friesische Sandschollen und Rieseninseln, wie Grossbritannien oder Borneo, als Abgliederungsinseln zusammen; unter ihren ursprünglichen Inseln begegnen wir einzelnen kaum bewohnbaren Vulcanruinen, wie St. Paul oder Fernando Noronha, neben ansehnlich grossen, einen bedeutenden Platz im Weltverkehr einnehmenden, Inseln, wie Mauritius oder Hawaii. Ferner werden wir bald bemerken, dass recente Continentalinseln oder Abgliederungsinseln in den höchsten Breiten so gut wie in tropischen Oceanen vorkommen, echt oceanische Eilande giebt es in allen Meeren in niederen und hohen Breiten; es entweicht uns also jede Möglichkeit, eine solche Inselclasse an be-

[1] Von den Veränderungen, welche Inseln durch vulcanische Katastrophen u. dergl. erleiden, können wir absehen, da solche Ereignisse verhältnissmässig selten sind.

stimmte Breitengrade zu knüpfen. Ordnen wir aber die Inseln morphologisch, so gewinnen wir schon deshalb lehrreiche Beziehungen zwischen der Breitenlage und der Form der Insel, weil die klimatischen Verhältnisse, Regenmenge, Regendauer, Temperaturgegensätze, Windstärke auf die Zerstörung der Inselränder von grossem Einfluss sind. Für die menschlischen Verhältnisse, für die „Culturbrauchbarkeit" der Inseln ist es aber offenbar nicht gleichgültig, wenn gewisse Typen nur hohen Breiten, andere vorwiegend gemässigten oder warmen Erdstrichen angehören. In unseren Lehr- und Handbüchern sollte deshalb zuerst immer eine morphologische Eintheilung der Inseln gegeben werden, eine biologische Uebersicht wird selbstverständlich dadurch nicht ausgeschlossen, gehört aber in ein ganz anderes Capitel.

Bevor wir unsere Betrachtungen weiter verfolgen, müssen wir das bisher auf dem Gebiete der Morphologie der Inseln Geleistete einer kurzen Musterung unterziehen. Es wird übersichtlicher sein, dabei nicht chronologisch zu verfahren, sondern die einzelnen Systeme sachlich zu ordnen.

Mehrmals ist der Versuch gemacht worden, bestimmte Grössenclassen der Inseln aufzustellen. Dabei ist zunächst zu untersuchen, ob sich zwischen grösseren Inseln, wie Borneo, und kleineren Festländern, wie Australien, eine brauchbare Grenze ziehen lässt oder nicht. IMMANUEL KANT's Aeusserung,[1] Continente seien solche Landmassen, von deren Grenzen man nur eine dunkle Idee habe, also eigentlich auch nichts Anderes als Inseln, ist begreiflicherweise nicht zu verwerthen, denn, wie schon PESCHEL hervorhebt,[2] würde es dann überhaupt nur zwei Continente geben, Grönland und das noch wenig bekannte Südpolarland. Auch schon VARENIUS[3] war geneigt, die Continente nur als grössere Inseln zu definiren. Er führt die Ausdrücke: *Terrae maximae, insulae maximae, magnae continentes* und *terrae firmae* als Synonyme ein und fügt hinzu: *de appellatione cum nemine certabo.* Lehrbücher[4] helfen sich häufig mit der Definition: Inseln sind kleinere, Continente grössere Landmassen. Selten oder nie wird ein Zahlenwerth angegeben. Bei ZIMMERMANN findet sich allerdings die Bemerkung, dass einem Stück Land, welches weniger als 100 000 Quadratmeilen gross sei und rings vom Ocean umflossen

[1] KANT's Schriften zur Naturwissenschaft. Abth. 2. Leipzig 1839. S. 223.

[2] Neue Probleme. 2. Aufl. S. 24.

[3] Geographia Generalis. Amstelodami 1650. S. 72.

[4] z. B. auch noch KALTBRUNNER, Aide-mémoire du voyageur. Zürich 1881. S. 39.

werde, der Name „Insel" beigelegt werden könne.[1] Die Grösse der fünf Erdtheile, welche wir gewöhnlich als solche bezeichnen, ist sehr verschieden. Asien hat (allerdings mit den gewöhnlich dazu gerechneten Inseln) 44580850 qkm, Amerika 38 473 138, Afrika 29 823 253, Europa ohne Island und Nowaja Semlja nur 9 730 576, der Australcontinent endlich 7 627 832 qkm.[2] Die grössten Inseln stehen an Grösse selbst hinter dem Australcontinent noch immer bedeutend zurück. Neuguinea umfasst nur 785 362, Borneo 736 351, Madagaskar 591 563, Sumatra 443 234 qkm.[3] Alle diese Inseln würden von Grönland mit seinen 2 169 750 qkm nur in dem Falle übertroffen werden, wenn sich dieses wegen seiner Eisüberdeckung schwierig zu untersuchende Land wirklich als eine geschlossene Landmasse erweisen sollte. Der Grösse nach würden also Neuguinea und Borneo den Continenten am nächsten stehen. HERMANN WAGNER hat nun vorgeschlagen, diejenigen kleineren Festlandstücke als Inseln zu bezeichnen, bei denen der Einfluss des Meeres in klimatischer und anderer Beziehung bis zur Mitte hin zu spüren ist.[4] Es leuchtet ein, dass dann das Australland trotz seiner verhältnissmässigen Kleinheit als Continent betrachtet werden muss, denn das Klima Australiens trägt nicht einmal an der Küste durchweg den oceanischen Character, viel weniger im Inneren.[5] Die trockenen Gewitterstürme bei intensiv heisser Luft, aber ohne Regen, sind für das Innere Australiens bezeichnend genug, selbst noch in Sydney werden in jedem Jahre drei- bis viermal heisse Winde beobachtet, die die Temperatur bis auf 43° Celsius bringen können.[6] Noch höher steigt natürlich die Hitze im Innern, wo STURT am 21. Januar 1845 im Schatten 55° Celsius aufzeichnen konnte. Aber den heissen Tagen folgen oft empfindlich kalte Nächte. Wir können kaum einen australischen Reisebericht durchmustern, ohne auf Klagen über die rasche und bedeutende Abkühlung der Temperatur während der Nacht zu stossen. Im Innern des Landes, heisst es in TODD's Arbeit über

---

[1] Specimen zool. geogr. S. 623 Anm.

[2] BEHM u. WAGNER, Bevölkerung der Erde. VII, S. VII. Gotha 1882. Diejenigen Inseln, welche nie Anspruch erheben können, als eigene Erdtheile zu gelten, wie Sicilien, Ceylon, Cuba u. A. sind dem Areal des betr. Hauptcontinentes hinzugefügt.

[3] BEHM u. WAGNER a. a. O. S. 41. 42. 47. 63.

[4] GUTHE-WAGNER, Lehrbuch der Geographie. 5. Aufl. Bd. 1 S. 85.

[5] WOJEIKOF, Die atmosphärische Circulation. Ergänzungsheft Nr. 38 zu PETERMANN's Mittheilungen. S. 35.

[6] Zeitschrift der Oesterr. Gesellschaft für Meteorologie. Bd. 12 (1877) S. 327, und Bd. 14 (1879) S. 198.

das Klima von Südaustralien,[1] sind die Nächte oft empfindlich kalt, die Temperatur fällt während des australischen Winters unter den Gefrierpunkt, und Wasser in flachen eisernen Gefässen exponirt findet man mit Eis von $^1/_4$ bis 1 Zoll Dicke bedeckt. Solche Erscheinungen sprechen durchaus für den continentalen Character des Klimas. Auch die berüchtigten Trockenzeiten sind hier zu erwähnen, sie erinnern an ähnliche Erscheinungen auf den Pampas Südamerikas und im Innern Südafrikas (a. a. O. S. 324 unten).

Auffälliger Weise zeigt auch Madagaskar einige Ansätze zur Wüstenbildung und Spuren eines trockenen continentalen Klimas.[2] Ein grosser Theil der Gebirgsregion Madagaskars wird als kahles ödes Land von traurigem Aussehen bezeichnet. Erst wenn Madagaskar und ebenso Neuguinea und Borneo im Innern gründlicher erforscht sein werden, wird sich mit Sicherheit sagen lassen, ob auf diesen drei Inseln Gebiete von echt continentalem Klimacharakter wirklich vorkommen. Uebrigens müssen wir uns wohl hüten, Regenlosigkeit ohne Weiteres als ausschliessliches Merkzeichen eines echt continentalen Klimas anzusprechen. Dixon und Hague haben gezeigt, dass auf den kleinen im östlichen Theile des Grossen Oceans unweit des Aequators befindlichen Guanoinseln (Malden Island 4° 2′ s. Br., 154° 58′ w. L. von Greenwich, und zahlreiche andere) ein äusserst trockenes Klima herrscht. Auf der Insel Baker maass Hague[3] in $4^1/_2$ Monaten nur 47 mm Regen; dass auch während der übrigen Zeit des Jahres der Regenfall kein bedeutender sein kann, beweisen schon die Guanolager selbst. Dixon fand das Klima von Malden Island im Allgemeinen durch extreme Trockenheit charakterisirt, zehn Monate lang fiel gar kein Regen. Es handelt sich also nur darum, dass die Insel im Innern ein wesentlich anderes Klima, damit auch andere Pflanzen- und Thierwelt besitzen muss, als an der Küste, wenn wir sie als Festland, als selbständigen Continent bezeichnen sollen. Das wollte wohl auch Varenius sagen, wenn er bemerkt, dass der Sprachgebrauch (*usus loquendi*) den grösseren Inseln den Namen „Insel“ wohl deshalb nicht beilege, weil auf ihnen die Wasserumgebung sich weniger fühlbar mache (*ut minus sensilis sit aquae circuitus*).[4]

Friedrich Ratzel bezeichnet[5] als Continente solche Landmassen,

---

[1] Ein ausführlicher Auszug in der genannten Zeitschrift. Bd. 12 S. 321 ff.

[2] Sibree, Madagaskar. Deutsche Ausgabe. Leipzig 1881. S. 25 u. ö.

[3] Zeitschrift der Oesterr. Gesellschaft für Meteorologie. Bd. 15 (1880) S. 120–124, ebenda auch Dixon's Mittheilung.

[4] Geographia Generalis. S. 71 unten.

[5] Anthropogeographie. Stuttgart 1882. S. 90.

die durch ihre Grösse alles zur Cultur Nothwendige darzubieten und eine grosse Menschenzahl zu erhalten im Stande sind. Unter den Erdtheilen unterscheidet er nachbarliche Erdtheile, wie Amerika und Asien, peninsulare, wie Europa und Afrika; Australien endlich wird als insularer Erdtheil, also als Uebergangsform vom Continent zur Insel bezeichnet. Als solche Inseln, welche „durch beträchtliche Grösse sich der Selbständigkeit der Erdtheile annähern und dadurch die minder selbständige Lage aufwiegen", gelten für RATZEL Grönland, Neuguinea, Madagaskar und im Kultursinne sogar Grossbritannien. Ob allerdings Grönland, welches nur am westlichen Küstensaum einige unter grossen Schwierigkeiten bewohnbare Landstriche besitzt, wirklich hier mitgenannt werden darf, ist wohl zu bezweifeln. Dagegen sind Madagaskar und Neuguinea wirklich solche Landmassen, welche eine grosse Menschenzahl von eigenthümlicher ethnographischer Stellung zu beherbergen vermögen. Auch Grossbritannien lässt sich hier nicht unpassend anreihen. Dürfen wir es auch physisch nur als einen durch Wellen und Stürme losgetrennten Theil des europäischen Festlandes betrachten, so hat doch RATZEL mit Recht die nationale Sonderung der Engländer scharf herhorgehoben.

Jedenfalls zeigt sich, dass die oben aufgeworfene Frage nur für jeden einzelnen Fall durch eine genaue Untersuchung der physischen und ethnographischen Verhältnisse entschieden werden kann. Empfiehlt es sich aber nicht, für die Grenze zwischen Insel und Continent einen bestimmten Zahlenwerth einzuführen, wird auch die strenge Einreihung der Inseln in bestimmte Grössenklassen mindestens für die physische Betrachtung keine erheblichen Resultate versprechen. Trotzdem hat sogar VARENIUS diesen schematischen Abgrenzungen einigen Werth beigemessen. Er zählt[1] zuerst zehn ganz grosse Inseln auf: Britannien, für VARENIUS die grösste der eigentlichen Inseln, Japonia (Nippon), Luconia od Manilha (Luzon), Madagaskar, Sumatra, Borneo, Island, Newfoundland, Nowaja Semlja und die Inseln zwischen der Davisstrasse und der Hudsonstrasse, welche VARENIUS noch für eine zusammenhängende Landmasse halten durfte. Die zweite Rangordnung ist die der Inseln von mittlerer Grösse, ihr gehören Java, Cuba, Haiti, Irland, Creta, Sicilien, Ceylon, Mindanao, Sardinien und Celebes an, denen VARENIUS das mythische Frislandia anschliessen möchte. Die dritte Classe endlich, die der kleineren Inseln, umfasst Gilolo, Amboina, Timor, Jamaica, Seeland, Corsica, Euboea, Majorca, Cypern und Isabel, eine zum Archipel der Salomonen gehörige

[1] Geographia generalis. S. 74 ff.

Insel.[1] Die allerkleinsten Eilande werden dann noch in Inselschwärme und vereinzelt liegende getheilt. Der Inselschwärme zählt VARENIUS 17 auf, will aber Gruppen, die den Küsten sehr nahe liegen, wie die norwegischen und die chinesischen Küsteninseln, nicht als selbständige Archipele betrachten.

Höhere Bedeutung kann die Eintheilung der Inseln nach Grössenklassen erlangen, wenn ähnliche Betrachtungen über den Einfluss der Grösse auf den Kulturwerth der Insel damit verbunden werden, wie wir sie eben in RATZEL's Anthropogeographie kennen lernten. Schon RITTER zeigt uns, wie segensreich der Reichthum an Inseln mittlerer Grösse für Europa geworden ist,[2] wie unbedeutend dagegen die mit Ausnahme des schwerfälligen, wenig gegliederten und durch eine breite Strasse getrennten Madagaskar allzu kleinen Inseln Afrika's auf ihren Continent einwirken konnten. Wir erfahren ferner, dass die grossen und doch mannichfach gegliederten ostasiatischen Inseln (die RITTER sehr passend von Kamtschatka bis Neuguinea in eine einzige Gruppe zusammenfasst), eigene Culturgebiete und Nationalitäten zu entwickeln im Stande waren. Dagegen wirkt die weitgehendste auf der Erde vorkommende Zersplitterung der Landmassen, die Inselwelt Polynesiens eben wegen der allzu geringen Grösse der Splitter ebenso ungünstig auf die Entwickelung der Völker ein, wie enggeschlossene Continente ohne eröffnende Golfe und Mittelmeere. Auf dem von RITTER angedeuteten Wege sind dann KOHL und JANSEN weitergeschritten. J. G. KOHL[3] stellt zunächst ein an VARENIUS erinnerndes Grössenverzeichniss der Inseln auf und schildert dann ziemlich eingehend die Culturbedeutung der einzelnen Inselgrössen und Inselformen. Auch JANSEN's Bemerkungen[4] über die Lage der Ansiedlungen auf Inseln von verschiedener Grösse sind ganz beachtenswerth.

Wiederholt hat man das Maass der Entfernung der Inseln vom Festlande oder anderen Inseln zum Grundprincip der Eintheilung erhoben. STRABO unterscheidet an einer Hauptstelle[5] Inseln, die an Vorgebirgen liegen oder durch eine Meerenge vom Festlande getrennt

[1] MEINICKE, Die Inseln des Stillen Oceans. Leipzig 1875. Bd. 1 S. 152.

[2] Vorlesungen über allgemeine Erdkunde. Berlin 1862. S. 221 u. 228 ff. Aehnliche Betrachtungen finden sich schon in vielen der älteren akademischen Abhandlungen RITTER's.

[3] Der Verkehr und die Ansiedlungen der Menschen in ihrer Abhängigkeit von der Gestaltung der Erdoberfläche. Dresden u. Leipzig 1841. S. 245 ff.

[4] Die Bedingtheit des Verkehrs und der Ansiedlungen der Menschen durch die Gestaltung der Erdoberfläche. Kiel 1861. S. 25 f. und 89 f.

[5] Lib. VI Cap. 1. Tauchnitz'sche Ausgabe. Leipzig 1829. Bd. 2 S. 11.

sind, von den eigentlichen Hochseeinseln, letztere sind nach ihm aus der Tiefe emporgestiegen, während die ersteren vom Festlande abgerissen wurden. STRABO unterscheidet also, um in der Sprache der heutigen Erdkunde zu reden, Inseln, die niemals Festland waren, und Abgliederungsinseln. An der citirten Stelle rechnet STRABO Sicilien zu den Abgliederungsinseln (wenn er auch vulcanischen Katastrophen die Trennung bewirken lässt), während er bei einer anderen Gelegenheit[1] die Ansicht vertritt, dass Sicilien ebenso wie die Liparischen Inseln durch vulcanisches Feuer aus der Tiefe emporgehoben sei. Solche Widersprüche dürfen bei STRABO nicht überraschen, der die Vulcaninsel Santorin einmal (Tauchn. 2. S. 385 f.) an ihrer wahren Stelle ganz richtig beschreibt, sie an zwei anderen aber (Tauchn. 1. 91 und 2. 160) in das tiefe insellose Meer zwischen Kreta und Afrika versetzt.

VARENIUS hat nicht nur das oben besprochene trockene Verzeichniss von nach der Grösse geordneten Inseln gegeben, sondern er bringt in einem anderen Theile seines bewunderungswürdigen Werkes[2] sehr beachtenswerthe Gedanken über die Unterschiede zwischen Küsten- und Hochseeinseln und über die Entstehungsweisen der Inseln überhaupt. Er kennt zunächst Inseln, welche aus allmählich angehäuften Sand- und Schlammmassen entstehen, also, wie wir mit A. KIRCHHOFF (s. o. S. 10) sagen würden, Aufschüttungsinseln. Freilich rechnet er hierher auch die dänischen Inseln, Japans Inselwelt und die Molukken, weil man dort bei Nachgrabungen in geringer Tiefe viel des Sandes sowie Muscheln fände. Grosse Ströme, welche viel Sedimente führen, tragen nach ihm zur Bildung von Aufschüttungsinseln, die er immer in nicht allzugrosser Entfernung von den Continenten zu finden erwartet, wesentlich bei.

Zweitens lässt VARENIUS Inseln in Folge der zerstörenden Angriffe des Meeres auf das Land entstehen, es werden die Spitzen weit vorragender Halbinseln abgetrennt, wie im Falle Siciliens und Italiens, oder das Meer hat ganze Länder überfluthet, so dass nur noch die höchsten Spitzen hervorragen. VARENIUS ist aber bei der Aufzählung solcher Restinseln ziemlich kühn, denn er lässt auch St. Helena und Ascension als Reste eines grossen überschwemmten Landes die Zerstörung überdauern. Auch die meisten der Inseln Polynesiens und Südostasiens scheinen ihm Abgliederungs- und Restinseln zu sein.

[1] Lib. I, Cap. 3. Tauchnitz'sche Ausgabe. Bd. 1 S. 85.

[2] Geographia Generalis. S. 325 ff.

Eine dritte Art der Inselbildung endlich ist das Aufsteigen ganzer zusammenhängender Landstücke vom Meeresgrunde. VARENIUS meint selbst, dass ein solches Aufsteigen wohl sehr selten sein werde und führt nur Therasia im Aegäischen Meer als Beispiel an. Das Inselsystem des VARENIUS lässt sich also dahin zusammenfassen: Inseln können entstehen:

1) durch Ansammlung von Sandmassen und Schlammbänken, vorzugsweise in der Nähe der Continente,

2) durch Losreissung von vorspringenden Theilen der Festlande,

3) durch Ueberfluthung ganzer Continente, so dass nur die Berge als Inseln übrig bleiben,

4) durch Aufsteigen vom Meeresgrunde, unabhängig vom Festlande. Die Gruppen 1 und 2 können als küstennahe, 3 und 4 als küstenferne Inseln bezeichnet werden.

Zu ganz ähnlichen Ergebnissen gelangte BUFFON,[1] der das Werk des VARENIUS vielfach benutzt hat. Nur fügt er noch den küstennahen Inseln solche hinzu, die bei einem Rückzuge des Meeres hervortreten, also Hebungsinseln im Systeme KIRCHHOFF's entsprechen. Auch BUFFON hält das Emporsteigen neuer Inseln im offenen Meere für einen sehr seltenen Fall und schlägt, wie VARENIUS, die aufschüttende Thätigkeit des Meeres und der Flüsse zu hoch an. Sein Inselsystem kennt drei Arten von Küsteninseln: Aufschüttungs-, Hebungs- und Senkungs- oder Restinseln, denen als Hochseeinseln nur die durch vulcanische Thätigkeit plötzlich emporgehobenen Eilande gegenüberstehen.

Auch RITTER sieht die oceanischen Inseln nur für emporgestossene einzelne Felsengruppen oder schmale, öde, langgedehnte, ärmliche Klippenreihen an; mit letzteren meint er wohl die Koralleninseln.[2] Die Gestadeinseln dagegen zerfallen ihm in (oft reichbegabte) Einzelinseln, Doppelinseln (wie Britannien und Irland) und Inselgruppen. Seine weiteren Bemerkungen beziehen sich meist auf die Grössenverhältnisse der Inseln und waren bereits oben zu erwähnen (S. 27).

Dagegen ist hier erst der Ort, FRIEDRICH RATZEL's Inselsystem vollständig mitzutheilen, denn die Lage der Inseln in Bezug auf andere Theile des Festen ist für RATZEL das eigentlich Bestimmende. RATZEL unterscheidet also[3]:

---

[1] Histoire naturelle. Zweibrücken 1785. Bd. 2 S. 251 u. 259 f.

[2] Vorlesungen über allgemeine Erdkunde. S. 221.

[3] Anthropogeographie. S. 90.

I. Selbständige Landmassen:

A. Erdtheile (siehe oben S. 26),

B. Inseln. Selbständig durch Lage:

a) Oceanische Inseln, durch die grösstmögliche Entlegenheit am selbständigsten (St. Helena),

b) In Gruppen von (oceanischen) Inseln gehörige oceanische Inseln, dadurch minder selbständig (Hawaii),

c) Durch Grösse sich den Continenten annähernde Inseln (bereits betrachtet, s. S. 26 f.);

II. Unselbständige Landmassen:

a) Küsteninseln, nicht ohne ihren Erdtheil zu denken *(Euboea)*,

b) Nahe Inseln *(Formosa)*,

c) Inseln der Binnenmeere (will heissen der Mittelmeere nach Krümmel's Vorschlag) vom Lande umschlossen (z. B. Seeland),

d) Gruppeninseln, nicht aus der Zugehörigkeit zu anderen zu lösen (Tahiti, Mayotte).

Für cultur- und verkehrsgeographische Untersuchungen ist dieses Schema sehr gut geeignet, doch darf nicht vergessen werden, dass die Lage einer Insel allein ihre Culturbedeutung nicht bestimmt. Wäre z. B. Seeland durchweg mit hohen Gebirgen oder Hochplateaux besetzt und bliebe nur ein ganz schmaler, schwer zugänglicher Küstensaum für Besiedelung übrig, so würde ihm seine sonst so günstige Lage zwischen Schweden und der Cimbrischen Halbinsel gewiss wenig helfen. Hawaii oder Tahiti würden nicht die verhältnissmässig grosse Bedeutung unter den Inseln der Südsee gewonnen haben, wenn sie nicht hohe Vulcaninseln, sondern flache Sandholme oder Korallenklippen wie so viele andere wären. Der Naturforscher und Geograph kann kaum einen passenderen Erdraum zum vergleichenden Inselstudium aufsuchen, als die Südsee in ihrer ganzen Ausdehnung von den Sunda-Inseln bis zu den einsamen Klippen Waihu, Salas y Gomez und Juan Fernandez. Er erblickt dort hohe vulcanische Inseln der verschiedensten Typen oft dicht neben Koralleneilanden, die sich kaum über die Wasserlinie erheben, er besucht grosse dichtbevölkerte Inseln und dann wieder solche, die in einer Stunde umwandert werden können und wenigen Personen dürftigen Unterhalt gewähren.

Während sich in den Werken der meisten, auch der ältesten Südseereisenden, zerstreute Bemerkungen über die auffällige Verschiedenheit der Inselformen finden, hat man doch erst gegen das Ende des achtzehnten Jahrhunderts versucht, das Gesehene in ein

Gesammtbild zusammenzufassen. JOHANN REINHOLD FORSTER richtet ein förmliches Lehrgebäude über die Inseln und ihre Entstehung vor uns auf[1] und entwirft damit ein auf die Höhenverhältnisse, einigermaassen auch auf die geologische Zusammensetzung der Inseln basirtes System, welches zunächst allerdings nur auf die von FORSTER selbst besuchten Inseln der Südsee und der beiden anderen südlichen Oceane passte. FORSTER unterscheidet drei Inseltypen, nämlich flache „Sandholmen“, die durch „Riefe“ von Korallenklippen mit einander verbunden sind, bergige Inseln mit und ebensolche ohne „Riefen“. Zur ersten Classe sind sämmtliche von Korallen aufgebaute Inseln zu rechnen, unter den Inseln der zweiten und dritten Classe, meint FORSTER, wird kaum eine sein, welche nicht deutliche Spuren einer vormals vom Feuer oder eigentlich von „Volkanen“ erlittenen gewaltsamen Veränderung ihrer Oberfläche aufzeigen könnte Nach der Art und Heftigkeit der vulcanischen Wirkungen theilt er dann die hohen Inseln weiter noch in solche mit noch brennenden Vulcanen (Beispiel die Insel Tanna mit ihrem lebhaft thätigen Vulcan) und in solche, die zwar keinen jetzt thätigen Feuerberg, aber doch ruhende Vulcane besitzen;[2] als dritte Untergruppe werden dann noch diejenigen zusammengefasst, auf denen unterirdische Feuer, Vulcane und Erdbeben wenigstens eine „heftige Veränderung“ oder gar eine gänzliche Verwüstung angerichtet haben. Solche Inseln sind Waihu oder die Osterinsel in der Südsee, Ascension und St. Helena im südlichen Theile des Atlantischen Meeres. Wir werden später sehen, dass sich diese vulcanischen Inseln auf etwas andere Weise übersichtlicher und naturgemässer eintheilen lassen.

CHAMISSO gelangte, obwohl er FORSTER's Bemerkungen etwas zu streng flüchtig und nicht der Beachtung werth nennt, im Wesentlichen doch zu denselben Ergebnissen.[3] Auch er unterscheidet hohe Inseln von durchweg vulcanischer Natur und niedere von Korallen erbaute Eilande und Riffe. Gerade über diese Koralleninseln hat CHAMISSO brauchbare Beobachtungen angestellt; seine Schlussfolgerungen wurden lange durch DARWIN's Korallentheorie sehr in den Hintergrund gedrängt, finden aber jetzt wieder mehr Beachtung. Wir werden in einem späteren Abschnitt näher darauf einzugehen haben.

Grossen Anklang fand auch eine von LEOPOLD VON BUCH ange-

[1] Bemerkungen auf seiner Reise um die Welt. Berlin 1783. S. 126 ff., vgl. auch S. 5.

[2] Wie z. B. die Marquesasgruppe, dann Tahiti u. A.

[3] A. v. CHAMISSO in KOTZEBUE's Entdeckungsreise nach der Südsee und nach der Beringstrasse. Weimar 1821. Bd. 3 S. 29 ff.

deutete, von Friedrich Hoffmann weiter ausgeführte, Eintheilung der Inseln. Küstennähe, Umrissform und Höhenverhältnisse werden dabei in gleicher Weise berücksichtigt. Leopold von Buch hatte sich besonders mit dem Studium der vulcanischen Inseln beschäftigt; er unterschied[1] unter denjenigen Inseln, welche durch vulcanische Kräfte über die Oberfläche des Meeres erhoben scheinen, drei Typen: 1) Basaltische Inseln, bestehen aus Schichten basaltischer Gesteine, gewöhnlich mit einem Erhebungskrater darin. 2) Vulcane, einzelnstehende hocherhobene Pics und Dome von Trachyt, fast stets mit einem grossen Krater im Gipfel. 3) Eruptionsinseln, welche nur einzelnen Ausbrüchen ihre Erhebung verdanken und ohne basaltische Inseln selten, vielleicht niemals bestehen.[2]

Hoffmann unterscheidet[3] mit Benutzung einer kurzen Andeutungs Buch's[4] die langgestreckten schmalen Inseln von denen mit kreisrunder oder elliptischer Form und glaubt annehmen zu dürfen, dass deren Grundformen auch wesentliche Unterschiede in der Zusammensetzung und Entstehungsweise der Inseln entsprechen. Die langgestreckten Inseln liegen reihenweise hintereinander und entfernen sich nie weit von den Küsten der grösseren Continente. Hoffmann schlägt (a. a. O. S. 105) deshalb vor sie Continentalinseln zu nennen, da sie doch nichts anderes seien als durch unterirdische Kräfte oder durch meteorologische Vorgänge zertrümmerte Splitter der Festlandsränder. Es werden nun die wichtigeren Ketten der Continentalinseln aufgezählt. Diese Zusammenstellung entspricht den Anschauungen der neueren Zeit aber nur theilweise, da Hoffmann sehr verschiedenartige Bildungen als gleichwerthige Continentalinseln zusammenfasst. Dazu gehören ihm Neuseeland mit Neucaledonien und alle Archipele bis Neuguinea,[5] dann die ostasiatischen Inselschnüre, die Grossen Antillen, der Parry-Archipel, die Fjordenwelt Nordwestamerika's und Patagoniens, ferner sämmtliche Inseln des Mittelmeeres, die Britischen Inseln, die Gruppen der Ostsee und die scandinavischen Skjären. Der ganz eigenthümliche Character der norwegischen Küstenwelt war ihm

[1] L. v. Buch's Gesammelte Schriften, herausgegeben von Ewald, Roth und Dames. Bd. 3 (Berlin 1877), S. 503 f. Die Stelle gehört zur „Beschreibung der Canarischen Inseln“ (zuerst 1825 erschienen).

[2] Vgl. hierüber auch Gesammelte Schriften. Bd. 3, S. 3—20; zuerst abgedruckt in den Phys. Abhandlgn. der Berliner Akademie aus den Jahren 1818—1819. Berlin 1820.

[3] F. Hoffmann's Physikalische Geographie. Berlin 1837. S. 103—135.

[4] L. v. Buch, Gesammelte Schriften. Bd. 3 S. 4 Anm.

[5] Diese ganze Gruppe hatte L. v. Buch a. a. O. S. 84 Anm. nicht ganz passend als westaustralische (besser westpolynesische) Kette bezeichnet.

allerdings nicht entgangen. ebenso kannte er die grosse Uebereinstimmung des nordwestamerikanischen und des patagonisch-feuerländischen Küstenbildes. Wenn er gleichwohl die norwegischen Klippen und die vollkommen davon abweichenden griechischen Inseln als nahe verwandt bezeichnet, kann er sich auch hierbei auf L. v. Buch berufen, welcher[1] ausdrücklich den griechischen Inseln „ganz die Natur der norwegischen und schwedischen Skjären“ zugesprochen hatte.

Die zweite grosse Gruppe der Inseln (vorwiegend von rundlicher Form) nennt Hoffmann (S. 110) pelagische oder Meeres-Inseln. Für die weitere Betrachtung dieser Gruppe wird nun auf Forster's Eintheilung (s. o. S. 31) zurückgegriffen und mit ihm hohe und niedere Inseln unterschieden. Die hohen fast durchweg vulcanischen Inseln werden zwar zunächst nach L. v. Buch's oben mitgetheiltem Schema besprochen, aber unser Verfasser macht mit grosser Bestimmtheit schon ebendieselben Einwendungen gegen die Buch'sche Lehre von den Erhebungskratern geltend, die sich später so allgemeine Anerkennung verschaffen sollten. Weniger können wir uns heute mit Hoffmann einverstanden erklären, wenn er die hohen Inseln der Südsee mit ihren Vulcanen gleichsam als Sicherheitsventile betrachtet, welche das Emportreiben eines grösseren Theiles des Meeresbodens, die Bildung eines Continentes verhindert hätten. Hoffmann lehnt es übrigens ausdrücklich ab, die polynesische Inselwelt als Rest eines versunkenen Continentes zu betrachten; auch die weite Verbreitung des malayisch-polynesischen Stammes über diese Inseln will er nicht als Gegenbeweis gelten lassen. Die neueren Forschungen über den Bau der Koralleninseln haben ihm hierin vollständig Recht gegeben und, wie Kirchhoff bemerkt, möchte der immer wieder in die Discussion eingeführte polynesische Continent dem Schicksale Lemuria's kaum entgehen.[2] Hoffmann gewinnt noch zwei andere sehr beachtenswerthe Sätze: Inseln mit noch thätigen Vulcanen finden sich vorzugsweise am Saume der Continente, die Vulcane auf pelagischen Inseln sind meist erloschen, und den anderen: wo Continentalmassen von dazwischentretenden Mittelmeeren unterbrochen sind, stellen sich vulcanische Inseln und auch Küstenvulcane ein. Endlich hatte Hoffmann ein scharfes Auge für die noch zu wenig beachtete Thatsache, dass die Koralleninseln bisweilen „in auffallend scharf angedeuteten Linien hinter einander liegen“, also ganz den Vulcaninseln auf einer

[1] Gesammelte Schriften. Bd. 3 S. 555; auch Poggendorff's Annalen. Bd. 10 S 169.

[2] Zeitschrift für wissenschaftl. Geographie. Bd. 3 S. 170.

langen, gekrümmten Spalte ähneln (S. 133). Diese Erscheinung wird später bei der Besprechung der Form und Anordnung der Koralleninseln zu berücksichtigen sein. Für jetzt wenden wir uns der ersten der von uns aufzustellenden Inselkategorien zu, welche die wichtigsten und grössten Inseln enthält.

Zweiter Abschnitt.

Die tektonischen Inseln.

Peschel bemerkt in der ersten seiner Abhandlungen über die Inseln,[1] dass es (abgesehen von der noch wenig bekannten Südpolarwelt) auf der Erde nur fünf Zusammenschaarungen solcher grösseren Inseln gebe, die weder durch vulcanische Kräfte noch durch Korallen erbaut seien. Er meint die griechisch-türkische Inselwelt, die Sundainseln, die dänische Gruppe, die westindischen Inseln, endlich die gewöhnlich als Parry-Archipel zusammengefasste Gruppe im Norden von Amerika. Wenn weiter hinzugefügt wird, dass die vier erstgenannten Gruppen sämmtlich auf seichtem Grunde ruhen und dass das Gleiche auch von der letzten, dem Parry-Archipel zu vermuthen sei, so wird dieser Satz durch die Forschungen der letzten Jahrzehnte nicht mehr voll bestätigt. Fassen wir zunächst die griechische, die malayische und die westindische Inselwelt näher in das Auge, so ergeben sich manche Uebereinstimmungen in der Anordnung der Gruppen, in den Höhenverhältnissen des Landes und den Tiefen der trennenden Strassen und Golfe, endlich auch in der Zusammensetzung und geologischen Beschaffenheit der Inseln dieser drei Gebiete. Von vornherein sei bemerkt, dass die Inseln des Aegäischen Meeres nur im Zusammenhange mit den übrigen Inseln des Mittelmeeres, die Sundainseln nur als Theile der grossen Inselzone, die sich fast von der Beringstrasse bis Neuseeland verfolgen lässt, betrachtet werden können. Auch werden wir mehrfach in die Lage kommen, die in jenen Gebieten besonders zahlreichen Halbinseln der Festlande mit in unsere Untersuchung hineinzuziehen.

Durchmustern wir eine Seekarte des Aegäischen Meeres und seiner Umgebung, so werden wir durch die beträchtlichen Tiefen überrascht, die sich oft ganz in der Nähe des Landes und in engumschlosse-

[1] Neue Probleme. 2. Aufl. S. 27 f.

nen Meerestheilen verzeichnet finden.[1] Wenn wir vom Bosporus aus nach dem Aegäischen Meere vorschreiten, treffen wir schon in dem kleinen Marmarameer Tiefen von 570, 646, 735 Faden (= 1043, 1182, 1345 m), das ist weit mehr als sich in der ganzen Ost- und Nordsee vorfindet. Die Dardanellen erreichen nur einmal, südlich vom Cap Nagaras, die Tiefe von 57 Faden (= 104 m). Im nördlichen Theile des Aegäischen Meeres verzeichnet die Karte folgende Maximaltiefen:

305 F. = 558 m im Golf von Saros.

$\dot{\overline{300}}$ F.[2] = 549 m zwischen Thasos und der Spitze der Athos-Halbinsel.

598 F. = 1094 m wenig südlich von der Spitze der Halbinsel Longos.

450 F. = 823 m östlich vom Pelion (wahrscheinlich sind in der Nähe noch grössere Tiefen aufzufinden).

550 F. = 1006 m zwischen den Lefko-Inseln (Lefkonisia) an Euböa's Nordostküste und Skopelos (fast halbwegs).

234 F. = 428 m im Golf von Talanti zwischen Euböa und dem Festlande.

Das ist für einen so abgeschlossenen Meerestheil eine ganz bedeutende Tiefe.

333 F. = 609 m vor dem Cap Vourkos (Hag. Phokas) der Insel Lesbos.

570 F. = 1043 m, $^1/_4$ des Weges von Antipsara zum Cap Doro auf Euböa.

405 F. = 741 m, südlich von Chios.

Das südliche Blatt der Admiralitätskarte (No. 2836 a, corrigirt bis Januar 1882) zeigt folgende noch auffälligere Maximaltiefen:

$\dot{\overline{470}}$ F. = 860 m im Golf von Nauplia, westlich von Spezzia Pulo.

610 F. = 1116 m, nordöstl. vom Cap Malea, nur 10 km vom Lande.

Die vulcanischen Klippeninseln Belopulo, Karavi und Falconera steigen äusserst jäh aus 250—450 F. (457—823 m) Tiefe auf. Gehen wir mehr nach Osten hinüber, treffen wir in dem inselfreien Raume zwischen Andros, Tenos und Mykonos auf europäischer und Nikaria und Samos auf asiatischer Seite mehrmals Tiefen über 400 F.; am nördlichen Eingang der Strasse zwischen Nikaria und Samos sogar 690 F. (1263 m). Die Golfe von Scalanova und Mendelia sind allerdings ziemlich seicht, starke Anschwemmungen der kleinasiatischen Flüsse, besonders des Mäander, haben hier den Grund aufgefüllt, dagegen erreicht der benachbarte Golf von Kos wieder 295 F. (= 540 m). Im mittleren Theile des südlichen Aegäischen Meeres haben wir zwischen Nikaria und Amorgos 286 F. (523 m), zwischen Amorgos und

[1] Vgl. die englischen Admiralitätskarten No. 2836 *a* und *b*.

[2] $\dot{\overline{300}}$ bedeutet: Grund wurde nicht erreicht.

Stampalia oder Astropalia 300 F. (549 m), zwischen Stampalia und Kalymno 351 F. (642 m) zu merken. Immer mehr wachsen nun die Tiefen, je mehr wir uns Kreta nähern, zwischen Cerigotto und Cap Spada sind 730 F. (1336 m), zwischen Milo und Kreta 600 F. (1098 m), zwischen Santorin und Kreta 1110 F. (2031 m), nordöstlich vom kretensischen Cap Spinalonga (Hag. Joannis) gar 1200 F. (2196 m) gelothet worden. Noch grössere Tiefen mögen hier bis jetzt unermittelt geblieben sein, da die Tiefenmessungen ziemlich dünn gesät sind. Etwas geringere Tiefen finden sich östlich von Kreta gegen Scarpanto oder Karpatho und Rhodus hin, wo 600 F. (1098 m) nicht überschritten werden. Ganz besonders tief ist das Meer zwischen Kreta und der Küste Afrika's, ja man kann sagen das ganze südöstliche Becken des Mittelmeeres vom 24. Längengrad von Greenwich an gerechnet. Es ist für diese Meeresgegend bezeichnend, dass die Tiefen bis in die Nähe der Küste erheblich bleiben. Wenige Kilometer südwärts von der Südküste Kreta's, gerade da wo die Weissen Berge sich bis über 2300 m erheben, stossen wir auf die wahrhaft oceanischen Tiefen von 1950 F. (3569 m), so dass die Hochgebirge Kreta's durch diesen Contrast noch gewaltiger erscheinen. Zwischen Rhodus und Alexandrien werden 1600 F., zwischen Cypern und dem Syrischen Tripolis immer noch 850 F. (resp. 2928 m und 1555 m) angegeben. Auch Cypern besitzt keinen unterseeischen Zusammenhang mit dem Festlande. Nicht wesentlich andere Verhältnisse treffen wir westlich vom 24. Längengrad. Die ganze Westküste Griechenlands und der Ionischen Inseln von Cerigotto bis Corfù fällt steil zu grossen Tiefen ab, wir bemerken westlich von Cerigotto 1590 F. (2910 m). Auch der Golf von Corinth und das westlich durch Cephalonia und Zante begrenzte kleine Meeresstück ist viel tiefer, als man bei so engen, einer starken Verschlammung durch die Flüsse, zumal den Aspropotamo ausgesetzten, Wasserbecken erwarten sollte, östlich von Cephalonia steigen die Tiefen bis auf 190 F. (348 m). Das Adriatische Meer[1] übertrifft immer noch die Ostsee nicht unbedeutend an Tiefe. Während das Baltische Mittelmeer nach Krümmel's Berechnung[2] 36 F. (67 m) an mittlerer Tiefe erreicht, beträgt dieser Werth bei dem Adriatischen Meere 126 F. oder 231 m. Die grösste bisher im Adriatischen Meere nachgewiesene Tiefe beträgt 1590 m[3] und liegt zwischen Brindisi und

[1] Physikalische Untersuchungen im Adriatischen und Sicilisch-ionischen Meere an Bord des Dampfers „Hertha". Wien 1881. S. 42 ff.

[2] Versuch einer vergleichenden Morphologie der Meeresräume. Leipzig 1879. S. 92.

[3] Hertha-Expedition. Tafel V.

Cattaro der italienischen Küste etwas näher als der dalmatinischen. Sondirungen von Kreta's Westspitze bis nach Malta herüber ergaben, dass sich auch hier ein wahrscheinlich über 3500 m tiefes Becken befindet. Die afrikanische Küste bleibt bis Tripolis von einem rasch abfallenden Meeresboden begrenzt, erst westlich von Tripolis folgt die umfangreiche, nicht über 100 F. (183 m) tiefe Bank der kleinen Syrte. Zwischen der Westküste Siciliens und dem Cap Bon Tunesiens finden sich ausgedehnte seichte Bänke,[1] welche jedoch Sicilien und Afrika nicht vollständig mit einander verbinden, es bleibt vielmehr immer noch die 496 m tiefe Sicilische Strasse übrig. Auch der westlichste Theil des Mittelmeeres stellt sich nicht in Gegensatz zu den bisher betrachteten Meeresbecken. Das Tyrrhenische Meer erreicht zwischen dem Golf von Neapel und der sardinischen Küste die Tiefe von mindestens 2040 F. (3733 m), in der ziemlich schmalen Strasse zwischen Sardinien und der Küste Afrika's bemerkt man eine Einsenkung bis zu 1642 F. (3005 m.) und auch das Sardische und Iberische Meer sind im Ganzen als tiefe Becken, die an verschiedenen Stellen mindestens 1600 F. (2928 m) erreichen, zu bezeichnen. Sehr auffällig ist auch hier der ungemein steile Absturz der Küsten, besonders von Marseille bis Nizza und in ganz Algerien. Noch im Bereiche des Leuchtfeuers von Algier werden 1503 F. (2750 m), im Angesicht desjenigen von Toulon 1094 F. (2002 m) gemessen.[2] Diese Thatsachen werden durch die neuen, auf den Arbeiten des „Travailleur" beruhenden Darstellungen vollkommen bestätigt.[3] Hier sehen wir zwischen Oran und dem spanischen Cabo de Gata 2900 m, nur einen Breitengrad nördlich von der Stadt Algier 2897 m, nordöstlich von Minorca 3047 m, westlich von Sardiniens Südwestspitze sogar 3149 m eingetragen. Küstenbänke von einiger Ausdehnung finden sich nur an der Küste des westlichen Tunis, an Spaniens Ostküste von Cartagena bis Barcelona,[4] an der flachen Küste von Languedoc und in der Umgebung der toskanischen Inselgruppe.

Was endlich das Schwarze Meer anbetrifft, so ist auch dieses

---

[1] Vgl. Fischer, Zur Geographie der Mittelmeerländer, besonders Siciliens. Leipzig 1877. S. 11—24.

[2] Peschel-Krümmel, Europäische Staatenkunde. Bd. 1. Abth. 1. Leipzig 1880. S 10.

[3] Bulletin de la Société de Géographie. Sér. VII. Bd. 3 S. 93 ff. und Tafel 1 und 2.

[4] Die französische Karte (Tafel 2, Hauptkarte) hat hier die interessante kleine Gruppe der Columbretes einzutragen unterlassen. Ueberhaupt sind die Karten nicht ohne einige Vorsicht zu gebrauchen.

als ein tiefes Becken zu betrachten, dessen grösste Einsenkungen wir wahrscheinlich noch gar nicht kennen. 1070 F. (1958 m) sind auf der die Südspitze der Krim mit dem Bosporus verbindenden Linie nachgewiesen worden, im noch wenig untersuchten südöstlichen Theile sind noch erhebliche Tiefen zu erwarten. Sehr deutlich zeigt sich aber auf einer Tiefenkarte (Admiralitätskarte No. 2214) die Verschlammung des nordwestlichen Theiles des Pontus und des ganzen Asowschen Meeres, die wir der Thätigkeit der zahlreichen grossen, sedimentreichen Flüsse von der Donau bis zum Don zuzuschreiben haben.

Im Ganzen können wir das Gesagte dahin zusammenfassen, dass das Mittelmeer in eine Reihe von grösseren und kleineren Becken zerfällt, welche fast ausnahmslos eine bedeutende Tiefe besitzen. Die Trennung der einzelnen Becken wird durch die zahlreichen Halbinseln, Landspitzen und Inseln, nur in wenigen Fällen durch unterseeische Bänke bewirkt.

Begeben wir uns jetzt an die Ostküste Asiens, so muss uns sofort der tiefe Absturz des Meeresbodens am Aussenrande der aleutischen, kurilischen und japanischen Inseln auffallen. Wir verdanken die Kenntniss dieses Steilabfalles im Wesentlichen der Expedition der „Tuscarora“.[1] Oestlich von den Kurilen und zwar zunächst der Insel Urup[2] liegt hier die tiefste der überhaupt bisher gemessenen Meeresstellen mit 4655 F. (8513 m). Es ist bemerkenswerth, dass diese ungeheuere Tiefe so nahe am Lande gefunden wird. Auch im Indischen und Atlantischen Meer liegen die tiefsten bekannten Stellen nicht in der inselleeren Mitte der Oceane, sondern nahe an Küsten. Am westlichen Ende der Aleuten scheint sich eine zweite tiefe Einsenkung zu finden. Westlich von den Ketten der Aleuten, Kurilen und Japans liegen drei eingeschlossene Meeresgolfe, das Beringsmeer, das Ochotskische und das Japanische Meer. Alle drei besitzen einzelne äusserst tiefe Partien, die tiefsten, wie es scheint, das Japanische Meer in der Nähe der steilen Küste des nördlichen Korea und des angrenzenden russischen Gebietes. Die Flüsse und zum Theil auch die Schutt und Sand mitführenden Eisschollen derselben haben sicher viel dazu beigetragen, seichtere Bänke (die aber in der Nord- oder Ostsee immer noch als tiefe Stellen gelten würden) dort aufzuführen. Das Treibeis der Beringstrasse ist, wie Dall[3] gezeigt

[1] Eine bequeme Uebersicht des mit Recht so genannten Tuscaroratiefes giebt Petermann's Mittheilungen 1877. Tafel 7.

[2] Die britische Admiralitätskarte No. 2405 zeigt diesen Meerestheil sehr deutlich.

[3] Petermann's Mittheilungen 1881. S. 366.

hat, mit dem des Atlantischen Oceans nicht zu vergleichen, es fehlt aber doch nicht völlig und das Zusammentreffen der südlichen Abgrenzung des seichten Theiles der Beringsee mit der durchschnittlichen Grenze des Treibeises ist immerhin beachtenswerth. In das Ochotskische Meer münden zahlreiche bedeutende, meist viel Schlamm und Sand mit sich führende, Flüsse, die man freilich nur auf Küstenkarten (Admiralitätskarte No. 2388) genügend würdigen kann. Der Amur entsendet eine eigene Strömung in das Japanische Meer hinein, die sich weit an der Küste hin verfolgen lässt.[1] Ausserdem kommt eine kalte Strömung aus dem Gishiginsker und Penshinsker Meerbusen und läuft an der Westküste von Kamtschatka entlang, eine dritte entspringt ebenfalls im nordöstlichen Theile des Ochotskischen Meeres, biegt dann aber gegen SW. zur Nordspitze Saghalins ab und verfolgt die Ostküste dieser Insel (vgl. Taf. XII bei Schrenck). Alle diese Strömungen verbreiten Sedimente und Schutt führende Eisschollen über ziemlich weite Gebiete. Treibholz von den Flüssen der Westküste Kamtschatka's wird bis zur Kurileninsel Schumschu geführt, Treibeis schlägt denselben Weg ein. Jedenfalls sind wir berechtigt, die Seichtigkeit einzelner Theile des Ochotskischen Meeres auf die vereinte Thätigkeit der Flüsse und der Meeresströmungen wenigstens der Hauptsache nach zurückzuführen. Die Strasse zwischen Saghalin und dem Festlande, in welcher sich die Schlammmassen des Amur zuerst festsetzen müssen, ist so seicht, dass Peschel hier von der „clandestinen Halbinsel“ Saghalin sprechen konnte.[2] Das Japanische Meer ist viel weniger reich an grossen schlammführenden Flüssen. Die Gebirge treten überall zu nahe an die Küsten heran, wir finden deshalb auch im Japanischen Meer schon grössere Tiefen und weniger ausgedehnte Küstenbänke als in seinem nördlicheren Nachbarmeer. Immerhin ist es vielleicht nicht zufällig, dass die Hundertfadenlinie an der Westküste Nipons, wo der Fluss Shinano-gawa ein flaches, sand- und geröllreiches Küstenland durchfliesst,[3] weiter von der Küste entfernt liegt als an der steilen und felsigen Küste des gegenüberliegenden Festlandes. Das Japanische Meer lässt sich schon einigermaassen mit den tiefen eingeschlossenen Becken des Mittel-

[1] L. v. Schrenck, Strömungsverhältnisse im Ochotskischen und Japanischen Meere. Petersburg 1873. S. 7.

[2] Neue Probleme. S. 28 der zweiten Auflage.

[3] Rein, Japan. Leipzig 1881. Bd. 1 S. 21 u. 104 f. Rein bemerkt, dass zahlreiche Nebenflüsschen dem Shinano-gawa bei jedem starken Regen neue Sandmassen zuführen. An der Mündung dieses bedeutenden Flusses giebt es Dünen und flache Süsswasserseen.

meeres vergleichen, im minderen Grade ist dies bei dem Gelben Meer mit seinen inneren Verzweigungen sowie bei dem sog. Ostchinesischen Meer zwischen dem Festlande und den Liu-kiu-Inseln der Fall. Hier hat die Thätigkeit der grossen und der zahlreichen kleineren chinesischen Ströme in Verbindung mit einer nach Richthofen nicht unwahrscheinlichen Hebung der Küste[1] das Meer seicht gemacht. Haben wir aber Formosa passirt, betreten wir eine Anzahl höchst characteristischer eng umschlossener, nur durch schmale Strassen mit dem offenen Meere verbundener, aber doch sehr tiefer Becken. Zunächst erreichen wir das wegen seiner gefährlichen Klippen verrufene Südchinesische Meer, welches zwei, wie es scheint, nicht zusammenhängende tiefere Becken unter dem 18. und dem 11. Breitengrad besitzt. Das nördliche ist das tiefere und erreicht 2100 F. (3843 m). Der südlichste Theil des Südchinesischen Meeres gehört aber, wie nicht übersehen werden darf, schon ganz der grossen seichten (unter 100 F. tiefen) Bank an, auf welcher sich Borneo, Sumatra und Java erheben. Viel kleiner ist das Becken der Sulu-See, welches durch Paláwan, die Kette der Philippinen, die Sulu-Inseln und Nord-Borneo umschlossen wird. Durch eine von der Insel Panay ausgehende Kette von Klippen und Inselchen wird sie nochmals getheilt. Die grössten beobachteten Tiefen erreichen 2550 F. (4666 m).[2] Die benachbarte Celebessee hat 2600 F. (4758 m) aufzuweisen, hier wie bei der Sulusee liegen die tiefsten Stellen nicht in der Mitte des Beckens, sondern nahe am Lande. Ein ziemlich eingeschlossenes Becken wird auch von der sog. Molukkenstrasse zwischen Halmahera und dem nördlichen Celebes gebildet, das südlichste, wieder sehr deutliche der grösseren Becken, ist aber das der Bandasee. Auch hier liegen die vier tiefsten Stellen nahe am Lande, nämlich 2700 F. (4941 m) bei Gunong Api, nochmals 4941 m im Süden von Ceram beim Inselchen Nussa Laut, 2800 F. (5124 m) bei der Insel Mano, endlich gar 4000 F. (7320 m) zwischen Banda und Amboina. Indessen hat schon Krümmel diese Messung als eine sehr unsichere ältere Angabe bezeichnet, der „Challenger", welcher schon 4400 Faden Lothleine bereit gelegt hatte, fand ganz in der Nähe

[1] F. v. Richthofen in Neumayer's Anleitung zu wissenschaftlichen Beobachtungen auf Reisen. Berlin 1875. S. 306 f.; ferner: China. Bd. 1 (Berlin 1877) S. 57, Bd. 2 (1882) S. 30 f.

[2] Eine genaue Darstellung der Sundawelt liefern die Admiralitätskarten No. 941 *a b* und 942 *a b*. Uebersichtlicher ist Krümmel's Karte (Zeitschrift für wissenschaftl. Geographie. Bd. 3 Taf. 1), welche auch die wichtigsten Tiefenstufen farbig hervorhebt, was die Seekarten nicht thun.

nur 1425 F. (2608 m).[1] Weitere Aufklärungen werden abzuwarten sein. Gehen wir noch weiter nach Süden vor, treffen wir zwischen Flores und Timor nochmals ein kleines tiefes Becken mit 2055 F. (3760 m) an. Die grosse Bank, welche den Australcontinent mit Neuguinea verbindet, wird erreicht, nachdem wir südlich von Timor nochmals eine bis 1700 F. (3111 m) tiefe Strasse gekreuzt haben. Die Tiefenverhältnisse des westlichen Theiles der Südsee sind uns immer noch nicht genügend bekannt, wir können aber doch innerhalb der „westaustralischen Inselreihe“ L. v. Buch's mehrere schmale aber langgestreckte submarine Becken ziemlich sicher erkennen. Es sind die durch den „Challenger“ nachgewiesene Carpenter-Tiefe zwischen Neuguinea's Ostende und den neuen Hebriden (2650 F. = 4849 m), die wegen ihrer Kleinheit und ihrer Nähe an der Küste Queenslands besonders auffällige Patterson-Tiefe (2686 F. = 4915 m), ferner die zwischen dem Australcontinent und Neuseeland eingeschaltete Thomson-Tiefe (der Challenger fand hier 2600 F. = 4758 m als grösste Tiefe, dieser ganze Meeresraum ist aber noch besonders mangelhaft untersucht), endlich die Gazelle-Tiefe im Norden Neuseelands (bis 2270 F. = 4154 m), deren nähere Form und Ausdehnung noch aufzuhellen bleiben.

Vergessen wir endlich auch nicht hinzuzufügen, dass das neuerlich von Krümmel so benannte Andamanische Randmeer gleichfalls noch ein etwa dem Südchinesischen Meere zu vergleichendes Becken darstellt, allerdings erreicht seine grösste Tiefe nur 1200 F. (= 2192 m).

Wir konten constatiren, dass auf der ganzen Ostfront Asiens und Australiens von Kamtschatka bis Neuseeland das Bestreben zur Bildung tiefer Becken, ähnlich denen des Mittelmeeres nicht zu verkennen war. Am deutlichsten nehmen wir sie in der tiefen Spalte wahr, die die Bank der grossen Sundainseln von Australien trennt. Wenn sie nicht in allen Gegenden klar genug hervortraten, hatten wir dafür ebensosehr die ausfüllende Thätigkeit der Flüsse und Strömungen wie unsere noch sehr mangelhafte Kenntniss auch der wichtigeren Meere Ostasiens verantwortlich zu machen.

Auch in Westindiens Meeren lassen unsere Kenntnisse noch viel zu wünschen übrig, da jede neue Durchforschung die Tiefencurven noch wesentlich verändert zeigt. Neuere Aufnahmen der Amerikaner haben dargelegt, dass zwischen Cuba, Jamaica und den Küsten von Yucatan und Honduras ein gewaltiges tiefes unterseeisches Thal aus-

[1] Krümmel, Zeitschrift für wissenschaftl. Geographie. Bd. 3 S. 3.

gebreitet ist.[1] Bei einer durchschnittlichen Breite von 145 km beträgt seine Länge 1126 km. Die grösste beobachtete Tiefe betrug 3428 F. (6273 m). Die kleine kaum 6 m hohe Insel Grand Cayman stellt sich als der Gipfel eines 6271 m hohen unterseeischen Berges dar, der alle Berge des nordamerikanischen Continentes an Höhe übertreffen würde. Ein zweites tiefes und weit grösseres Becken scheint zwischen den kleinen Antillen und den grossen Untiefen an der Mosquitoküste eingeschaltet zu sein, doch müssen hier noch genauere Nachrichten abgewartet werden. Eine westlich von Guadeloupe einzeln aufragende Klippe, die Bird-Insel, könnte sich leicht als der Gipfel eines ähnlichen submarinen Berges wie Grand Cayman herausstellen. Die neue, von der „Deutschen Seewarte“ herausgegebene Tiefenkarte, notirt südlich von Puerto Rico Tiefen von mehr als 4000 m.[2] Da die Reihe der kleinen Antillen auch ostwärts von äusserst tiefen Meerestheilen, die zu den allertiefsten des ganzen Atlantischen Oceans gehören, begrenzt wird, sollte man bei der Angabe, dass die westindischen Inseln auf seichtem Grunde ruhen (s. o.), nie den Zusatz vergessen, dass dieser seichte Grund räumlich sehr beschränkt ist und auf beiden Seiten von ungewöhnlich tiefen Meeren begrenzt wird. Auch der Golf von Mexico zeigt bedeutende Tiefen,[3] die tiefste Senkung wird als Sigsbeetiefe bezeichnet. Sie hat ihre grösste Breite im westlichen Theile des Golfes (95—92° w. L. von Greenwich), zieht sich aber als schmaler Canal bis in die Gewässer Cuba's. Die grösste Tiefe von 2119 F. (3875 m) liegt unter 25° 8′ n. Br. und 87° 18′ w. L., man findet die Stelle leicht, wenn man eine Linie von der Mündung des Mississippi zur Westspitze Cuba's hinüber zieht.

Der nördliche Theil des Golfes ist durch den Einfluss der zahlreichen amerikanischen Ströme schon so aufgefüllt, dass ein Drittel der Gesammtfläche des ganzes Golfes noch nicht 100 F. (183 m) erreicht. Der Rest ist dann um so tiefer.

Wir gewinnen als erstes Ergebniss für die drei zu vergleichenden Gebiete folgenden Satz: Im Romanischen Mittelmeer,[4] in den Mittel- und Randmeeren Ostasiens und Australiens, endlich im Amerikani-

---

[1] PETERMANN's Mittheilungen 1881. S. 311 und Karte.

[2] Atlas des Atlantischen Oceans. Hamburg 1882. Taf. 1.

[3] SILLIMAN's American Journal, Ser. 3. Bd. 21 (1881) S. 288 ff. und Karte. Annalen der Hydrographie 1881. S. 298 ff. und Karte.

[4] Ein von KRÜMMEL (Morphologie der Meeresräume, S. 34 u. ö.) vorgeschlagener. Name. Vielleicht wäre Griechisch-römisches Mittelmeer noch passender.

schen Mittelmeer macht sich eine Tendenz zur Bildung tiefer, gar nicht oder nur in beschränkter Weise mit Nachbarbecken oder dem offenen Ocean zusammenhängenden Becken geltend, das Seebodenrelief dieser Mittelmeere zeigt eine grosse Unruhe, eine rasche Abwechslung seichter und sehr tiefer Partien auf kleinem Raume.

Wenden wir uns jetzt von den Tiefen des Meeres zu den Höhenverhältnissen der in allen drei Gebieten zahlreichen Inseln und Halbinseln, so lehrt schon eine ganz kurze Betrachtung der Karten, dass wir es ganz vorwiegend mit hohen, zum Theil sehr hohen Inseln und Halbinseln zu thun haben. Die grösseren Inseln des östlichen Mittelmeeres tragen eigene Gebirgsmassen, welche denen der Continente nicht nur nicht nachstehen, sondern sie vielfach noch übertreffen. Kreta besitzt drei ganz selbständige, weil durch deutliche Einsenkungen geschiedene, Systeme, welche von Osten nach Westen an Massenhaftigkeit, Umfang und im Allgemeinen auch an Höhe zunehmen.[1] Es sind das die Systeme des Sphakiotischen Gebirges oder der weissen Berge (2450 m Maximalhöhe), dasjenige des Ida, welches nach der neuen Karte in Stieler's Handatlas zwar 2456 m erreicht, an Massenhaftigkeit den sphakiotischen Bergen aber bei Weitem nicht gleichkommt, endlich das kleinere System des Lasithigebirges bis 2150 m. Von letzterem könnte man noch (vgl. Raulin's Karte) das ganz im Osten der Insel belegene Sitiagebirge als noch niedrigere selbständige Gruppe absondern. Auch die kleinen Eilande in Kreta's Umgebung, wie Gaudo, Gaudo Pulo u. a., erreichen Höhen von 134—324 m und machen ganz den Eindruck losgetrennter Theile eines grösseren Gebirgsganzen. Cypern besitzt das umfangreiche 2110 m erreichende Bergsystem des Cyprischen Olymp. Jenseits der Ebene Massara erhebt sich ein zweites niedrigeres Gebirge, im Alterthum gleichfalls Olymp genannt, welches sich bis in das östliche Horn der Insel zum Cap St. Andreas fortsetzt und auf das westliche Ende des syrischen Amanus hindeutet.[2] Aber auch sämmtliche kleinere Inseln des griechisch-türkischen Archipels sind durchweg gebirgig, Thasos, Samothrake, Chios, Samos, Nikaria, Karpathos, Rhodus, auch Naxos und im Westen Griechenlands Kephalonia und Santa Maura überschreiten die Höhe von 1000 m, mehrere andere, wie Andros und Corfù bleiben nur wenig dahinter zurück. Selbst so

[1] Raulin, Déscription physique de l'île de Crète. Paris 1869. Atlas, Taf. 1; vgl. auch: Zeitschrift der Berliner Gesellschaft für Erdkunde. Bd. 1 (1866), Taf. 7.

[2] Admiralitätskarte No. 2074.

unbedeutende Klippen, wie Falconera (201 m), Belopulo (213 m),[1] Pori (125 m) oder Christiana (278 m) würden, in die norddeutsche Ebene zwischen Weser und Ems versetzt, schon beachtenswerthe Berge sein.

Unter den zahlreichen Halbinseln des Aegäischen Meeres finden wir nicht eine, welche als völlig flaches Land zu bezeichnen wäre, die meisten tragen eigene Gebirgszüge, welche gern nach der Spitze zu noch einmal besonders hoch aufsteigen. So sind die vier Halbinseln des Peloponnes mit Gebirgen erfüllt, die im Taygetus 2400 m wahrscheinlich noch übersteigen, Methana ist ein schönes Beispiel eines ganz isolirten, vulcanischen Halbinselberges,[2] Attika's Halbinsel erhebt sich im Süden nochmals zu dem Laurischen Gebirge und fällt am Cap Colonnäs steil in das Meer ab. Auch die grosse küstennahe Insel Euböa ist diesen Halbinseln vergleichbar, vier verschiedene Culminationspunkte, darunter der 1475 m hohe Eliasberg, ganz am Südende lassen sich auf ihr erkennen. Sehen wir uns weiter im Norden um, treffen wir auf das Gebirge der Halbinsel von Volo, den alten Pelion (jetzt Plessidi 1618 m) und nähern uns dann den drei Halbinselfingern der Chalcidice, von denen die südlichste (Kassandra) die am wenigsten gebirgige ist, die mittlere (Longos) schon höher ansteigt, die nördlichste, Hagion Oros, an ihrer äussersten Spitze den mächtigen 1935 m hohen Athos trägt, welcher dem ganzen nördlichen Aegäischen Meere als Seezeichen gilt. Auch der Thracische Chersones und dann die zahlreichen Halbinseln der asiatischen Seite, wenn sie auch meist breiter und massiger sind als die Europa angehörigen, machen von der allgemeinen Regel keine Ausnahme. Besonders der Kara Burun Dagh auf der den Golf von Smyrna südlich begrenzenden Halbinsel und der Samos gegenüberliegende Samsun Dagh, sowie die schroffen Ausläufer des Lycischen Gebirges sind auffällig genug.

Die Inseln des westlichen Mittelmeeres sind ebenfalls sämmtlich unter die hohen Inseln zu rechnen. Das gilt nicht nur von den mit selbständigen, zum Theil reich gegliederten, Gebirgen versehenen grossen Inseln, wie Sicilien, Sardinien, Corsica und den Balearen, sondern auch von den Inseln mittlerer Grösse und den ganz kleinen Eilanden. Sicilien trägt den höchsten Vulcan Europa's, den nach Sartorius

[1] Annalen der Hydrographie 1881. S. 278. Falconera und Belopulo liegen westl. von Milo, Pori südl. von Cerigo, Christiana südwestl. von Santorin.

[2] Vgl. die Karte zu Reiss und Stübel, Ausflug nach den vulcanischen Gebirgen von Aegina und Methana. Heidelberg 1867. Höchster Punkt Methanas 761 m.

v. WALTERSHAUSEN und A. v. LASAULX[1] 3318 m hohen Aetna, die geologisch höchst mannichfaltig zusammengesetzte Insel Sardinien culminirt im Monte Gennargentu mit 1918 m, das benachbarte Corsica im Monte Rotondo mit 2763 m. Corsica zeigt in der Anordnung seiner Gebirge manche Aehnlichkeit mit Cypern, auch hier zieht sich eine bis an das äusserste Ende gebirgserfüllte Halbinsel in das Meer hinaus. Die Balearen tragen sämmtlich Bergzüge, von denen die Kette an der Nordwestküste Mallorca's mit der 1571 m hohen Silla de Torellas die ansehnlichste ist.

In Ostasien finden wir nun ganz das gleiche Bild wie im Mittelmeer: vorwiegend hohe Inseln, auf den grösseren mehrere von einander unabhängige Gebirgssysteme, die sich gern in die Spitzen der auch hier zahlreichen Halbinseln zurückziehen. Was SCHNEIDER in seiner Arbeit über die Geologie Niederländisch-Indiens über Borneo bemerkt, gilt auch von mehreren anderen der grösseren Inseln. Er sagt,[2] dass auf Borneo nur kurze Ketten und einzelne Berggruppen inselförmig aus der weiten Ebene hervortreten, die zusammenhängenden Gebirgszüge, welche manche Karten angeben, seien imaginär. Auch der 4175 m hohe Kini Balu, ohne Zweifel einer der höchsten Berge des ganzen Archipels, steht ganz vereinzelt, hat keinen Zusammenhang mit anderen Gebirgszügen. PIJNAPPEL's Bemerkung,[3] wonach Borneo von SSW. nach NNO. von einem Gebirge oder besser einem „Berglande" durchschnitten sei, zu dem auch der Kini Balu gerechnet wird, ist danach wohl nicht richtig. Borneo's Nachbar ist Celebes, das vielarmige, polypenförmige, wie es SCHNEIDER a. a. O. S. 114 nennt. Auch auf Celebes werden spätere Forschungen die auf unseren Karten angedeuteten Gebirgszüge noch einigermaassen berichtigen. Wir erkennen aber doch, dass gerade am Ende der vier Halbinseln, aus denen die Insel besteht, besonders deutliche Gebirge auftreten, die auf der nördlichsten Halbinsel im Vulcan Klabat 2000, auf der südlichsten im Gunong Bobokaräng 3000 m übersteigen. PIJNAPPEL (a. a. O. S. 153) glaubt, dass im Innern ausgedehnte Hochebenen vorhanden sind, ebenso KUYPER.[4] Halmahera oder Gilolo ist nicht nur in morphologischer, sondern auch in orographischer Beziehung Celebes sehr ähnlich. Noch vielfach lässt sich auf den Inseln der Sundawelt beobachten, dass die Berge dicht am Meer besonders hoch aufsteigen, wobei es nicht darauf ankommt,

[1] SARTORIUS-LASAULX, Der Aetna. Leipzig 1880. Bd. 2 S. 316.
[2] Jahrbuch der k. k. Geolog. Reichsanstalt. Bd. 26 (1876) S. 116.
[3] PIJNAPPEL, Geographie van Nederlandsch-Indie. 's Gravenhage 1881. S. 143.
[4] KUYPER, Nederland, zijne Provincien en Colonien. Leeuwarden 1878. S. 245.

ob es etwa Vulcane sind oder nicht. Grössere zusammenhängende Tiefebenen, also nicht, wie auf Borneo, durch einzelne Bergzüge unterbrochen, scheinen nur auf Neuguinea und auf Sumatra vorzukommen, dessen niedrige Ostküste mit Tausenden von kleinen, flachen Landseen besetzt ist (SCHNEIDER a. a. O. S. 116). Mögen wir nun unsere Wanderung nach S. bis Neuseeland oder nach N. bis zur Beringstrasse fortsetzen, überall treffen wir den Ostrand Asiens und Australiens von hohen Inseln umgeben, die kleinen niedrigen Korallenklippen im Nordosten Australiens, in der Torresstrasse und im Klippenmeere zwischen Borneo und Südchina natürlich ausgenommen. Unter den Halbinseln, welche der asiatische Continent in dieses Inselmeer hineinsendet, ragen Maláka, Korea und Kamtschatka durch ihre Gebirge hervor. Kamtschatka trägt neben zahlreichen anderen ähnlich hohen Spitzen den 4804 m hohen Kliutschewskischen Vulcan, Korea's Gebirge steigen über bis 2000 m auf, die Möglichkeit, dass noch höhere Gipfel entdeckt werden, ist bei unserer mangelhaften Kenntniss des Innern dieser grossen Halbinsel[1] nicht ausgeschlossen. Am niedrigsten ist die Halbinsel Maláka, welche aber doch noch ähnliche Höhen wie Calabrien aufzuweisen hat. Auch sonst ist die Aehnlichkeit zwischen der malayischen und der calabrischen Halbinsel eine ziemlich grosse, bei beiden unterbrechen niedrige Senken den Zusammenhang der Gebirge, wie für Calabrien von THEOBALD FISCHER und EDUARD SÜSS nachgewiesen wurde. RITTER schon wies auf die Senkungen und leichten Passübergänge der malayischen Halbinsel hin.[2]

Westindiens Inseln endlich gehören gleichfalls dem Typus der gebirgigen Mittelmeer-Inseln an. Das zeigt schon ein Ueberblick der neuen Karte Nr. 82 in STIELER's Handatlas oder eine Durchmusterung der eingehenden Beschreibung der einzelnen Inseln bei OTTO DELITSCH.[3] Sehr beträchtliche Höhen erreichen die theilweise vulcanischen Spitzen der kleinen Antillen (Grenada 1140, St. Vincent 1125, St. Lucia 1055, Martinique 1348, Dominica 1615, Guadeloupe 1675, selbst das kleine Montserrat zeigt noch 916 m). In Hayti haben wir in Orographie und Flussnetz ein Seitenstück zu Corsica und Cypern. Puerto Rico und Jamaica sind durchaus mit Bergen erfüllt und auch Cuba, obwohl durch seine Ebenen und

[1] F. v. RICHTHOFEN, China. Bd. 2 S. 131.

[2] RITTER, Erdkunde. Bd. 4 (Berlin 1834) S. 905, 1080, 1117; Bd. 5 (Berlin 1835) S. 108 f.

[3] WAPPÄUS' Handbuch der Geographie und Statistik. 7. Aufl. Bd. 1, Abth. 4, S. 1841 ff. Leipzig 1871.

niedrigen Hügelländer einigermaassen Borneo ähnlich, besitzt doch im äussersten SO. die bis 2560 m ansteigende Sierra Maestra. Daneben fehlt es auch in Westindien nicht an niedrigen, vielfach mit Unterstützung der Korallen aufgebauten Archipelen und einzelnen Inselchen. Vor Allem sind hier die Bahamas zu nennen, dann die ihrem ganzen Naturcharacter nach doch am Besten zu Westindien zu ziehenden Bermudas, endlich die zahlreichen Klippen auf den Untiefen von Honduras und vor der Mosquitoküste. Sie alle gehören in die später zu betrachtende Gruppe der Aufschüttungsinseln.

Die Erdräume, mit deren Vergleichung wir uns jetzt beschäftigen, waren also sämmtlich reich an hohen Inseln und Halbinseln. Wir fanden vorher, dass sie sämmtlich auch ansehnliche Meerestiefen aufzuweisen hatten. Fassen wir dies zusammen, gelangen wir zu dem einfachen Satze, dass jene Gebiete durch bedeutende Differenzen zwischen den Höhen und Tiefen oder durch häufigen und raschen Wechsel zwischen tiefen Meeresräumen und hoch aufsteigenden Landmassen sehr scharf bezeichnet werden. Vergleichen wir damit die dänischen Inseln, so sehen wir dort nur eine Gruppe ebener, höchstens leichtwelliger, nie eine Meereshöhe von wenigen hundert Metern übersteigenden Inseln, welche durch Canäle von äusserst mässiger Tiefe von einander getrennt werden. Könnten wir unser Mittelmeer und gleichzeitig die dänischen Gewässer gänzlich austrocknen, würden die vom Meere befreiten Gebiete im Süden Europa's einen völlig anderen, weit grossartigeren Anblick gewähren als der auf die angedeutete Weise vergrösserte dänische Staat.

Doch wir müssen, bevor wir zu allgemeineren Betrachtungen über die Ursachen so tiefgreifender Verschiedenheiten übergehen können, noch andere Uebereinstimmungen, die sich in der Anordnung und der gegenseitigen Lage der Inseln und Halbinseln unserer Vergleichungsgebiete zeigen, besprechen.

Peschel erwähnt zuerst in genauerer Weise[1] die Anordnung der ostasiatischen Inselketten in leichten Curven, deren convexe Seite dem offenen Meere, deren concave aber einem in den Körper des Festlandes einschneidenden Golfe zugekehrt ist. Die Inselschnüre selbst aber sind stets an eine halbinselförmige Verlängerung des Festlandes oder an eine dieselbe vertretende küstennahe grössere Insel geknüpft und bilden gleichsam die Fortsetzung derselben, die

[1] Bekanntlich war die Thatsache selbst schon dem Philosophen Krause nicht unbekannt, Peschel ist aber der erste, der sie im Zusammenhang mit den übrigen Gesetzen der Inselbildung betrachtet hat. Neue Probleme, S. 28 ff. der 2. Auflage.

sich dann bis zu einer anderen Halbinsel oder grösseren Insel hinüberschwingt. So gehören immer drei Stücke zusammen: Halbinsel, Inselkette, an der Innenseite der Kette liegender Meeresgolf. Wenn nun auch feststeht, dass vorzugsweise vulcanische Inseln in Reihen angeordnet sind, müssen wir uns doch sehr hüten, jede Insel der ostasiatischen Reihen als vulcanische zu betrachten; es zeigt sich vielmehr, dass neben einzelnen noch thätigen Vulcanen, zahlreichen ruhenden Feuerbergen und solchen Inseln, die wohl aus vulcanischem Gestein zusammengesetzt sind, aber keinen eigentlichen Krater tragen, auch zahlreiche gänzlich unvulcanische sich in den Reihen befinden. Es kann nun die Liste, welche Peschel giebt, noch um einige Fälle bereichert werden. Wenn wir mit Peschel unsere Wanderung im Norden beginnen, fällt uns zunächst die grosse Halbinsel Alaska mit der dazugehörigen Inselkette der Aleuten und dem weiten Golfe des Beringsmeeres auf. Aber wir dürfen nicht übersehen, dass die kleine Kenai-Halbinsel[1] ähnliche Beziehungen zeigt. Eine aus den Inseln Schujak, Afognak, Kadiak, Sitchinak, Tugidak, Ukamok bestehende, auf Karten etwas grösseren Maassstabes sehr gut hervortretende Inselreihe setzt sie fort, ja wir sind vielleicht berechtigt, auch die Gruppe der Schumagin-Inseln und die Insel Urga, welche sich dann nach der benachbarten Haupthalbinsel Alaska herüberziehen, als Fortsetzung jener Reihe zu betrachten.[2] Der correspondirende Golf ist durch den Cook-Sund und die Alaskastrasse bestens vertreten. Die Aleuten bringen uns dann nach Kamtschatka hinüber, wo sich die auffallend vorspringende Halbinsel, welche das Cap Kamtschatka trägt,[3] der Inselkette entgegenstreckt. Kamtschatka wiederum wird durch die sehr regelmässige Kette der Kurilen, hinter welcher das Ochotskische Meer liegt, mit Jesso verbunden. Dann folgt Saghalin mit der anschliessenden Japanischen Inselreihe und dem dadurch abgegrenzten Japanischen Meer. Wir lernen hier übrigens, dass die Inselschnüre nicht nothwendig aus kleinen Inselbergen bestehen müssen, sondern auch von wenigen, grossen Gliedern gebildet werden können. Dann bietet sich uns Korea als nächste Halbinsel dar. Die Korea's Südspitze vorliegende Insel Quelpart beginnt keine Reihe, Korea's Hauptgebirge liegt aber auch nicht im Westen, sondern nahe an der Ostküste der Halbinsel. Hier sehen wir dann auch, wie sich über Tsusima eine Brücke nach Kiusiu hinüberschlägt,

[1] Petermann's Mittheilungen 1869. Taf. 19.

[2] Aehnliche Lücken finden sich auch in anderen Reihen, so z. B. gleich am Westende der Aleuten zwischen der Insel Attu und der Kupferinsel.

[3] Admiralitätskarte No. 2388.

die sich dann mit immer grösser werdenden Lücken bis Formosa in den Liu-kiu- oder Riu-kiu-Inseln verfolgen lässt. So wird das Chinesische Ostmeer umschlossen. Aber dieses Ostmeer dringt mit seinem nördlichen Theile, dem Gelben Meere, ganz besonders tief in den Continent ein. Haben wir die immer noch breite Strasse zwischen dem Ostcap des Gebirgslandes Shantung und der gegenüberliegenden, zu Korea gehörigen, James Hall-Gruppe passirt, gelangen wir in die Korea-Bai, dann aber durch die schon engere Strasse von Pe-tshi-li in den Golf von Pe-tshi-li, dem sich nach NO. hin noch der Golf von Liautung anschliesst. Durch die Korea-Bai und den Golf von Liautung wird die Halbinsel von Liautung abgeschnitten. Von dieser aber zieht sich quer über die Strasse von Pe-tshi-li die Gruppe der felsigen Miau-tau-Inseln zur Nordwestküste der gebirgigen Halbinsel Shantung hinüber und wiederholt so im Kleinen nochmals das Bild der grösseren Halbinseln mit ihren Inselketten. Als correspondirender Golf wäre dann jener innerste Theil des Gelben Meeres, der Golf von Pe-tshi-li und der Golf von Liautung anzusehen. Die Miau-tau-Inseln werden als eine umfangreiche Gruppe basaltischer Tafelberge beschrieben[1] und würden also auch geologisch den Kurilen und Aleuten an die Seite gestellt werden können. Sie liegen auf der von RICHTHOFEN aufgestellten und benannten Bruchlinie von Liautung und Shantung, welche sich nördlich in das Liauthal, südlich auf die Küste von Shantung fortsetzt. Die Höhe der Miau-tau-Inseln ist nicht unbeträchtlich, für Ta-chu-shan, das Great Bamboo Island der Engländer (die östlichste der Gruppe) werden 144 m, für Chang-Shan oder Long Island, die grösste Insel, 171 m, für Kao-shan oder Quoin Island sogar 195 m angegeben.[2]

Als Ansatzpunkt der nächsten Inselkette dient uns die Insel Formosa, welche durch die allerdings breite, aber nicht über 200 m tiefe, Strasse von Fokien vom Festlande getrennt wird. Die ziemlich zerstreuten Gruppen der Batan- und Babuyan-Inseln führen uns nach Luzon hinüber. Von hier aus bieten sich uns eine ganze Reihe von Inselketten dar, welche die Verbindung mit verschiedenen der grossen Sunda-Inseln herbeiführen. Die Busuangagruppe und die langgestreckte Insel Palawan führen zur nördlichen, die westliche Halbinsel Mindanaos und die Sulu-Inseln zur nordöstlichen Spitze Borneo's. Eine sehr deutliche, nach dem offenen Meere leicht convexe Curve wird durch Luzon, Samar und Mindanao gebildet, im

[1] F. v. RICHTHOFEN, China. Bd. 2 S. 738.

[2] BULLOCK, The China Sea Directory. London 1874. Bd. 3 S. 481 ff.

Süden von Mindanao bemerken wir dann die Kette der Sangir-Inseln, die nach Celebes weist, ferner die weniger ausgeprägte Kette der Talaut-Inseln, welche in der Verlängerung des Cap St. Augustin nach Halmahera leitet. Die correspondirenden, westwärts von jeder Kette liegenden Golfe, sind das südchinesische Meer, die Sulu-See und die Celebes-See. Prüft man die Lage und Gruppirung der zahlreichen Klippen und Untiefen in der südchinesischen See, so zeigt sich auch hier eine reihenförmige Anordnung von Nordosten nach Südwesten, also der Streichungsrichtung von Palawan parallel, wobei wir aber nicht vergessen wollen, dass die britischen Seekarten hier an Tiefenangaben noch nicht so reich sind wie in anderen Gegenden und dass selbst die Position für manche jener Klippen noch nicht völlig feststeht.[1] Im südlichen Theile des Malayischen Archipels giebt es auch noch einige Fälle der reihenförmigen Anordnung der Inseln. Zunächst ist die ganze Inselkette von Sumatra bis über Flores hinaus hier zu erwähnen. Die Reihe schwingt sich zuletzt nach Norden und Nordwesten herum und endigt mit dem kleinen Archipel der Banda-Inseln, ja vielleicht erst mit Buru. Die Insel Rotti beginnt westlich von Timor eine zweite Reihe, die sich in einer deutlichen nach Osten convexen Curve bis Ceram verfolgen lässt. Zwischen Timor und Wetter liegt nur ein schmaler Canal zwischen beiden Reihen, dann entfernen sie sich wieder mehr von einander, um sich in den Gewässern von Ceram nochmals zu nähern. Die Banda-See bildet hier das entsprechende Meeresbecken. Endlich sind auch die Andamanen und Nikobaren auf einer Curve gelagert, welche eine Fortsetzung von Pegu bildet und das Andamanische Randmeer abschliesst. Ansätze einer zweiten östlichen Curve sind in Barren Island, Narcondam und Flat Rock angedeutet. Medlicott und Blanford sagen mit aller Bestimmtheit, dass die Andamanen eine Fortsetzung des Arakan-Yoma-Gebirges sind und dass die Preparis- und Cocos-Inseln die Verbindung der Hauptgruppe mit dem festländischen Cap Negrais herstellen.[2] Die Formationen von Mittel- und Süd-Andaman gehören aller Wahrscheinlichkeit nach zur gleichen Gruppe wie diejenigen des Cap Negrais. Auch die Nikobaren verrathen in ihrer geologischen Zusammensetzung noch Aehnlichkeit mit den Andamanen und mit dem Festlande. Barren Island ist sicher, Narcondam höchst wahrscheinlich vulcanisch. Künftigen Untersuchungen muss die Lösung der

---

[1] China Sea Directory. London 1879. Bd. 2, an vielen Stellen.

[2] Medlicott and Blanford, Geology of India. Calcutta 1879. Bd. 2 S. 732 ff.

Frage vorbehalten bleiben, ob wir etwa in der langgezogenen Kette der Mentawei-Inseln im Westen Sumatra's die Fortsetzung der Nicobaren erblicken dürfen.

In den Meeren östlich von Australien ist das Auftreten von Inselcurven noch mehrmals sehr deutlich wahrzunehmen (Neue Hebriden, vielleicht auch die Salomon-Inseln), es fehlen aber so ausgeprägte Beziehungen zu bestimmten Halbinseln wie im östlichen Asien.

Wohl aber lässt sich im amerikanischen Mittelmeer erkennen, dass sich an die sonst wenig hervortretende Halbinsel Guajiro eine Inselreihe ansetzt, die mindestens bis zu den Brüdern (Los Hermanos) einer ganz kleinen zu Venezuela gehörigen Gruppe verfolgt werden kann. Eine andere Reihe bildet die Verlängerung des Cap Codera am Ostende des Gebirges von Carácas. Zu ihr gehören Tortuga, Margarita und die Testigos-Inselchen. Wenn es erlaubt ist, die Lücke zwischen den Testigos und Grenada, der nächsten der kleinen Antillen, hier ebenso unbeachtet zu lassen, wie nicht kleinere Lücken in den ostasiatischen Inselreihen, die wir kennen lernten, dann dürfen wir sogar die innere Reihe der kleinen Antillen, welche einen sehr schönen, vollständig den ostasiatischen Curven entsprechenden, Bogen bildet, als Fortsetzung der nämlichen Reihe betrachten, doch will ich dies nicht mit Bestimmtheit behaupten. Jedenfalls aber lassen sich in den kleinen Antillen überhaupt zwei gesonderte Curven unterscheiden, eine innere sehr regelmässige und eine äussere, welche vielfache und grosse Lücken aufweist.[1] Zu ihr gehören Tobago, Barbados, dann wieder nach einer grossen Unterbrechung Antigua, Barbuda, St. Barthélémy, St. Martin, Anguilla, Sombrero und die Gruppe der Jungfern-Inseln, über Tobago hinaus könnte man noch Trinidad dazurechnen und gelangte dann zu einem Anschluss an die weit vorgestreckte Halbinsel Paria.[2] Was die grossen Antillen betrifft, so erkennen wir dort mehrmals Versuche, Inselketten an Halbinseln anzusetzen, so am Cabo de Cruz im südöstlichen Cuba, wo die von der Sierra Maestra erfüllte Halbinsel auf die Kette der Caymans hinweist. Fassen wir die ganze Gruppe der Westindischen Inseln als ein Ganzes zusammen, so erkennen wir leicht, wie das Caribische Meer ebenso von der Kette der Antillen umgeben und vom Ocean abgetrennt wird wie das Berings- oder Ochotskische Meer in Ostasien durch die Aleuten und Kurilen. Nur fehlt hier eine grössere Halbinsel, an die

[1] Wappäus, Handbuch. Bd. 1 Abth. 4 S. 1842 ff. (Westindien von Otto Delitsch).

[2] Wir haben also hier zwei ähnliche einander benachbarte Curven wie in der Banda-See.

sich die Kette im Nordwesten anlehnen könnte; Cuba aber dürfen wir weder mit Yucatan noch mit Florida in Beziehung bringen. Aber auch so bleiben noch Aehnlichkeiten genug zwischen Mittelamerika's Inselwelt und dem südöstlichen Asien übrig und wir können die Bemerkung CHAMISSO's,[1] der den Mexicanischen Golf mit dem Chinesischen Meer (im weitesten Sinne genommen), Yucatan mit Borneo und den mittelamerikanischen Isthmus mit der Vulcanreihe Java's und seiner östlichen Fortsetzungen vergleicht, immerhin als richtig anerkennen, wenn auch die Beschaffenheit Borneo's nicht recht mit der des ganz flachen Yucatan übereinstimmen will. Im Griechisch-Römischen Mittelmeer endlich finden wir mindestens im östlichen Theile Gruppirungen, die dem Bilde der asiatischen Ostküsten einigermaassen entsprechen. An die Halbinsel von Volo schliesst sich die Kette der Sporaden an, Euböa sowohl als Attika setzen sich in ziemlich ausgedehnten, an die kleinen Sunda-Inseln erinnernden, Ketten fort, doch ist nicht zu leugnen, dass die Anordnung in Curven niemals so deutlich hervortritt wie in Ostasien. Bezeichnen wir uns auf der Karte alle diejenigen Inseln des südlichen Aegäischen Meeres, auf welchen vulcanische Thätigkeit wahrgenommen wird oder wo dieselbe erst vor kürzerer Zeit erloschen ist, mit einer besonderen Farbe, so ergiebt sich die vielleicht doch nicht bedeutungslose Thatsache, dass diese Inseln,[2] nämlich Nisyros, Santorin, Polykandros, Milo, Polino, Kimolo, Antimilo, Falkonera, Karavi und Belopulo auf einer Curve aufgereiht liegen, welche genau wie in Ostasien oder Mittelamerika die convexe Seite dem hohen Meere, hier also dem Süden zukehrt. Eine Verlängerung der Curve würde auf die Insel Poros, die Halbinsel Methana, die Insel Aegina und endlich auf die heissen Quellen am Isthmus von Korinth hinweisen. Viel weniger deutlich sind die Curven im Gebiete der Liparischen Inseln und überhaupt im westlichen Mittelmeer.

An mehreren Stellen schon musste die Verbreitung vulcanischer Erscheinungen in den zunächst zur Vergleichung stehenden Gebieten erwähnt werden. HOFFMANN's Ausspruch,[3] dass da, wo die grossen Continentalmassen von Mittelmeeren durchbrochen werden, zahlreiche

[1] In KOTZEBUE's Entdeckungsreise in die Südsee und nach der Beringstrasse. Weimar 1821. Bd. 3 S. 32.

[2] BITTNER, NEUMAYR und TELLER, Ueberblick über die geologischen Verhältnisse eines Theiles der Aegäischen Küstenländer. Wien 1880. Taf. 3. Ist auch im 40. Bande der mathematisch-naturwissenschaftlichen Denkschriften der Wiener Akademie enthalten.

[3] Physikalische Geographie. Berlin 1837. S. 123.

Spuren vulcanischer Thätigkeit zu bemerken sind, bewährt sich hier durchaus. Selbverständlich kann es nicht meine Absicht sein, die vulcanischen Erscheinungen der erwähnten Gebiete eingehend zu schildern. Wir besitzen bereits verschiedene, zum Theil sehr gründliche und eingehende, Darstellungen der vulcanischen Thätigkeit auf der Erde überhaupt, in denen gewöhnlich den Vulcanen des Mittelmeeres, Ostasiens und Westindiens hinreichender Raum gewidmet ist. Ich erwähne nur LEOPOLD VON BUCH's Abhandlung über die Canarischen Inseln, in welcher man auch eine Durchmusterung der übrigen Vulcangebiete findet.[1] Sie geht freilich bisweilen von heute ganz verlassenen Anschauungen aus. Dann LANDGREBE's brauchbare Arbeit,[2] endlich auch das bekannte Werk von FUCHS, welches an Reichhaltigkeit der Einzelangaben und Literaturnachweise hinter LANDGREBE allerdings zurückbleibt.[3] Auch HUMBOLDT's Bemerkungen im Kosmos sind namentlich wegen der ungemein reichhaltigen Anmerkungen immer noch zur Vergleichung heranzuziehen.[4] Ausserdem giebt es fast über jede einzelne Vulcanzone Monographien, die bisweilen zu umfangreichen und werthvollen Werken anschwellen. Darunter ist SARTORIUS-LASAULX' mustergültiges Aetnawerk, HOCHSTETTER's Neuseeland und JUNGHUHN's Java besonders hervorzuheben. So dürfen wir uns hier wohl mit der einfachen Anführung der Thatsache begnügen, dass unsere drei Meeresgebiete sämmtlich an thätigen wie an zur Zeit ruhenden Vulcanen reich sind. Wenn wir aber hinzuzufügen haben, dass auch Erdbeben dort häufige und zum Theil mit ganz besonderer Heftigkeit auftretende Erscheinungen sind, so muss uns schon der Umstand, dass viele der hervortretendsten Erdbebenheerde thätigen und selbst ruhenden Vulcanen fernliegen, davon abhalten, die Erdbeben lediglich als eine Wirkung des Vulcanreichthums zu betrachten. Vielmehr lassen sich alle diejenigen Erscheinungen, welche wir bisher als unseren Vergleichungsgebieten eigen kennen lernten — rasche Abwechslung zwischen tiefen Meeresbecken und hohen Inseln, Reichthum an hohen Inseln und fingerförmigen, auch meist hohen Halbinseln, reihenförmige Anordnung der Inselketten, Reichthum an Vulcanen und Erdbeben — dadurch erklären, dass wir mit EDUARD SÜSS und anderen Geologen und Geographen die in Frage kommenden Gebiete als solche auffassen, welche an Bruchlinien reich sind, also zu den

[1] Gesammelte Werke. Berlin 1877. Bd. 3 S. 513—637.

[2] LANDGREBE, Naturgeschichte der Vulcane. Gotha 1855. Bd. 1.

[3] FUCHS, Die vulcanischen Erscheinungen der Erde. Leipzig u. Heidelberg 1865. S. 1—75.

[4] Kosmos, Bd. 4.

sogenannten Bruchzonen der Erde gehören. HOCHSTETTER bietet in seiner Geologie ein Kärtchen,[1] das zwischen den nördlichen und den südlichen Continenten eine Bruchzone andeutet, welcher u. a. die ost- und westindischen Inseln, die Halbinseln Südasiens und diejenigen des Mittelmeergebietes angehören. Wir werden später sehen, dass diese grosse Bruchzone, oder richtiger Aufeinanderfolge von Bruchzonen, nicht die einzige auf der Erde ist.

Die Anschauungen einer früheren Zeit machten die Eruptivgesteine für die Aufrichtung der Gebirge, wohl gar ganzer Continentalmassen verantwortlich.[2] Die plutonischen Gesteine, nahm man an, bilden die Achse jedes echten Kettengebirges, und haben die sedimentären aufgelagerten Schichten emporgehoben, vielfach durchbrochen und verworfen. Zu ganz anderen Auffassungen haben die in den letzten Jahrzehnten besonders in den Alpen angestellten gründlichen Untersuchungen geführt. Wir reden jetzt nicht mehr von einem senkrechten Aufsteigen der Gebirgsmassen, sondern erkennen an, dass die Gebirge nichts anderes sind, als Falten, die durch die fortdauernde Abkühlung und Zusammenziehung der Erdrinde, also nicht durch verticale, sondern durch horizontale Bewegungen entstanden sind. Nehmen wir aber eine ungleichförmige Zusammenziehung der Erdrinde an, sehen wir leicht, dass dadurch Sprünge, Risse und Spalten in der Erdoberfläche entstehen müssen. Die einfachste Form der Gebirgsbildung besteht[3] gerade in der Bildung eines Risses, der natürlich auf der Richtung der Zusammenziehung senkrecht steht, in der Fortbewegung des abgerissenen Stückes in der Richtung der Contraction und in einzelnen Fällen in dem Hervortreten irgendwelcher Eruptivmassen aus der entstandenen Spalte. Sinkt wohl, wie es z. B. an der Westseite der Apenninen vorkommt, ein Theil der entstandenen Falte in den Riss hinein, während die Vorwärtsbewegung des Restes fortdauert, so entsteht ein förmliches Einsturzbecken von oft beträchtlicher Grösse. Solche Einsturzbecken finden sich an der südlichen oder Innenseite der Alpen und Karpathen sowie ganz besonders an der inneren (westlichen) Seite der Apenninen.

---

[1] HANN, HOCHSTETTER und POKORNY, Allgemeine Erdkunde. Prag 1881. 3. Aufl. S. 202.

[2] Vgl. die ausführliche Darlegung bei SÜSS, Entstehung der Alpen. Wien 1875. S. 2 ff. Die in BRUGUIÈRE's Mémoire sur l'Orographie de l'Europe (Paris 1830) und in CHARPENTIER's Essai sur la constitution géognostique des Pyrénées (Paris 1823) S. 118 mitgetheilte Tafel ist für die älteren Ansichten besonders bezeichnend.

[3] SÜSS a. a. O. S. 146.

Da wo eine grosse Bruchlinie sich auf weiter Strecke gleichmässig fortsetzt, ohne dass einzelne Trümmer des versunkenen Gebirges stehen blieben, werden wir eine glatt verlaufende, nur ganz sparsam von Inseln begleitete Steilküste gegen ein rasch grosse Tiefen annehmendes Meer abstürzen sehen. Das ist der Fall an Südamerika's Westküste, ferner an dem früher erwähnten steilen Ostabfall der nordostasiatischen Inselwelt gegen die Tuscarora-Tiefe, vielleicht auch am südlichen Steilrande Java's und Sumatra's gegen den Indischen Ocean.[1] Die Südküste Java's bildet nach SCHNEIDER eine steil abfallende Mauer, „gleichsam als wäre das Gebirge abgebrochen und in die See gestürzt“.[2]

Wo aus dem Körper eines grossen Continentes Stücke herausgebrochen sind, schiebt sich ein Mittelmeer ein, das aber gewöhnlich nicht aus einem grossen Einsturzbecken, sondern aus zahlreichen kleineren besteht. Denn es stürzt nicht nothwendig der ganze abgesunkene Flügel des Gebirges hinab, Reste und Trümmer, welche den alten Zusammenhang noch verrathen, bleiben stehen und bilden jene langgestreckten, seltsam verzweigten Halbinseln, jene Haufen von Inseln, welche sich schon durch ihre mannichfaltige geologische Zusammensetzung als Trümmer eines grösseren Ganzen zu erkennen gaben. Zum Ersatz aber für die herabgesunkenen Theile steigen nun in den einzelnen Senkungsbecken zwischen den Resten des zerstörten Gebirges in vielen Fällen Vulcane auf. Doch braucht es nicht immer zur Bildung wirklicher Vulcane zu kommen, ja die vulcanischen Erscheinungen können selbst ganz fehlen. In unseren Mittelmeeren aber ist kaum ein einziges Senkungsfeld, welches nicht mindestens eruptive Gesteinsmassen an seinem Rande oder in seiner Mitte aufzuweisen hätte. In der Nachbarschaft einer Bruchzone haben die einzelnen Schichten nicht jene Ruhe und Beständigkeit, wie in anderen, dislocationsfreien Gebieten. Es kann uns deshalb nicht überraschen, wenn immer noch plötzliche Aenderungen der gegenseitigen Lagerungsverhältnisse, mögen dieselben auch noch so unbedeutend sein, vorkommen. Neue Spalten öffnen sich, ältere erweitern oder verlängern sich; alles das aber sind Erscheinungen, welche an der Oberfläche als Erdbeben empfunden werden. Oesterreichische Geologen, vor allem SÜSS, HÖFER und HÖRNES, haben durch zahlreiche Arbeiten über die Erdbeben in Niederösterreich, Kärnthen und Italien genau nachgewiesen, wie die Erdbeben oft in überraschender

[1] KRÜMMEL in Zeitschrift für wissenschaftliche Geographie. Bd. 3 S. 5.
[2] SCHNEIDER im Jahrbuch der Geolog. Reichsanstalt. Bd. 26 S. 120.

Weise an einzelne Bruchlinien geknüpft sind, die freilich nicht immer auf orographischen, sondern nur auf guten geologischen Karten aufgesucht werden können. Unsere drei Meeresgebiete müssen also an Erdbeben ebenso reich sein, wie z. B. der nördliche Theil des Europäischen Russland oder die nordwestdeutsche Tiefebene arm daran sind. Dazu kommt noch, dass im Innern thätiger und auch erloschener Vulcane Einstürze grösserer Hohlräume stattfinden können. Dadurch werden neue Veranlassungen zu Erdbeben geschaffen, diese Einsturzbeben aber bleiben gewöhnlich auf ein engeres Gebiet beschränkt und werden auch nicht so heftig als die Erdbeben der Bruchlinien, welche Hörnes passend als tektonische Beben bezeichnet hat, weil sie, wie er sagt,[1] in unmittelbarem Zusammenhang mit der Gebirgsbildung stehen und gerade in der Entstehung und dem Aufbau der grossen Kettengebirge ihren Grund haben. Wenn nun aber, wie durch einige nähere Belege noch gezeigt werden soll, die Inseln des Mittelmeeres und der verwandten Meeresgebiete entweder Trümmer versunkener Festlandstücke oder aber Schöpfungen vulcanischer Thätigkeit sind, werden wir sie da nicht mit demselben Recht, um sie von auf andere Weise entstandenen Inseln zu unterscheiden, als

„tektonische Inseln“

bezeichnen dürfen? Damit soll die Einwirkung der Erosion auf die Form dieser Inseln keineswegs geläugnet oder ausgeschlossen werden, wir werden später die Einflüsse der Temperaturschwankungen, der Niederschläge, der fliessenden Gewässer, des Gletschereises und der Meeresströmungen auf die Lostrennung und Gestaltung von Inseln zu prüfen haben und werden dabei Inseln kennen lernen, welche nur durch die erwähnten Kräfte so geworden sind, wie wir sie heute erblicken. Aber bei unseren tektonischen Inseln ist immer der Einfluss, welchen die Bewegungen und Faltenbildungen der Erdrinde ausübten, weitaus der überwiegende. Zuerst wurde ein Stück eines Festlandes durch das Wegsinken seiner Umgebung zur Insel, und erhielt im Wesentlichen die heutige Gestalt, dann erst begannen die Meeresströmungen, die Sturmwellen oder was es sonst sein mochte ihre zerstörende Thätigkeit. Eine neu aufgeschüttete vulcanische Insel verdankt ihre Existenz, die Höhe, welche sie erreichen kann, die Ausbreitung über eine grössere oder geringere Fläche doch immer der vulcanischen Thätigkeit und diese wieder ist an den Bau der Erdrinde geknüpft, ist von ihm abhängig, statt ihn, wie man früher annahm, zu bedingen. Ist die vulcanische Insel vollendet, beginnt

---

[1] Hörnes im Jahrbuch der Geolog. Reichsanstalt. Jahrg. 1878. S. 389.

auch hier die Thätigkeit der Erosion, kann aber den ursprünglichen Character der Insel doch nicht gänzlich verwischen und unkenntlich machen.

Arnold von Lasaulx bezeichnet[1] Sicilien ausdrücklich als den einzigen im Mittelmeer stehen gebliebenen Pfeiler einer jetzt zerstörten Landbrücke. Theobald Fischer erkennt[2] an beiden Ufern der Meerenge von Messina zwei grosse Schollen, die einst vereint den Südrand einer noch grösseren bildeten, die in der Tertiärzeit untersank. Eine spätere Hebung war nicht im Stande, den Spalt zwischen den Bruchstücken gänzlich wieder zu schliessen. Seitenstücke zur Strasse von Messina sind nach Fischer die Senke, welche bei Tiriolo die Calabrische Halbinsel durchsetzt und die tiefe, aber schmale Rinne zwischen Sicilien und Afrika. Während die Senke von Tiriolo (a. a. O. S. 24) noch immer 250 m über dem Meere liegt, erreicht die Strasse von Messina schon eine Tiefe von 102, die Sicilische Strasse eine solche von 496 m, es lässt sich also ein stufenweises Zunehmen der Tiefen gegen Westen beobachten.

Eduard Süss bemerkt, dass die tektonische Achse der ganzen italienischen Halbinsel unter dem Tyrrhenischen Meere liege.[3] In seinem gegenwärtigen Zustand stellt Italien nur die aus dem Meere und den jüngeren Ablagerungen heraufragende Ruine des grossen, alten Gebirges dar. Der grösste Theil der vulcanischen Ausbruchstellen fällt von Toscana bis zum Vesuv den Linien der Zertrümmerung zu. Im Senkungsgebiet liegen auch die theils thätigen, theils ruhenden Vulcane der Liparischen und der Ponza-Inseln. Schon 1851 hatte übrigens Pilla den unterirdischen resp. unterseeischen Zusammenhang der Alpen bei Genua mit den Trümmern der älteren Gebirge an der Westküste der Halbinsel und mit den noch vorhandenen älteren Gebirgen Calabriens behauptet. Doelter fand bei seiner Untersuchung der Ponza-Inseln,[4] dass auf der Insel Zannone, welche zu jener Gruppe gehört, ein abgerissenes, der paläozoischen Formationsgruppe zugehöriges Gebirgsstück vorkommt und dass die Existenz älterer Eruptivgesteine in den Tuffen der Insel Ventotene

---

[1] A. v. Lasaulx, Sicilien. Bonn 1879. S. 4.

[2] Beiträge zur physischen Geographie der Mittelmeerländer. Leipzig 1877. S. 4—7.

[3] Sitzungsberichte der Wiener Akademie, mathem.-naturw. Classe. Bd. 65 Abth. 1 (1872) S. 219. Luigi Gatta, L'Italia, sua formazione, suoi vulcani e terremoti. Milano 1882. S. 113 u. 119.

[4] Denkschriften der Wiener Akademie, mathem.-naturw. Classe. Bd. 36 S. 175. 182. 185.

auf das unterseeische Vorkommen eines Stockes älteren Eruptivgebirges hinweist.

Süss hatte[1] nur den Aetna und den erloschenen Vultur für ausserhalb des grossen westitalienischen Senkungsfeldes liegend hingestellt, A. v. Lasaulx ist jedoch der Ansicht,[2] dass südlich vom peloritanischen Gebirge Nordsiciliens ein ähnliches altes Senkungsfeld liege, wie nördlich desselben (Liparische Inseln). In diesem begann der Aetna zuerst als submariner Vulcan seine Thätigkeit.

Im Golf von Tarent scheint nach einigen Andeutungen eine vulcanische Ausbruchsstelle zu liegen, ebenso im Golf von Livorno westlich von der Toscanischen Küste, wo auch Erdbeben nicht selten sind.[3] Sardiniens und Corsica's Granite tauchen in Südfrankreich wieder auf und nach Doelter besteht nur eine geringe Aehnlichkeit der alten Vulcane der Insel Sardinien mit denen Italiens, wohl aber sind sie denen der Auvergne verwandt.[4] Alles deutet darauf hin, dass wirklich an der Westseite Italiens ein gewaltiges Senkungsfeld sich ausdehnt und bestätigt den Ausspruch Fischer's, dass die mittleren Gegenden des Mittelmeerbeckens mehr als andere Theile der Erdrinde wiederholte gewaltige Veränderungen zu erfahren gehabt haben.[5] Auch das Adriatische Meer ist als ein grosses Senkungsfeld zu betrachten, die grosse Häufigkeit ächt tektonischer Erdbeben in seinen Uferländern deutet an, dass auch jetzt noch Spalten- und Faltenbildungen hier vorgehen. Gatta ist geneigt, im Becken des Adriatischen Meeres selbst einen Erdbebenheerd anzunehmen, welcher sowohl Dalmatien als Italien seine Stösse zusendet.[6] Süss betrachtet[7] die dalmatinischen Küsten als Bruchränder und meint, dass das Netz von engen Kanälen, welches die dalmatinischen Inseln trennt, ganz und gar dem langmaschigen Geflecht von Sprüngen gleiche, welches entsteht, so oft ein halbstarrer Körper gebogen wird. Wir werden auf jene Kanäle zurückkommen (Cap. 3). Gehen wir zu den östlichen Theilen des Mittelmeeres über, so erfahren wir durch die Arbeiten der österreichischen Geologen, dass das Relief des Landes

[1] a. a. O. S. 219.

[2] Sartorius-Lasaulx, Der Aetna. Leipzig 1880. Bd. 2 S. 326 ff.

[3] Süss in Denkschriften der Wiener Akademie, mathem.-naturw. Classe. Bd. 34 S. 23 u. 29.

[4] Doelter in Denkschriften der Wiener Akademie, mathem.-naturw. Classe. Bd. 38 S. 211.

[5] Fischer a. a. O. S. 2.

[6] Gatta, L'Italia, sua formazione etc. Milano 1882. S. 407 und Karte bei S. 121.

[7] Entstehung der Alpen. S. 92.

in vielen Strecken der Aegäischen Küstenländer durch die stark hervortretenden Bruchlinien bestimmt wird. In einem Theile der Aegäischen Inseln und Halbinseln haben wir die Reste eines alten Gebirges zu erkennen, dessen Aufrichtung, wie NEUMAYR bemerkt,[1] der des Pindussystems vorausging. Schon BOUÉ, der kürzlich in hohem Alter verstorbene Erforscher der Balkanhalbinsel, hatte ausgedehnte Gebiete bemerkt, in denen der Verlauf der Kammlinien des Gebirges nicht mit dem Streichen der Schichten zusammenfällt, sondern von diesen geschnitten wird.[2] Es lassen sich nach R. HÖRNES, um dies zu erklären, zwei verschiedene aufeinanderfolgende Perioden der Gebirgsbildung annehmen. Die ältere faltete die Schichten in der Richtung von NO. nach SW. oder von O. nach W., die jüngere brachte eine Reihe grosser Brüche, welche jene Schichtenmasse etwa rechtwinklig schneiden.[3] Diejenigen Theile, welche die Zeit der Bildung dieser Bruchlinien glücklich überstanden, sehen wir eben heute als Inseln und Halbinseln vor uns. Die Gebirge des alten Locris und der Ostküste Böotiens sind gegen N. durch eine grosse Verwerfung abgeschlossen, welche als die Fortsetzung der Längsspalte zwischen Oeta und Othrys betrachtet werden darf. Diese Längsspalte aber ist durch ihre heissen Quellen (Thermopylen), ebenso auch durch Erdbeben gewiss auffallend genug bezeichnet.[4] Mehrere der isolirten Bergzüge Attika's und der benachbarten Inseln (Geraneia bei Megara, Insel Salamis, Pentelikon etc.) bilden „eine durch zahlreiche Brüche in mehrere isolirte Stücke zerschnittene Kette“.[5] Das südliche Euböa besteht aus einer Reihe von SW. nach NO. streichender kurzer Bergketten, welche die Längsrichtung der Insel unter rechtem Winkel schneiden. Der Euripuskanal ist nach NEUMAYR eine Bruchlinie; eine andere sieht derselbe Geolog in der Nordostküste der Insel; sie ist aber durch Erosion stark verwischt.[6] Noch viel auffälligere Küstenformen treffen wir in Thessalien und an der Halbinsel Chalcidice. Die aus mehreren bedeutenden Erhebungen bestehende thessalische Küstenkette (Pelion, Ossa, Olymp) wird im Osten wie im Westen von Bruchlinien gegen das Meer und die thessalische Ebene begrenzt. Die östliche dieser Bruchlinien

[1] NEUMAYR in den Wiener Denkschriften. Bd. 40 S. 391 unten.

[2] A. BOUÉ, Esquisse géologique de la Turquie d'Europe. Paris 1840. S. 10—12.

[3] HÖRNES in den Wiener Denkschriften. Bd. 33 S. 7. NEUMAYR ebenda. Bd. 40 S. 389.

[4] NEUMAYR a. a. O. S. 385 oben.

[5] NEUMAYR a. a. O. S. 385 unten.

[6] NEUMAYR a. a. O. S. 386 f.

lässt sich, was uns besonders interessiren muss, viel weiter im Süden wiedererkennen, sie trifft auf die einzige grössere Lücke in der Kette der Cycladen, welche zwischen Mykonos, Naxos, Amorgos und Astropalia einerseits, sowie Nikaria, Patmos, Leros, Kalymnos und Kos andererseits leicht wahrzunehmen ist.[1] Nur der Kaloyerifelsen, das Inselchen Voidi und die etwas grösseren Kinara, Mavro und Levitha liegen auf dieser höchst auffallenden Lücke, welche hier eine Art von natürlicher Grenze zwischen Europa und Asien bildet. Die politische Grenze zwischen der Türkei und Griechenland fällt nicht durchweg mit ihr zusammen, Astropalia gehört physisch zu Europa, politisch zu Asien. Die drei Landzungen der Chalcidice bieten uns ein treffliches Beispiel, wie leicht man irren kann, wenn man nur nach dem Kartenbild die geologische Geschichte eines Landes enträthseln will. Man möchte annehmen, es seien zwischen den drei Halbinseln Schichten leichtzerstörbaren Gesteines vom Meere weggewaschen worden, während die härteren Partien als Halbinseln stehen blieben. Einen Fall, wo diese Annahme genau zutrifft, werden wir im nächsten Abschnitt bei der Betrachtung des südwestlichen Irland kennen lernen, hier aber verhält sich die Sache ganz anders. Von der Athoshalbinsel wenigstens lässt sich mit Sicherheit nachweisen, dass sie aus einem grossen Gewölbe besteht, dessen Schichten die Kammrichtung unter rechtem Winkel schneiden. An beiden Seiten wird die Halbinsel von Bruchlinien begrenzt, an denen die übrigen Theile des Gewölbes in die Tiefe sanken.[2] Unter den thracischen Küsteninseln besteht wenigstens das von Hörnes untersuchte Samothrake aus einem abgebrochenen Stück altkrystallinischen Kettengebirges, welches am Festlande (Meerbusen von Saros) seine Fortsetzung findet.[3] Neumayr fasst auch die beiden Becken des Aegäischen Meeres im Ganzen, das nördliche wie das südliche, als Senkungsfelder auf.[4] Die Cycladen lernten wir ja als Trümmer einer alten, von Osten nach Westen verlaufenden Gebirgskette kennen, im Süden werden diese Trümmer von einem zu tiefen Meeresräumen (s. o. S. 36) absinkenden Bruchrand begrenzt, der durch die gleichfalls schon früher hervorgehobene Bogenreihe vulcanischer Inseln besondere Bedeutung gewinnt. Ausser Santorin tritt der grosse erloschene Inselvulcan Nisyros in dieser Reihe hervor. In der Verlängerung dieses Bruchrandes liegt der Golf von Corinth, der gleichsam ein Mittel-

[1] Admiralitätskarten No. 2836 *a b*. Neumayr a. a. O. S. 390.

[2] Neumayr a. a. O. S. 336 f. 387. 389.

[3] Hörnes in den Wiener Denkschriften. Bd. 33 S. 12.

[4] Neumayr ebenda. Bd. 40 S. 233 u. ö.

meer im Mittelmeere darstellt. Erdbeben sind nicht nur auf jenen vulcanischen Inseln, sondern namentlich auch an den Ufern des Golfes von Corinth häufige und gefürchtete Erscheinungen. Das südägäische Senkungsfeld, das nach NEUMAYR's treffendem Ausdruck (a. a. O. S. 236) sich zu den Kykladen verhält, wie die Poebene zu den Alpen, reicht bis Kreta, welche Insel ebenfalls nur als Rest eines grösseren Ganzen betrachtet werden darf. Endlich kann auch Cypern und besonders sein nördliches Küstengebirge als Rest eines alten, zwischen Kreta, Cypern und Kleinasien sich ausdehnenden Festlandes betrachtet werden.[1] So haben wir Senkungsfelder und Bruchlinien, Restinseln und emporgestiegene Vulcane von Sardinien bis Cypern verfolgt und wir werden sicher nicht irren, wenn wir sie auch in den übrigen Theilen des Mittelmeeres als vorhanden betrachten. Vulcanische Inseln sind auch dem westlichsten Gebiet des Mittelmeeres nicht fremd, wenn wir auch keine thätigen Vulcane dort antreffen. Die Columbretes bilden eine ausgezeichnete Gruppe kleiner Vulcaninseln. Sie liegen östlich von der Küste der spanischen Provinz Valencia unter 39° 54′ n. Br. und 0° 44′ ö. L. von Greenwich. Auf unseren Handkarten erscheinen sie nur als Punkte, genauer findet man sie auf SMYTH's Karte[2] dargestellt, neben welcher auch die Segelanweisungen brauchbare Nachrichten und Ansichten liefern.[3] SMYTH nennt die Inseln Wracks einer grösseren Insel. Die grösste der Columbretes, Monte Colibre, zeigt das ächte Bild eines grossen, halbeingestürzten und vom Meere erfüllten Kraters, wie Santorin und St. Paul. Die Seeräuber der Berberei hatten mehrfach die günstig gelegene Insel, die in ihrem Krater bequemes Versteck und auf den hohen Zacken der Wände weite Umschau bot, als Zufluchtsort und Stützpunkt für ihre Raubzüge benutzt. Die Insel Malaspina wiederholt im Kleinen genau das Bild der Hauptinsel.

Im westlichsten Zipfel des ganzen Mittelmeeres, von den Küsten Spaniens und Afrika's etwa gleichweit entfernt, liegt das kleine selten genannte Inselchen Alboran,[4] welches auch vulcanisch ist und dadurch andeutet, dass der ziemlich tiefe Meerestheil zwischen der Sierra Nevada und dem Atlas auch ein Senkungsfeld gleich denen des Aegäischen Meeres sein kann. BOTELLA's geologische Karte Spa-

[1] NEUMAYR a. a. O. S. 394.

[2] Journal Royal Geogr. Soc. Bd. 1 (1831) S. 58 ff. und Karte.

[3] Derrotero general del Mediterraneo. Madrid 1873. Bd. 1 S. 357 ff. und Fig. 30 u. 31 auf Taf. 7.

[4] Derrotero del Mediterraneo. Bd. 1 S. 223 f.

niens[1] giebt auch am Cabo de Gata sowie gerade gegenüber am Tafnafluss in Afrika vulcanische Gesteine an. Erdbeben sind an diesen Küsten keineswegs selten. — Die Balearen wird wohl Jeder nach Betrachtung einer geologischen Karte für Reste eines grösseren Ganzen halten, das Gebirge im Nordwesten Mallorca's, welches ähnlich wie Kreta's Gebirge von einem tiefen Meere begrenzt wird, ist gewiss nicht für sich allein gebildet worden.

In Ostasien wie in Westindien mangelt es noch sehr an zusammenfassenden Arbeiten über den inneren Bau der einzelnen Archipele und Halbinselländer, reiche Belehrung werden jedenfalls die für den dritten Band von F. v. Richthofen's China in Aussicht gestellten allgemeineren Capitel über Ostasien bringen. Immerhin sind der Uebereinstimmungen in den Höhen- und Tiefenverhältnissen, in der Anordnung der Inseln und der Anzahl und Form der Halbinseln, endlich in dem gleichmässigen Vorkommen vulcanischer Erscheinungen so viele, dass wir, vorbehältlich späterer Beglaubigung im Einzelnen, schon jetzt die ostasiatisch-australische Inselwelt von den Aleuten bis Neuseeland und die westindische Gruppe den tektonischen Inseln zuzählen dürfen.

Es entsteht nun die Frage, ob nicht noch andere Gebiete nachzuweisen sind, welche sich den bisher geschilderten anschliessen lassen. Betrachten wir noch einmal die oben erwähnte Kartenskizze Hochstetter's,[2] so fällt uns auf, dass ein allerdings mehrfach durchbrochener, aber doch deutlicher Inselring den Nordpol umgiebt. Nirgends reichen die Continente bis in die Nähe des Nordpoles, Amerika's nördlichster Punkt liegt unter dem 72° n. Br., die Nordspitze Europa's einschliesslich der Küsteninseln unter 71° 12′ n. Br. und Asiens Nordpunkt unter 77° 37′ n. Br. Weiter nach Norden finden sich nur Inseln und Inselcomplexe, deren einzelne Glieder durchschnittlich von mittlerer Grösse sind. Anhäufungen ganz kleiner Inseln sind selten. Nur eine einzige grössere Landmasse hebt sich unter den Inseln hervor: Grönland, das auf den Karten nach Mercator's Projection noch erheblich grösser aussieht, als es ist. Indessen ist es noch nicht unbedingt sicher gestellt, ob Grönland wirklich eine einheitliche Landmasse ist. Denken wir uns den Parry-Archipel von einer ähnlichen Binneneisdecke überzogen, wie sie Grönland trägt, dürfte es sehr schwer sein, festzustellen, aus wie vielen Inseln etwa das eisbedeckte Land besteht. Wenn auch die Landmasse Grönlands, soweit sie südlich vom 70. Grad liegt, eine einheitliche sein wird, so ist

---

[1] Mapa geologica de España y Portugal. Madrid 1879.

[2] Hann, Hochstetter, Pokorny, Allgemeine Erdkunde. 3. Aufl. S. 202.

doch nicht zu übersehen, dass von den nördlichen Fjorden nur wenige bis an ihr Ende verfolgt worden sind. Wäre die zweite deutsche Nordpolexpedition nicht durch den Zustand der Maschine gerade im günstigsten Zeitpunkt zur Umkehr genöthigt worden, hätte sie im Franz Joseph's-Fjord das Problem vielleicht lösen können.[1] GIESECKE, der verdienstvolle deutsche Mineralog, und SCORESBY hatten schon längst die Möglichkeit angedeutet, dass Grönland sich noch als ein grosser Archipel enthüllen könne. PAYER wurde durch seine Erfahrungen bei jener Fahrt im Franz Joseph's-Fjord in jener Annahme nur bestärkt.[2] Der Fjord schien sich, vom Punkte der Umkehr aus betrachtet, in mehrere Arme zu theilen, deren Ende nicht abzusehen war. Auffälliges Verschwinden des Landes in südwestlicher Richtung liess eine Verbindung mindestens mit den grossen südlicheren Fjorden möglich erscheinen; damit wäre aber schon eine beträchtliche Insel vom Stamme Grönlands getrennt, denn der Blick der deutschen Polarfahrer konnte vom äussersten erreichten Punkte aus ein volles Drittel der Breite Grönlands, von Osten nach Westen gerechnet, überschauen. PAYER ist geneigt, auch die unveränderte Beschaffenheit des Meerwassers tief im Fjorde (trotz grosser Süsswasserzufuhr) sowie das gänzliche Fehlen grosser Längenthäler und grösserer Wasserläufe als Beweise der Insularität der einzelnen Stücke anzusprechen. SCORESBY hatte in dem nach ihm benannten Fjord auch eine beständig von West nach Ost laufende Strömung bemerkt. Man braucht übrigens nur eine gute Umrisskarte Grönlands genau zu betrachten, um herauszufinden, dass der südliche Theil (an der Westküste etwa bis zum 70°, an der Ostküste lässt sich die Grenze noch nicht genau bestimmen) ganz norwegischen Typus besitzt, während im Norden die Umrisse weit mehr an die Inseln des Parry-Archipels oder auch an Spitzbergen und Franz Joseph-Land erinnern. Wir halten es also bis auf Weiteres für wahrscheinlicher, dass mindestens der nördliche Theil Grönlands ein Inselcomplex ist. Spitzbergen bildet auf europäischer Seite das Gegenstück zum Parry-Archipel. Franz Joseph-Land wird bis jetzt auf unseren Karten noch als ein besonderer Archipel angegeben, die Forschungen des Schotten LEIGH SMITH machen es aber sehr wahrscheinlich, dass zwischen den westlichsten Partien des genannten Archipels und dem im Osten Spitzbergens gelegenen König Karl-Land sich auch noch verbindende Inseln befinden. Dann würde der ganze Complex vom 10. bis zum 65. Längen-

[1] PETERMANN's Mittheilungen 1871. S. 197.

[2] PETERMANN's Mittheilungen 1871. S. 121 f.

grad (östl. von Greenwich), wenn nicht weiter, reichen. Im Norden des Cap Tscheljuskin ist bis jetzt kein Archipel bekannt, es gelang aber gerade dort bisher niemals, sich dem 80. Breitengrad zu nähern. Weiter östlich folgt die Gruppe der Neusibirischen Inseln, deren Ausdehnung noch nicht völlig erforscht ist; noch die amerikanische Jeannette-Expedition fand im Nordosten Neusibiriens mehrere neue Inseln auf. Auch die Wrangel-Insel gehört noch zu dieser Gruppe; die von PETERMANN lange vertheidigte Annahme eines zusammenhängenden Landstreifens, der sich von der Beringstrasse bis Grönland ausdehnen sollte, muss jetzt aufgegeben werden, nachdem Wrangelland als kleine Insel erkannt ist. Im Nordwesten der Beringstrasse und im Norden der Küste von Alaska berechtigt bis jetzt nichts zu der Annahme, dass südlich vom 75. Breitengrad noch ein Archipel vorhanden ist, in höheren Breiten ist die Existenz von Inseln nicht ausgeschlossen.[1] Mit Banks-Land und der Prinz Patrick-Insel betreten wir endlich den Parry-Archipel. Vergleicht man ältere Karten[2] dieses umfangreichen Insellandes mit den heutigen Darstellungen,[3] so sieht man deutlich, wie anfänglich nur wenige grosse Complexe angenommen wurden, wie diese dann durch spätere Entdeckungen immer mehr zertheilt wurden, da sich immer ein grosser Theil der anfänglich als Buchten und Fjorde betrachteten Einfahrten schliesslich als Strassen auswies. Noch jetzt sind die Umrisse der grossen Inseln zwischen der Hudsonstrasse, dem Fox-Canal, der Fury- und Hecla-Strasse, dem Boothia-Golf und der Prinz-Regent-Einfahrt einerseits und der Davis-Strasse und Baffins-Bai andererseits nicht völlig aufgeklärt. Auffällig ist, dass der arktische Inselgürtel gerade in der Verlängerung des Atlantischen Oceans und der Südsee Lücken zeigt. Mit Island und Jan Mayen zieht sich die Kette der atlantischen Vulcaninseln in das Eismeer hinein. Zwischen Ostgrönland und Spitzbergen sind auch in den höchsten erreichten Breiten bisher niemals Anzeichen von Land wahrgenommen worden. Wohl aber ist die Tiefe des Meeres hier noch eine sehr bedeutende, zwischen dem 75. und 80. Breitengrad findet sich eine bis 2650 F. (= 4849 m) hinabreichende Mulde.[4] Spitzbergens Westrand fällt sehr schnell

---

[1] Vgl. DALL in PETERMANN's Mittheilungen 1881. S. 447.

[2] Vgl. z. B. Journal Royal Geogr. Soc. Bd. 5 (1835) Taf. 13 (Karte zu BACK's Expedition).

[3] STIELER's Handatlas. Neue Ausgabe. No 10; oder PETERMANN's Mittheilungen 1855. Taf. 8.

[4] MOHN, Norweg. Nordmeerexpedition. Ergänzungsheft No. 63 zu PETERMANN's Mittheilungen. Taf. 1. Vgl. auch Annalen der Hydrographie 1882. S. 329.

gegen dieses tiefe Gebiet ab, auch im N. dieser Inselgruppe, jenseit des 80. Breitengrades, sind noch einmal 1370 F. (2508 m) aufgezeichnet. Auch im Norden der Südsee scheint der Inselring eine Unterbrechung zu erleiden, Wrangel- und Herald-Insel sind die letzten Vorposten des Neusibirischen Archipels (im weiteren Sinne) gegen Osten, ostwärts von diesen Inseln fehlen, wenigstens in der Breite von 75°, irgend welche Spuren von Land bis zur Prinz Patrick-Insel (s. o.).

Betrachten wir die Tiefen- und Höhenverhältnisse des arktischen Inselgürtels im Ganzen, so müssen wir zunächst das Wort Peschel's prüfen, dass man in einzelnen Theilen des Nordmeeres grössere Tiefen gefunden habe, als man erwarten sollte.[1] Gewiss sind grosse Strecken des europäisch-asiatischen wie des amerikanischen Eismeeres als sehr seicht nachgewiesen worden, es fehlt aber keineswegs an tieferen Stellen. Die wichtigste und ausgedehnteste derselben zwischen Grönland und Spitzbergen lernten wir eben kennen. Im Karischen Meere liess sich feststellen, dass im Allgemeinen die Tiefen nach Norden hin zunehmen, doch befindet sich schon östlich von der Insel Waigatsch in 70° n. Br. eine 400 F. = 732 m tiefe Stelle, die tiefste im ganzen Karischen Meer.[2] In der Davisstrasse wurde eine tiefe Depression nachgewiesen, die derjenigen an Grönlands Ostküste ganz ähnlich ist und 3400 m Tiefe erreicht.[3] Mehrere Umstände wirken in den nördlichen Meeren zusammen, um die Tiefe des Meeres innerhalb grösserer Zeiträume zu verringern. Der Frost und das Wiederaufthauen des in den Spalten der Gesteine eingedrungenen Wassers lockern den Zusammenhang und befördern die Zerrüttung ganzer Schichten. In der Nähe der Polaris-Bai zerstört die sprengende Wirkung des Frostes das Gestein so rasch, dass Pflanzen kaum Zeit finden sich anzusiedeln.[4] In den Tundren und Felsthälern des nördlichen Sibirien reisst der Frost tiefe Spalten in den Boden, mächtige Felsstücke werden von den Abhängen abgesprengt.[5] Ein grosser Theil dieser Trümmer gelangt durch die zahlreichen, massenhafte Sedimente führenden und häufig ansehnliche Deltas erbauenden Flüsse und Ströme in das Meer, wird auf dem Boden desselben ausgebreitet und durch Strömungen vertheilt. Andere Geröllmassen gelangen mit den Eisschollen der Flüsse und durch die zahlreichen

[1] Neue Probleme. S. 28 der zweiten Auflage.
[2] G. v. Boguslawski in Annalen der Hydrographie 1881. S. 65.
[3] Ebenda 1881. S. 232 f.
[4] Bessels, Die amerikanische Nordpolexpedition. Leipzig 1879. S. 152.
[5] Zeitschrift der Oesterr. Gesellschaft für Meteorologie. Bd. 16 (1881) S. 198.

Gletscher in das Meer. Wiederholt schon ist auf die grosse Newfoundlandbank als eine mächtige unterseeische Endmoräne der eisführenden, aus der Baffins-Bai kommenden, Strömung hingewiesen worden. Auch die Felder des Meereises reiben, wenn sie an die Küsten gedrängt werden, vorspringende Ecken und Kanten ab und tragen so das Ihrige bei, die mittlere Tiefe des nördlichen Eismeeres allmählich zu mindern.

Die Höhenverhältnisse des nördlichen Inselringes sprechen gleichfalls für die Ansicht, dass wir es hier mit einer Zone tektonischer Inseln zu thun haben. So wenig das Innere der einzelnen Inseln bisher untersucht und vermessen ist, lässt sich doch schon erkennen, dass es nur ausnahmsweise ganz flache Inseln sind, die uns dort begegnen. Ueberall finden wir selbständige Gebirgsgruppen von mässigem Umfang, aus denen einzelne Gipfel von ansehnlicher Höhe hervorragen. Grönland besitzt in dem von der zweiten deutschen Nordfahrt untersuchten Bezirk Gipfel bis zu 11420 F. (3481 m) wie die Petermannspitze. Auch im Westen erheben sich zwischen dem 68. und 72. Breitengrade die Küstenberge bis 2135 m.[1] Das vulcanische Island steigt im Oräfa Jökul bis 1839 m, Spitzbergen nahe an seinem südlichsten Punkt mindestens bis 1388 m, Franz Josephsland in seinen bisher erkundeten Theilen bis 1525 m.[2] Die meisten nordsibirischen Inseln sind hoch (s. u.) und auch der Parry-Archipel lässt sich im Ganzen etwa dem südlichen und mittleren Schweden oder Finland in seinen Höhenverhältnissen vergleichen.[3] Ganz besonders bedeutsam ist es aber, dass die geologische Beschaffenheit vieler der arktischen Inseln dieselben als Reste eines grösseren Ganzen erkennen lässt, dass Spuren älterer und jüngerer vulkanischer Thätigkeit nicht völlig fehlen und dass wenigstens in einzelnen Fällen das Vorkommen von Bruchlinien und Senkungsfeldern nachgewiesen werden konnte.

Beginnen wir unsere Wanderung diesmal an der Beringstrasse, so treffen wir zunächst auf die kleine Herald-Insel. Während Kellett am 17. August 1849 und Rodgers im August 1855 die steil aufragende Insel nicht ersteigen konnten, war Hooper am 30. Juli 1881 im Stande festzustellen, dass die Insel „aus einem einzigen Granitfelsen besteht, welcher in der Mitte von einem Streifen metamorphi-

---

[1] Rink-Brown, Danish Greenland. London 1877. S. 54.

[2] Petermann's Mittheilungen 1876. S. 206.

[3] Höhenangaben in Petermann's Mittheilungen 1855. S. 100. 101. 104. 108. 109 u. ö.

schen Schiefers durchschnitten wird".[1] Die noch nicht zweifellos festgestellte Höhe der Insel beträgt doch einige Hundert Meter. In demselben Sommer wurde auch die benachbarte grössere Wrangel-Insel von Berry untersucht. Die Insel besteht aus Granit- und Schiefermassen, der höchste Punkt erreichte 755 m nach barometrischer Messung. Berry fand bei der Fortsetzung seiner Expedition die schon von Kellett, Collinson und Rodgers gemachte Wahrnehmung bestätigt, dass das Meer im Norden der Beringstrasse in höheren Breiten an Tiefe etwas zunimmt.[2] Nahe an der Küste Sibiriens liegt noch die Gruppe der Bären-Inseln, welche grösstentheils aus einer „plutonischen Bergart" bestehen, deren oberster Theil stark verwittert ist, aber eigenthümliche pfeiler- und thurmartige Bildungen übrig gelassen hat.[3] Nordenskiöld bemerkt ausdrücklich, dass auch auf dem gegenüberliegenden Festland, östlich von der Mündung der Kolyma, ähnliche Klippenbildungen sehr häufig sind. Weitere Untersuchungen müssen nun entscheiden, ob die Bären-Inseln nur durch Erosion von Sibirien getrennt sind oder ob eine Bruchlinie zwischen Festland und Inseln nachweisbar ist.

Die Neusibirischen Inseln sind noch immer nicht genügend erforscht, versprechen aber höchst interessante Ergebnisse, da die geologische Zusammensetzung eine sehr mannichfaltige zu sein scheint. Die zahlreichen Mammuthreste, die eigenthümlichen von Hedenström erwähnten Holzberge, Ammoniten, die von der Kesselinsel erwähnt werden, das Alles fordert dringend zu neuer Unternehmung auf. Nordenskiöld glaubt, dass die Stolbowoj-Insel aus „gelagerten Bergarten", die östlicher liegende Ljächow-Insel dagegen, gleich dem gegenüberliegenden Festlande, aus hohen, stark zersplitterten, vielleicht plutonischen Massen bestehe.[4] Unter den durch die Jeannette-Expedition neu entdeckten Inseln bildet die Jeannette-Insel eine felsige Klippenmasse mit einem kegelförmig aufsteigenden, einer vulcanischen Spitze ähnlichen Berg.[5] Ob der Berg wirklich vulcanischer Natur war, muss abgewartet werden, da auch in anderen Gegenden, z. B. in Labrador,[6] merkwürdige kraterartige Bergformen vorkommen, ohne dass eine vulcanische Thätigkeit wirklich nachzuweisen wäre. Die Henrietta-Insel erwies sich als steil und felsig, angeblich 750—

[1] Petermann's Mittheilungen 1882. S. 8.

[2] Ebenda 1882. S. 9 u. 10.

[3] Nordenskiöld, Umsegelung Asiens und Europa's. Bd. 1 S. 388 f.

[4] Nordenskiöld a. a. O. Bd. 1 S. 378.

[5] Petermann's Mittheilungen 1882. S. 245.

[6] Ebenda 1861. S. 214 ff. und Taf. 9.

900 m hoch. Die Formen der Berge scheinen nach den kleinen Ansichten (a. a. O. Taf. 11) denen der vorigen Insel sehr ähnlich zu sein. Bennett-Insel endlich ist eine gewaltige, steil aufsteigende Basaltmasse, doch können auch andere Formationen nicht fehlen, da Versteinerungen erwähnt werden (a. a. O. S. 245).

Die kleine, erst 1878 von JOHANSEN entdeckte Insel Einsamkeit wird als felsig geschildert.[1] Die Westseite erhob sich 30 m hoch schroff aus dem Meere, die Ostküste war flacher. Die Maximalhöhe des Gipfels schätzte JOHANSEN auf 157 m.

Die grosse Doppelinsel Nowaja Semlja gehört nicht eigentlich zum arktischen Inselring, sie kann vielmehr nur als eine mehrmals durch Einsenkungen unterbrochene Fortsetzung des Uralgebirges angesehen werden. Die verdienstvollen Zusammenstellungen der bisherigen Forschungen, welche HIEKISCH[2] giebt, lassen darüber keinen Zweifel. Auch SCHRENK war von den engen Beziehungen des eigentlichen Urals und seiner durch eine 53 km breite Ebene getrennten Fortsetzung Pae-Choi zu unseren Inseln völlig überzeugt und nannte die Bodenerhebungen von Waigatsch und die Gebirge von Nowaja Semlja den hyperboreischen oder maritimen Ural. Die Jugor'sche Strasse (Jugorsky Schar), welche Waigatsch vom Festlande trennt, ist an der schmalsten Stelle nur 4 km breit, die Tiefe beträgt im Maximum 30 m. SCHRENK[3] bemerkte eine völlige Uebereinstimmung der geognostischen Beschaffenheit dieser Insel mit der des gegenüberliegenden Festlandes. Die Karische Pforte trennt Waigatsch von der Südinsel Nowaja Semlja's, zahlreiche Klippen in dieser Strasse machen es sehr wahrscheinlich, dass ein unterseeischer Rücken beide Inseln verbindet. Nowaja Semlja selbst ist meist als mässiges Gebirgsland zu bezeichnen, die höchsten in der Nähe des Matotschkin Schar zu suchenden Punkte erreichen 1422 m.[4] HÖFER schreibt der Doppelinsel zwischen dem 73. und 74. Breitengrad einen sogenannten Fischgratbau (mit Hauptkette und Zweigen) zu. Tief eingeschnittene Thalsenken durchbrechen den Hauptgrat. Zu ihnen gehört auch der Matotschkin Schar selbst, denn, wie uns HÖFER (a. a. O. S. 303) belehrt, ist diese Meerenge ein Dislocationsthal, wie es klar durch den differirenden Schichtenbau am Nord- und Südgestade bewiesen wird. Mögen nun immerhin Gletscher die Form dieser bis 10 m unter den

[1] PETERMANN's Mittheilungen 1879. S. 57 f.

[2] HIEKISCH, Das System des Urals. Dorpat 1882. S. 229 ff.

[3] SCHRENK, Reise nach dem Nordosten des Europäischen Russland. Dorpat 1848. Bd. 1 S. 352.

[4] PETERMANN's Mittheilungen 1874. S. 300.

Meeresspiegel eingesenkten Kluft vielfach bestimmt und modificirt haben, die Herstellung des ganzen Thales werden wir ihnen doch nicht zuschreiben dürfen. Wir wissen durch HOCHSTETTER[1] und EDUARD SÜSS,[2] dass u. a. auch der Ural ein einseitiges Gebirge ist; sein Steilabfall (Innenseite) ist der östliche, während der Westabhang sanfter ist und zahlreiche niedrige Vorketten zeigt. Dasselbe ist nach HÖFER[3] bei der Gebirgskette unserer Doppelinsel der Fall. Auch die Tiefenverhältnisse der unmittelbar angrenzenden Meerestheile bestätigen die Thatsache, der Meeresboden fällt an der Ostküste rasch, an der Westküste dagegen sehr allmählich ab. Die Kara-See wäre danach als ein Senkungsfeld, dem freilich Spuren vulcanischer Thätigkeit fehlen, zu betrachten. Das Verhältniss Nowaja-Semlja's und der Insel Waigatsch zum Festlande ist nach den angeführten Wahrnehmungen ein ähnliches, wie dasjenige Siciliens zur italienischen Halbinsel. Die drei Meeresstrassen — Jugorsche Strasse, Karische Pforte, Matotschkin Schar — entsprechen der Strasse von Messina und der Sicilischen Strasse, in den nicht bis zum Meeresniveau hinabreichenden Querthälern in der Nähe des Matotschkin Schar haben wir Seitenstücke zur Senke von Tiriolo. Wir dürfen also kein Bedenken tragen, Nowaja-Semlja sowohl wie Waigatsch als tektonische Inseln zu betrachten.

Der österreichisch-ungarischen Nordfahrt verdanken wir einige Nachrichten über den Bau des Franz Josephlandes. Isolirte Gruppen von Kegel- und Tafelbergen, berichtet PAYER,[4] wie solche dem Basalt eigenthümlich sind, bilden die Bergsysteme, nirgends konnten die Reisenden eigentliche Kettengebirge erblicken. Hierdurch erweist sich das Land als ächter Bestandtheil des arktischen Ringes, dessen einzelnen Bruchstücken Kettengebirge fremd bleiben. (s. o.) Die herrschende Felsart war überall krystallinisches Massengestein, mit dem Dolerit Grönlands völlig identisch;[5] daneben wird aber auch tertiärer Braunkohlensandstein und dünnplattiger Thonschiefer erwähnt. Im Ganzen erinnerten die geologischen Verhältnisse gleichzeitig an Spitzbergen und an das nordöstliche Grönland.

NORDENSKIÖLD's grosse geologische Karte von Spitzbergen[6] lässt

[1] HOCHSTETTER, Ueber den Ural. Berlin 1873. S. 22 ff.

[2] SÜSS, Entstehung der Alpen. Wien 1875. S. 124.

[3] PETERMANN's Mittheilungen 1874. S. 304.

[4] PETERMANN's Mittheilungen 1876. S. 206 f.

[5] Das Gestein wurde im Süden nicht selten aphanitisch und dadurch zu eigentlichem Basalt (s. o.), im Norden war es grobkörnig und nephelinhaltig.

[6] Kongliga Svenska Vetenskaps-Akademiens Handlingar. Neue Folge. Bd. 6 (1865—66), Abhandlung 7, Tafel 2.

die grosse Mannichfaltigkeit des Baues jener Inselgruppe erkennen. Neben Granit und Gneiss ist auch die Trias, die Jura- und die Tertiärformation vertreten, viel Raum wird auch hier vom Hyperit eingenommen, dessen Lager bisweilen den Eindruck von Lavaströmen auf tertiärer Unterlage machen. NORDENSKIÖLD hat auf seiner Karte Hyperitvorkommen in der Hinlopenstrasse, besonders im südlichen Theil derselben, in der Ginevrabai, an der Ostseite des Stor Fjord, auf den sog. Tausend Inseln, vereinzelt auch am Bel-Sund und Eisfjord eingetragen. HÖFER erkannte im Horn-Sunde in den dort vorkommenden sehr bedeutenden Störungen, Verwerfungen und Ueberkippungen der Schichten die Spuren einer grossartigen Störung des ganzen Gebirgsbaues.[1] Aehnliche Störungen kommen in allen geologisch untersuchten Sunden und Fjorden der Westküste vor, es muss sich also jene Dislocation über die ganze Westküste ausgedehnt haben.[2] Sie lässt sich weiter nach Süden noch im Westrande der grossen Bank, welche Spitzbergen mit Norwegen in schwache Verbindung bringt, erkennen,[3] und tritt auf der Bären-Insel nochmals auf. HÖFER weist auch noch Bruchlinien nach, welche rechtwinklig zu jener grossen Verwerfungslinie verlaufen, es sind die Fjorde der Westküste und die auch auf MOHN's Karte hervortretende Einsenkung im Meeresboden zwischen Spitzbergen und der Bären-Insel. Auch an der Nordküste Spitzbergens kommt die „ausgesprochenste Falten- und Muldenbildung“ vor,[4] während die Trias- und Juraschichten des Südens völlig ungestört liegen und nur die Erosion hier die Gestaltung des Landes beeinflusst hat.

Wir sehen mithin, dass an den Grenzlinien Spitzbergens gegen das früher erwähnte tiefe Meeresbecken wirklich Störungen im Schichtenbau auftreten, unsere Annahme, dass wir in jenem Meerestheil mit einem ähnlichen Senkungsbecken, wie im Mittelmeere so viele vorkommen, zu thun haben, wird dadurch mindestens wahrscheinlicher gemacht. Ob wir aber so weit gehen dürfen, wie JÄGER, der schon 1865 die norwegische Küste und Ostgrönland als Ränder eines grossen Einsturzbeckens ansprach, aus dessen Tiefe dann das vulcanische Island, Jan Mayen und die Färör aufgestiegen seien, ist doch sehr stark zu bezweifeln,[5] wenn auch jene, zum Theil heute noch entzündete

---

[1] PETERMANN's Mittheilungen 1874. S. 221 f.

[2] Vgl. die Durchschnitte No. 5 u. 6 auf NORDENSKIÖLD's Karte.

[3] Vgl. MOHN's Tiefenkarte im Ergänzungsheft No. 63 zu PETERMANN's Mittheilungen.

[4] HÖFER a. a. O. S. 222. NORDENSKIÖLD's Durchschnitte No. 1. 2. 3.

[5] Ergänzungsheft 16 zu PETERMANN's Mittheilungen. Bd 4 S. 69.

Vulcane tragenden Inseln gewiss eine ähnliche Stellung zu dem sie umgebenden Meere einnehmen, wie die Liparen zum Meere nördlich von Sicilien.

Grönlands Zusammensetzung ist nicht minder bunt als diejenige Spitzbergens. Etwa dreiviertel der bekannten Theile des Landes bestehen aus Granit und Gneiss.[1] Daneben treten die Trappgebiete besonders hervor, welche zwischen dem 69. und 71. Breitengrade an der Westküste förmliche Tafelländer bilden und die Gestaltung der Küste sehr wesentlich bestimmen. Der Trapp lässt deutlich erkennen, dass eruptive Massen sich in langsamem Fliessen stock- und deckenförmig ausbreiteten. Sandstein- und Kohlenschichten wechsellagern mit den einzelnen Trappdecken (Rink-Brown S. 77). Die Kohlenlager sind durch den Einfluss der Hitze der Eruptivmassen mehrfach umgewandelt, in einzelnen Fällen zu Anthracit und Graphit geworden. An der Ostküste hatte die zweite deutsche Nordpolfahrt Gelegenheit, sich ebenfalls von der Anwesenheit vulcanischer Gesteine zu überzeugen; ein Theil der Insel Shannon, ebenso wie die Pendulum- und Sabine-Insel sind aus Basalten, Tuffen und Conglomeraten zusammengesetzt,[2] auch einzelne Küstenstrecken des Festlandes sind vulcanisch. Daneben fehlt aber altkrystallinisches Gestein keineswegs, auch mesozoische und känozoische Schichten werden nachgewiesen.

In Nordgrönland, am Smithsund, Kennedycanal, Hallbecken und Robesoncanal finden wir gleichfalls eine ganze Reihe von Formationen vom laurentischen Gneiss bis zu miocänen Kohlenlagern vertreten.[3] Was endlich den Parry-Archipel anbetrifft, so haben die immerhin spärlichen Nachrichten, welche die englischen und amerikanischen Franklinsucher mitbrachten, doch festgestellt, dass auch hier mehrere Formationen am Aufbau des Landes betheiligt sind. Die kleine Karte, welche Heer dem ersten Bande seiner *„Flora fossilis arctica“* beigegeben hat,[4] weist auf der grossen Melville-Insel Sandstein, Bergkalk und Steinkohlenlager, auf der Bathurst-Insel ausserdem Juraschichten nach, auf anderen südlicheren Inseln sind auch Granit und Gneiss stark vertreten. Vulcanische Gesteine scheinen

[1] Rink-Brown, Danish Greenland. London 1877. S. 75 ff. Nimmt auf Ostgrönland wenig Rücksicht.

[2] Die zweite deutsche Nordpolfahrt. Wissenschaftliche Ergebnisse. Leipzig 1874. S. 475 f. und Karte.

[3] Quartorly Journal of the Geolog. Soc. of London. Bd. 34 (1878) S. 556 und Karte.

[4] Bd. 1. Zürich 1868.

sehr sparsam vorhanden zu sein. Vom Cap Colquhoun im Norden der Melville-Insel wird erwähnt, dass dort die Berggruppen des Landes einen Anblick boten, als seien sie durch ein Erdbeben durcheinander geworfen worden.[1] Spätere Untersuchungen müssen entscheiden, ob diese Andeutungen auf auffällige Schichtenstörungen oder vielleicht auf herumliegende massige Blöcke zu beziehen sind. — Wir dürfen uns keineswegs verhehlen, dass unsere Kenntnisse von der Natur des arktischen Inselringes im Ganzen noch höchst geringfügige sind, die vorhandenen geognostischen und orographischen Beobachtungen sind von einzelnen, leider immer noch viel zu selten veranstalteten Expeditionen unter oft sehr ungünstigen Verhältnissen gewonnen worden. Dringend bleibt die möglichst rasche Ausfüllung der zahlreichen Lücken zu wünschen. Aber auch die bis jetzt gewonnenen Aufschlüsse lassen schon erkennen, dass wir die Anordnung jener Inselländer und die Gestaltung ihrer Küsten nicht der Erosion allein zuschreiben dürfen, so grossen Antheil diese auch an der Modellirung der Umrisse im Einzelnen gehabt hat. Die Inseln des arktischen Ringes als Ganzes betrachtet sind entschieden als tektonische aufzufassen. Sie stellen Bruchstücke von grösseren Landmassen dar, während rein vulcanische Neubildungen, wie wir sie im Mittelmer und in Ostasien zahlreich antrafen, hier nur in der weiten Lücke zwischen Grönland und Spitzbergen vorkommen. Jedenfalls ist im Gebiet der nördlichen Inselländer jetzt schon viel grössere Ruhe eingetreten als etwa im Mittelmeer. Die vorkommenden Bruchlinien reichen in eine fernere Vergangenheit zurück, die vulcanische Thätigkeit ist mit Ausnahme Islands und vielleicht Jan Mayens längst erloschen und auch grosse Dislocationsbeben scheinen nicht mehr vorzukommen, da wir weder aus den colonisirten Theilen Grönlands noch aus Nordsibirien oder aus dem häufiger besuchten und auch zu Ueberwinterungen benutzten Spitzbergen von solchen vernehmen. So hat die Auffüllung der vormals tieferen Meeresbecken beginnen können und der Frost, die Stürme, die Wellen und die Eismassen bemühen sich, die alten Formen der Inseln immer mehr zu verwischen.

Wenden wir uns jetzt den antarktischen Breiten zu, gewahren wir sofort, dass auch der Südpol weder von compacten Landmassen, noch von Schwärmen ganz kleiner Inseln umgeben ist. Es sind auch hier meist Inseln mittlerer Grösse, welche zu Gruppen vereinigt erscheinen. Freilich tritt uns hier die Unzulänglichkeit unserer Kennt-

---

[1] Petermann's Mittheilungen 1855. S. 104 und Taf. 8.

niss noch weit störender entgegen, als am Nordpol. Nur an sechs Punkten wurde bisher der 70. Breitengrad überschritten, der 80. aber noch niemals erreicht. Die Inselgruppen, welche bisher aufgefunden wurden, lassen sich in drei Gruppen eintheilen. Wir wollen sie als die amerikanische, australische und afrikanische Gruppe bezeichnen. Zur amerikanischen Gruppe rechnen wir das Land Alexander's des Ersten, dann den Complex des Grahamlandes mit den Süd-Shetlandinseln, ferner die Süd-Orkneygruppe, Südgeorgien und die Sandwichgruppe.[1] Vielleicht ist hierher auch die zerrissene Inselgruppe der Falkland-Inseln zu ziehen. Die afrikanische Gruppe besteht nur aus dem Enderbyland und der Kemp-Insel. Beide noch sehr wenig bekannte Landmassen liegen der Südspitze Afrika's näher als einem anderen Continent. Die australische Gruppe endlich umfasst das Victorialand, die grösste und am meisten geschlossene der bis jetzt am Südpol bekannten Landmassen und die zahlreichen, gewöhnlich als Wilkesland zusammengefassten Landspitzen, über deren etwaigen Zusammenhang in höheren Breiten wir noch nichts wissen. Sollten sie sich einst, was billig bezweifelt werden mag, als Halbinselvorsprünge eines grösseren Landes herausstellen, würden wir eine Küste einzutragen haben, die doppelt so lang wäre, wie die norwegische zwischen Bergen und dem Nordcap. Es fällt sofort auf, dass jene drei Gruppen im Wesentlichen im Süden der drei Continente[2] liegen, welche sich dem Südpol nähern, während wir im Süden der drei grossen Oceane, ausser räumlich sehr unbedeutenden, später zu erwähnenden, Vulcaninseln, keine Landmassen nachweisen können. Es scheint sonach, als ob die grossen Unterbrechungen, welche die Oceane im Ring der Continente bilden, sich ebenso in die Südpolarwelt hinein fortsetzen, wie dies die grossen Lücken zwischen Spitzbergen und Grönland und im Norden der Beringstrasse für die arktischen Regionen andeuteten. Ueber die Natur der antarktischen Inseln lässt sich noch wenig sagen, das Wenige aber, was als feststehend gelten darf, deutet ganz entschieden darauf hin, dass die südlichen Polargruppen zu den tektonischen Inseln zu rechnen sind. Durchweg haben wir es mit hohen Inseln zu thun, im Victorialande erreicht der Mt. Sabine 2900 m, der Vulcan Erebus 3768 m, dem Mt. Melbourne und der kurzen Kette zwischen Mt. Murchison und Mt. Herschel werden noch grössere Höhen zugeschrieben. Erheb-

[1] Zur Uebersicht STIELER's Handatlas No. 11 zu vergleichen.

[2] Ganz besonders auffällig ist das für Australien und Amerika; Enderby- und Kemp-Insel liegen unter demselben Meridian wie Madagaskar und seine Inselumgebung.

liche Höhen hat auch das Wilkesland mit den vorliegenden Inseln aufzuweisen, für die ganz kleine Young-Insel werden 3650 m, für Adélieland 11—1200 m, für Knoxland 1000 m angegeben. Der Mt. Haddington des Grahamlandes besitzt eine Höhe von 2148 m.[1] In der Süd-Shetland-Gruppe erreicht die Elephanteninsel 1065, die Insel Clarence 1389 m. Was die Meerestiefen anbetrifft, so hält G. v. Boguslawski eine allgemeine Erhebung des Meeresbodens des antarktischen Oceans bis zum südlichen Polarkreise und jenseit desselben für wahrscheinlich, da die von James Clarke Ross angestellten Lothungen meist nur eine Tiefe von 900 m ergaben.[2] Doch wird es auch nicht an einzelnen tieferen Becken fehlen, der „Challenger" lothete bei einem Vorstoss gegen die Südpolarwelt unter

52° 4′ südl. Br.	71° 22′ östl. L.	2306 m
65° 42′	79° 49′	3065 m
64° 37′	85° 49′	3294 m
64° 18′	94° 47′	2379 m
62° 26′	95° 44′	3614 m
53° 55′	108° 35′	3568 m
50° 1′	123° 4′	3294 m.[3]

Erst zahlreiche neue Expeditionen werden uns ermöglichen, das Relief des Südlichen Eismeeres etwas genauer zu bestimmen.

Vulcanische Erscheinungen sind im südlichen Inselringe viel auffallender als im nördlichen hervorgetreten. Im Süden des vulcanetragenden Neuseeland liegt ein vulcanisches Gebiet von nicht viel geringerer Bedeutung. Die 1839 aufgefundenen Balleny-Inseln bestehen fast nur aus vulcanischen Gebirgsarten. Ueberall, wo man landen konnte, fanden sich Schlacken und Basalte, und man bemerkte, wie von der Buckle-Insel deutliche Rauchsäulen aufstiegen. Vielleicht ist auch die Young-Insel (s. o.) ein erloschener Vulcan.[4] Tiefer im Süden gelang es Ross, den Vulcan Erebus während einer Eruption zu beobachten.[5] Deutlich konnte man die dichte Rauchsäule und die rothe Gluth des riesigen Vulcans erblicken, auch kleine kegelförmige Seitenkrater, ähnlich denen des Aetna, fehlten nicht.

---

[1] Otto Delitsch in Wappäus' Handbuch der Geographie und Statistik. 7. Aufl. Bd. 1, Abth. 4, S. 2128 ff.

[2] Behm's Geographisches Jahrbuch. Bd. 7 S. 542.

[3] Petermann's Mittheilungen 1874. S. 465 und Taf. 24.

[4] Journal Royal Geogr. Society. Bd. 9 (1839) S. 522 und Abbildung auf S. 523.

[5] J. Cl. Ross, Voyage of discovery and research in the Southern and Antarctic Regions. London 1847. Bd. 1 S. 216.

Ein anderes vulcanisches Gebiet liegt im Süden des Feuerlandes. Deception Island, zur Süd-Shetland-Gruppe gehörig, ist ein prächtiges Beispiel einer hufeisenförmigen Vulcanruine, Santorin und Monte Colibre vergleichbar.[1] Der grösste Theil der Insel besteht aus abwechselnden Schichten von vulcanischer Asche und Eis, als ob der Schnee der einzelnen Winter durch Ueberdeckung mit einer Aschenschicht vor dem Schmelzen bewahrt geblieben wäre. Wenigstens 150 Oeffnungen, aus denen mit zischendem Geräusch Dampf ausströmt, bezeugen hinlänglich, dass die vulcanische Thätigkeit hier noch nicht abgeschlossen ist. Ein anderer erwähnenswerther Punkt ist die Bridgeman-Insel, östlich von der vorigen. Sie ist nach DUMONT D'URVILLE[2] ein abgerundeter, etwa 160 m hoher Berg von ziegelrother und schwärzlicher Farbe, auf dem man mehrere sich bis zum Meere hinabziehende Lavaströme, aber auch noch thätige Fumarolen, deren schwefligsaure Dämpfe zersetzend auf die Lava eingewirkt hatten, bemerken konnte. Es ist nicht unmöglich, dass auch noch andere Inseln der so selten besuchten antarktischen Gruppen später als Vulcane erkannt werden. Wo wir aber Vulcane antreffen, muss eine Spaltenbildung, welche den vulcanischen Massen den Austritt gestattete, vorausgegangen sein, die Vulcane des Südlichen Eismeeres sind uns deshalb ein Wahrzeichen, dass auch hier Bruchlinien und Einsturzbecken nicht fehlen können. Möchte die Lage derselben bald durch neue Expeditionen, denen hauptsächlich die nöthige Zeit zu genaueren Untersuchungen gegönnt werden müsste, festgestellt werden!

Ueberschauen wir jetzt die noch nicht betrachteten Theile der drei grossen Oceane, so bemerken wir bald, dass auch dort mit ganz wenigen Ausnahmen neben Aufschüttungsinseln nur tektonische vorkommen. Die tektonischen Inseln der offenen Oceane sind aber fast durchweg isolirte Neubildungen, vulcanische Inseln, welche den Verlauf unterseeischer oft sehr ausgedehnter Bruchlinien erkennen lassen. Nur ganz selten, in grösserem Maasse nur an einer einzigen Stelle, treten auch Trümmerinseln auf, Reste eines durch die Erstarrung der Erdkruste in Schollen zersprengten grösseren Ganzen. Im Folgenden soll nur auf einige minder bekannte Gruppen und Inseln und auf solche, über deren Beschaffenheit jetzt Ansichten bestehen oder geltend zu machen sind, die von den früher angenommenen abweichen, näher eingegangen werden.

[1] Journal Royal Geogr. Society. Bd. 1 (1831) S. 64 mit schöner Karte.

[2] DUMONT D'URVILLE's Voyage au Pole Sud et dans l'Océanie. Histoire du voyage. Paris 1842. Bd. 2 S. 142 ff.

Im südlichen Theile des Atlantischen Oceans finden wir die oft beschriebenen Inselvulcane Tristan d'Acunha, St. Helena und Ascension. St. Helena liegt auf einer wenig umfangreichen, schroff aus tiefem Meere aufsteigenden Erhebung, Tristan d'Acunha mit der noch südlicheren Gough-Insel liegen auf einem unterseeischen Rücken, der sich südwärts noch zu der kleinen, ebenfalls vulcanischen Gruppe der Bouvet- und Thompson-Insel fortsetzt, viel weiter aber gegen Norden verfolgt werden kann.[1] Wir gelangen in dieser Richtung zuerst nach Ascension, dann aber nach den St. Paulsfelsen, welche so lange ein eigenthümliches Räthsel für die Geographen bildeten. PESCHEL bemerkt über die unter 0° 58′ n. Br. und 29° 15′ w. L. belegene, nur aus fünf Felsklippen bestehende, Gruppe, dass sie als eine Schieferplatte vor jedem Verdachte einer vulcanischen Bildung gesichert sei.[2] Diese Annahme beruhte wesentlich auf den Berichten DARWIN's, der im Beginn seiner Weltreise auf dem „Beagle" die Gruppe besucht hatte und das Gestein entschieden für nichtvulkanisch erklärte.[3] Aber das schwere, grünlich-schwarze Gestein, aus dem die Inseln in der Hauptsache bestehen, glich keiner anderen dem britischen Naturforscher bekannten Gesteinsart. Schon dieser Umstand hätte zu einem baldigen neuen Besuch der Gruppe auffordern müssen. Aber erst die Expedition des „Challenger" brachte genauere Kunde. Es bestätigte sich, dass die Inseln nur bis zu 19 m aufsteigen, äusserst kahl und zerklüftet sind und des pflanzlichen Lebens so gut wie völlig entbehren.[4] Durch die Prüfung der vom „Challenger" mitgebrachten Handstücke ergab sich als Resultat, dass St. Paul mit grösserer Wahrscheinlichkeit den älteren Vulcaninseln als den nichtvulcanischen Gruppen zugezählt werden kann.[5] Das dunkle Gestein hatte sich als Peridotit, „a rock formed essentially of olivine", herausgestellt. Wir sind also nicht mehr berechtigt, St. Paul als nichtvulcanische Insel in den Listen der oceanischen Inseln hervorzuheben. In nicht grosser Entfernung von St. Paul befindet sich eine durch vielfache Erschütterungen des Meeresbodens ausgezeichnete Stelle,

---

[1] Atlas des Atlantischen Oceans. Hamburg 1882. Tafel 1.

[2] Neue Probleme. S. 34.

[3] DARWIN-CARUS, Reise eines Naturforschers. S. 9 ff. Ausführlicher in den „Vulcanischen Inseln", S. 33—35 der deutschen Ausgabe.

[4] MOSELEY, Notes by a Naturalist on the Challenger. S. 67—76. WYVILLE THOMSON, Voyage of the Challenger. The Atlantic. London 1877. Bd. 2 S. 100—108 mit interessanten Ansichten.

[5] RENARD, Petrology of the rocks of St. Paul. Steht im Report on the Scientific Results of H. M. S. „Challenger". Narrative. Bd. 2. London 1882. Letzte Abhandlung, darin besonders S. 2 u. 25.

sie liegt zwischen 7° n. Br. und 3½ s. Br., sowie zwischen dem 16. und dem 29. Grade östlich von Greenwich.[1] Zur Bildung einer neuen Insel ist es bis jetzt noch nicht gekommen. Folgen wir dem vielfach gewundenen unterseeischen Rücken — der aber in die Nord- oder Ostsee versetzt, immer noch als ein äusserst tiefes Meer gelten würde — weiter naeh Norden, so gelangen wir schliesslich zu den Açoren, welche durch Ausbrüche in historischer Zeit und durch mehrfaches Auftauchen neuer Inseln sich deutlich genug als eine vulcanische Gruppe zu erkennen geben. Westlich und nördlich von den Açoren verzeichnen die Karten mehrere scharf begrenzte unterseeische Erhebungen, welche ganz wie Inseln aussehen, die das Meeresniveau zu erreichen streben. Eine Untersuchung des Meeresbodens könnte uns vielleicht Gewissheit verschaffen, ob diese Tiefseeberge wirklich vulcanischer Natur sind. Eine ähnliche Stelle liegt unter 16° n. Br. und 48° w. L. Ganz im Norden des Atlantischen Oceans treffen wir endlich nochmals auf ein sehr ausgedehntes vulcanisches Gebiet, dem vor Allem Island angehört. Island entbehrt der älteren krystallinisch körnigen und Schiefergesteine ebenso wie der kalkigen, sandigen und thonigen Schichten aus der Reihe der Sedimentärformationen; die Hauptmasse der Insel besteht aus alten vulcanischen Gesteinen, über denen sich in weiter Ausdehnung die Laven und Aschen neuerer Vulcane ausgebreitet haben.[2] Führen wir noch die vulcanische Insel Jan Mayen an, auf der die unterirdische Thätigkeit noch nicht ganz erloschen scheint,[3] so erhalten wir eine Reihe von vulcanischen Inseln, Klippen und vulcanischer Thätigkeit verdächtiger Meeresgegenden, welche sich vom 70. Grad nördlicher bis zum 55. Grad südlicher Breite verfolgen lässt und stets ziemlich gleiche Entfernung von den beiden Ufern des Atlantischen Oceans innehält. Aber auch die Küsten Südamerika's und Afrika's werden noch von Archipelen und einzelnen Inseln begleitet, die wir zu den tektonischen rechnen müssen. Die felsige Fernando Noronha-Gruppe ist von der Challenger-Expedition gleichfalls wieder besucht worden.[4] Die höchste Insel der Gruppe, St. Michaels Mount der Engländer, ist ein einziger Phonolithkegel, dessen Gestein seinem Namen entspricht, denn mit einem Hammer angeschlagen klingt es

[1] PETERMANN's Mittheilungen 1869. S. 96 ff.

[2] F. ZIRKEL in PREYER u. ZIRKEL, Reise nach Island. Leipzig 1862. S. 281.

[3] Zeitschrift der geolog. Gesellschaft. Bd. 31 (1879) S. 719 f.

[4] WYVILLE THOMSON a. a. O. Bd. 2 S. 117—119 mit Ansicht. MOSELEY a. a. O. S. 77 ff., daselbst S. 84 weitere Literatur. DARWIN, Vulcan. Inseln, S. 24 f. der deutschen Ausgabe.

wie eine Glocke. Auf einer anderen Insel der Gruppe, der Ratteninsel, findet sich Basalt, daneben aber auch Sandstein. Booby-Island schien ganz aus jenem „calcareous sandstone“ zu bestehen, Eruptivgesteine fehlten. Platform Island ist aus Basalt und Kalkstein aufgebaut, letzterer bildet den obersten Theil „die Platform“ der Insel. Ueber die gleichfalls zu Brasilien gerechneten Inseln Trinidad (oder Ascensão) und Martin Vaz ist wenig bekannt. Trinidad wird als eine 616 m hohe, steile Felsenmasse beschrieben,[1] die nur auf der Ost- und Südseite mit Erde bedeckt ist. Ueber ihre geologischen Verhältnisse sind wir noch im Unklaren, doch werden wir wohl mit einigem Recht die Inseln gleichfalls als vulcanisch betrachten dürfen. Sie steigen schroff aus einer tiefen Meeresgegend auf.

Die Falkland-Inseln endlich besitzen eine ziemlich bunte Zusammensetzung. Die Ebenen bestehen aus Thonschiefer und Sandstein, letzterer enthält paläozoische Versteinerungen, welche theils silurischen, theils devonischen Formen ähnlich sind. Die Gebirgsrücken, welche sich nicht über 700 m erheben, bestehen aus Quarzit.[2] Vulcanische Gesteine fehlen, auch Erdbeben scheinen hier äusserst selten verspürt zu werden. Schon 1689 hatte John Simson,[3] welcher John Strong's Expedition nach der Westküste von Südamerika begleitete und über seine Beobachtungen einen im Britischen Museum aufbewahrten Bericht verfasste, eine frühere Verbindung der Falkland-Inseln mit Südamerika als möglich hingestellt, da er dort Füchse angetroffen hatte, die den patagonischen zu gleichen schienen, und nicht annehmen mochte, dass sie von Menschen herübergebracht seien oder gar die bedeutende Entfernung schwimmend zurückgelegt hätten. Burney wendet dagegen ein, dass die Füchse die Reise wohl auf Eisschollen gemacht haben möchten. Darwin berichtet, dass zur Zeit seines Besuches die Anzahl dieser Füchse in rascher Abnahme begriffen gewesen sei, er zweifelt im Gegensatz zu Simson nicht daran, dass sie zu einer besonderen, nur auf diesen Archipel beschränkten Species gehörten. Falls überhaupt die Annahme einer alten Ver-

---

[1] Wappäus im Handbuch der Geographie und Statistik. Bd. 1, Abth. 4, S. 1226.

[2] Darwin, Geolog. Beobachtungen über Süd-Amerika. S. 225 f. der deuschen Ausgabe. Darwin, Kleinere geolog. Abhandlungen. S. 1 ff. Darwin, Reise eines Naturforschers. S. 216 ff. Wyville Thomson a. a. O. Bd. 2 S. 209 und 245 f. Moseley a. a. O. S. 553 ff.

[3] Burney, Chronological history of the voyages and discoveries in the South Sea or Pacific Ocean. London 1816. Bd. 4 S. 331 f. Burney schreibt Simson, Peschel Simpson.

bindung zwischen den Falkland-Inseln und Südamerika zulässig erscheint, kann eine solche jedenfalls nur in sehr ferner Vergangenheit bestanden haben, in einer Periode, deren Erforschung nicht mehr Sache des Geographen, sondern ausschliesslich die des Geologen ist. Die Umrisse der Falkland-Inseln sind sehr zerrissen, die Gruppe besteht nur aus zwei grösseren, aber an hundert kleinen Inseln und Klippen. Sicher haben die Wellen eines äusserst stürmischen Meeres, haben auch die häufigen Regenschauer und nassen Nebel viel zu dieser Zersplitterung beigetragen, aber wir dürfen nicht ganz übersehen, dass die Naturforscher des „Challenger" die obersilurischen und unterdevonischen Schichten der Inseln als „crumpled and distorted" bezeichnen.[1] Es wäre also nicht unmöglich, dass die Canäle, welche die einzelnen Inseln von einander trennen und namentlich die breite Strasse zwischen der östlichen und der westlichen Hauptinsel (Falkland-Sund) sich bei genauerer Untersuchung auch als grosse Bruchspalten herausstellen werden. Ein ähnlicher breiter Sund, der fast genau in der Verlängerung des Falkland-Sundes liegt, trennt als Strasse Le Maire's das Staatenland vom Hauptkörper des Feuerlandes ab. Jedenfalls dürfen wir nicht vorschnell Gletscher für die Zertheilung der Falklands verantwortlich machen. Es giebt allerdings auf unserer Gruppe eine Erscheinung, welche man bei flüchtiger Prüfung als Gletscherwirkung ansprechen könnte; ich meine die von allen Reisenden beschriebenen seltsamen Steinströme. Wyville Thomson hat aber gezeigt,[2] dass diese mächtigen Anhäufungen von Quarzitblöcken ganz wohl durch ungleichmässige Verwitterung der Blöcke, welche von sehr verschiedener Härte sind, erklärt werden können, und er betont ganz entschieden, dass die Steinströme nicht etwa für Moränen irgend welcher Riesengletscher angesehen werden dürfen. So müssen wir uns vorläufig mit der Erkenntniss begnügen, dass auch die Falkland-Inseln in ihren Hauptumrissen durch die Contractionsbewegungen der Erdrinde bestimmt wurden. Sie stehen den tektonischen Inseln jedenfalls näher als irgend einer anderen Klasse.

Afrika's Küste zeigt uns zunächst die Gruppe der Guinea-Inseln (Anno Bom, St. Thomé, Principe und Fernando Poo), welche in einer Curve aufgereiht sich in der tief eingeschnittenen Bai von Biafra erheben. Sie erreichen bedeutende Höhen[3] und sind durchweg vul-

---

[1] Wyville Thomson a. a. O. Bd. 2 S. 209.
[2] a. a. O. Bd. 2 S. 245 ff.
[3] Clarence Pik auf Fernando Poo 3105 m.

canisch. Die kleinen Basaltinseln Mondoleh und Bimbia stellen die Verbindung mit dem bis 4000 m ansteigenden, gleichfalls vulcanischen Camerongebirge her, welches aus der Küstenlinie etwas hervortritt, sodass wir die drei Stücke, die uns in Ostasien so oft vereinigt begegneten, — Halbinselbildung, vulcanische Inselkette, einspringender Golf — hier nochmals antreffen. Die zahlreichen Krater und ziemlich frischen Lavaströme des Cameron sind neuerlich von COMBER wieder beschrieben worden.[1] Dieser Reisende passirte mehrere Lavaströme, auf denen noch keine Decke von Gras und Gesträuch entstanden war, die umwohnenden Eingeborenen erzählten von einer Eruption, die vor wenigen Jahren stattgefunden habe. Auch weiter im Norden giebt es in der Nähe der Küste einige vielfach übersehene vulcanische Archipele. Dazu gehören die Los- oder Götzen-Inseln an der Sierra Leone-Küste. GUMPRECHT führt sie als Reste eines grossen erloschenen Vulcans an.[2] BELCHER bemerkt, dass die aus den drei Hauptinseln Factory, Crawford und Tamara bestehende Gruppe hauptsächlich aus harter bläulicher oder eisenfarbiger Lava mit einzelnen Porphyrmassen bestehe.[3] Vulcanisch sind auch die benachbarten Bananasinseln, während die übrigen der Sierra-Leone-Küste vorliegenden Inseln niedrig und sumpfig zu sein scheinen. GUMPRECHT (a. a. O. S. 222 und 236) bezeichnet auch die Bissão- oder Bissagos-Inseln[4] als Gebilde vulcanischer Natur, ebenso die kleine Insel Gorée als eine prismatisch zerklüftete Basaltmasse, es ist jedoch auffällig, dass die neue geologische Karte des nordwestlichen Afrika, welche OSCAR LENZ herausgegeben hat, alle diese vulcanischen Gruppen nicht als solche verzeichnet, sondern sie der Tertiärformation zuweist.[5] Immerhin wäre es sehr wünschenswerth, wenn auch diese Inseln bald wieder untersucht würden. Dass die Gruppen der Capverdischen Inseln, der Canaren und Madeira's und seiner Nachbarinseln zu den tektonischen Inseln gehören, bedarf keiner näheren Auseinandersetzung; vulcanische Gesteine sind auf allen Gruppen weitaus vorherrschend, wenn auch andere Felsarten nicht völlig fehlen.[6] Thätige Vulcane und häufige Erdbeben ver-

[1] Proceedings Royal Geogr. Society 1879. S. 226 u. 239.

[2] GUMPRECHT in WAPPÄUS' Handbuch. Bd. 2, Abth. 1, S. 187 u. 206.

[3] Journal Royal Geogr. Society. Bd. 2 (1832) S. 278 f.

[4] Karte: Zeitschrift der Berliner Gesellschaft für Erdkunde. Bd 1 (1866), Tafel 1.

[5] PETERMANN's Mittheilungen 1882. Taf. 1. Text noch nicht erschienen.

[6] Die Tuffe Madeira's ruhen auf tertiärem Kalk, Porto Santo besteht zum Theil aus Sandstein, das Grundgebirge der Canaren ist unvulcanisch, die Cap-

rathen, dass die Bewegungen der Erdrinde hier noch lange nicht zum Stillstand gekommen sind. Sämmtliche Inseln dieser Gruppen sind hoch und steigen sehr jäh aus tiefem Meere auf, können also keinesfalls als Reste eines vor verhältnissmässig kurzer Zeit zerstörten Insellandes, etwa der mythischen Atlantis, angesprochen werden. Auch hier muss die Verfolgung der Schicksale dieser Inseln bis in frühere geologische Perioden zurück vorzugsweise den Geologen überlassen werden, uns kommt es nur auf die Feststellung und Erklärung des heutigen Typus der Inseln an.

Wir wenden uns dem Indischen Ocean zu. Madagaskar mit seinen weitverstreuten Nebengruppen bietet uns hier wiederum ein Gebiet von tektonischen Inseln dar. Denn wir dürfen schwerlich den Meeresströmungen im Canal von Moçambique allein die Losreissung der grossen Insel Madagaskar vom afrikanischen Festlande zuschreiben, Bewegungen der erstarrenden Rinde schufen jene Spalte, die dann allerdings durch die Strömungen vielfach erweitert sein mag. Die Tiefe der Strasse ist bedeutend, 1200—1720 F. (2200 bis 3150 m). Im nördlichen Theile schiebt sich die Kette der Comoren als eine Brücke quer über die Strasse, es bleibt jedoch immer noch eine zwar schmale, aber bis 1550 F. (2836 m) tiefe Passage westlich von Comoro übrig.[1] Die Comoren sind eine Gruppe ächt vulcanischer Inseln. Ihre Reihe beginnt im Osten mit Nossibé. Der nördliche Theil dieser Insel besteht aus Buntsandstein, der Rest hat vulcanische Massen, im Süden aber auch Granit, Gneis, Glimmerschiefer und Thonschiefer aufzuweisen. KERSTEN hat die Kraterseen des Tane Latsak (der Name bedeutet ganz bezeichnend gefallenes Land) besucht und beschrieben.[2] Zwischen Nossibé und dem Festlande Madagaskars liegt die kleine, aber hohe Insel Nossikomba, die nur aus einem einzigen Berg besteht und höchst wahrscheinlich auch vulcanisch ist. Auch die Insel Mayotte besteht aus vulcanischen Gesteinen, nahebei liegt die kleine Insel Pamaudzi mit einem alten Krater.[3] Mohéli, Moila oder Mohilla ist die niedrigste der sonst

verdische Insel San Thiago enthält tertiären Kalkstein. K. v. FRITSCH, Ergänzungsheft No. 22 zu PETERMANN's Mittheilungen. S. 3. 15. 18. 27. 32 u. ö. FUCHS, Die vulcanischen Erscheinungen der Erde. S. 28. LANDGREBE, Naturgeschichte der Vulcane. Bd. 1 S. 164.

[1] Vgl. KRÜMMEL's Karte in Zeitschrift für wissenschaftliche Geographie. Bd. 2, Taf. 2.

[2] V. D. DECKEN, Reise in Ostafrika. Leipzig u. Heidelberg 1871. Bd. 2 S. 205 ff. und Taf. 3; ferner Annales des mines. Sér. 5. Bd. 6 (1854) S. 570 ff.

[3] ALGERNON DE HORSEY im Journal Royal Geogr. Society. Bd. 34 (1864) S. 262 ff.

durchweg hohen Comoren, nach ALGERNON DE HORSEY aber auch vulcanisch, ebenso Johanna oder Andschuan. Auf allen diesen Inseln (vielleicht mit Ausnahme von Pamaudzi?) sind neuere Ausbrüche nicht nachgewiesen, dagegen besitzt die letzte der Comoren, Angazija, gewöhnlich aber Gross-Comoro genannt, einen noch sehr thätigen Vulcan im südlichen Theil der Insel,[1] der bis zu 2598 m aufsteigt. ALGERNON DE HORSEY vergleicht Angazija mit ihrem hohen Vulcan mit Jan Mayen, und betont, dass die Höhe des Berges in Hinsicht auf den geringen Umfang der Insel besonders auffällig erscheine. Mehrere, zum Theil sehr verheerende Ausbrüche sind im laufenden Jahrhundert beobachtet worden.[2] KERSTEN hat auch diesen Vulcan bestiegen[3] und von den Eingeborenen Nachrichten über die grosse Eruption von 1858 gesammelt, bei welcher zwei Wochen lang bei Tage ein dunkler Schleier, von keinem Sonnenstrahle durchdrungen, über der Insel schwebte, während man Nachts bei dem Feuerschein lesen konnte. Die Umrisse von Gross-Comoro — die verticalen wie die horizontalen — scheinen raschen Veränderungen zu unterliegen. Wie KERSTEN erfuhr, verändern die Lavaströme, welche zuweilen das Meer erreichen, die Vorsprünge und Buchten der Küstenlinie; der bebaute und mit Häusern bedeckte Berg von Ikoni sank eines Tages ein und KERSTEN schloss aus der Beschaffenheit der Landstriche, die er vom Vulcan aus gegen Norden überblicken konnte, dass ähnliche Einstürze häufig sein müssen. Im südlichen Theil des Canals von Moçambique liegen die „Bassas da India“ genannten Bänke und die kleine Insel Europa, über deren nähere Beschaffenheit es mir an Nachrichten fehlt, die Umrisse der letztgenannten Insel sowie ihr rasches Aufsteigen aus tiefem Meer deuten aber auf vulcanische Entstehung. Die ebenso vereinzelte und unvermittelt aufsteigende Insel San Juan de Nova (17° s. Br.) wird von Korallenriffen umsäumt,[4] über ihre Beschaffenheit fehlen die Nachrichten noch.

Madagaskar selbst ist von vulcanischen Gebieten nicht völlig frei. Das kleine Uebersichtskärtchen bei SIBREE verzeichnet zahlreiche Spuren vulcanischer Thätigkeit, die eine lange, von Südost nach Nordwest quer durch die Insel laufende, Linie bilden.[5] So wird

---

[1] v. D. DECKEN's Reise. Bd. 2, Taf. 4.

[2] ALGERNON DE HORSEY a. a. O. S. 260. LANDGREBE a. a. O. Bd. 1 S. 207 f.

[3] v. D. DECKEN a. a. O. Bd. 2 S. 239 ff.

[4] DARWIN, Ueber den Bau und die Verbreitung der Korallenriffe. S. 197 der deutschen Ausgabe.

[5] SIBREE, Madagaskar. Leipzig 1881. S. 29 ff. und Karte.

wenigstens für das nordwestliche Ende der Reihe ein Anschluss an die Vulcane der Comoren gewonnen, SIBREE nimmt sogar an, dass auch die vulcanischen Erscheinungen auf Réunion noch derselben Spalte, die wir dann also weit nach Südost verlängern müssten, angehören. SIBREE beschreibt die theils von ihm, theils von CAMPBELL, HOULDER und ganz besonders MULLENS aufgefundenen Vulcanregionen ziemlich eingehend. Ob wirklich noch ein thätiger Feuerberg auf der Insel existirt, erscheint trotz entgegenstehender älterer Nachrichten[1] sehr zweifelhaft, heisse Quellen und häufige Erdbeben erinnern aber noch an die früher lebhaftere Thätigkeit. Ob die vulcanischen Gebiete einen so grossen Flächenraum einnehmen, dass sie die horizontalen und verticalen Umrisse der Insel wesentlich bestimmen, lässt sich jetzt noch nicht übersehen, die bisher vorliegenden Berichte zeigen aber, dass Madagaskars geologische Zusammensetzung eine sehr bunte ist; zahlreiche Formationen sind vertreten. Wünschenswerth wäre es, wenn SIBREE's kurze Bemerkungen über Spuren erratischer Blöcke auf Madagaskar bald näher geprüft werden könnten (a. a. O. S. 36).

Oestlich von Madagaskar treffen wir ausser den bekannten Vulcaninseln Réunion und Mauritius, über welche RICH. v. DRASCHE[2] und VÉLAIN[3] in den letzten Jahren werthvolle Arbeiten veröffentlicht haben, noch die Insel Rodriguez. Sie galt lange für eine Granitinsel; noch HIGGIN schreibt ausdrücklich: Der Hauptbestandtheil des Landes ist Granit mit darüberliegenden Schichten von Sand- und Kalkstein.[4] Aber er spricht auch schon von Granitmassen, welche Einwirkungen vulcanischen Feuers zeigten. Bei Gelegenheit des Venusdurchganges von 1874 konnten englische Forscher unzweifelhaft feststellen, dass Rodriguez gerade so wie die übrigen Mascarenen vulcanischen Ursprunges ist.[5] An das Hauptgebirge der Insel, welches sich aber nur bis 395 m erhebt und zahlreiche, durch dünne Schichten von Asche, Schlacken oder verschiedenfarbigem Thon getrennte Lavaergüsse erkennen lässt, schliessen sich Ebenen aus höhlenreichem Korallenkalk an. Von den zahlreichen kleinen Inselchen, welche die Hauptinsel umgeben, sind acht vulcanisch, die

[1] LANDGREBE a. a. O. Bd. 1 S. 207.

[2] R. v. DRASCHE, Die Insel Réunion im Indischen Ocean. Enthält auch Nachrichten über Mauritius. Wien 1878.

[3] CHARLES VÉLAIN, Déscription géologique de la presqu'île d'Aden, de l'île de la Réunion, des îles St. Paul et Amsterdam. Paris 1878. S. 49—215.

[4] Journal Royal Geogr. Society. Bd. 19 (1849) S. 17 f.

[5] PETERMANN's Mittheilungen 1880. S. 286 ff. und Karte.

übrigen bestehen aus Korallenkalk und Sand. So stellt sich Rodriguez als ein Bauwerk der vereinten Thätigkeit vulcanischer Kräfte und der Korallen dar. Von den Graniten, welche von Peschel und Sclater für die am Anfang unserer Untersuchungen erwähnte Lemuriahypothese verwerthet waren, ist keine Spur zu finden. — Dagegen besitzen die Seychellen wenigstens zum Theil wirklich Granit. Die Seychellen, sagt Pelly,[1] sind von Granit zusammengesetzt und steigen aus der Mitte eines weiten von Corallen erbauten Ringes auf. Ganz ähnlich spricht sich Otto Kersten aus,[2] und Wallace meint sogar, dass der Granit der Seychellen zu demselben Granitzuge gehören möchte, welcher in den Gebirgen des Innern von Madagaskar wieder auftritt.[3] Die Verbindung wird durch die Gruppen der Amiranten, der Providence- und Farquhar-Inseln einigermaassen angedeutet, die genannten, höchst unbedeutenden Gruppen sind aber durch sehr tiefe Canäle von einander getrennt. Die Hoffnung kann nur gering sein, dass es einst gelingen werde, die hier höchst wahrscheinlich vorhandenen Bruchlinien und Senkungsfelder wirklich nachzuweisen. Auch zwischen den Seychellen und den Mascarenen zeigt die Karte zahlreiche Bänke und ganz kleine, meist unbewohnte Inseln darauf; wenn sie auch über der Wasserlinie und bis zu einer gewissen Tiefe Korallenbauten sind, deutet doch eine jede Koralleninsel auf das Vorhandensein einer unterseeischen Erhebung hin, auf welcher die Korallen erst ihre Riffe aufführen konnten. Darwin hat über diese sonst wenig erwähnten Inseln einige Angaben gesammelt.[4] Aldabra endlich, welches wegen der hier noch lebenden Riesenschildkröten öfter genannt wird, scheint gleichsam eine Verbindung zwischen den Seychellen und Comoren herzustellen, es besteht aus drei[5] ungefähr 8 m hohen, aus rothen Klippen bestehenden, Theilen, die eine Lagune umgeben. Da (Darwin a. a. O. S. 195) angeführt wird, dass das angebliche Corallengestein ein verglastes Aussehen habe, möchte man Aldabra fast für den Rest eines zerstörten Vulcans erklären. Wenn wir noch einmal auf das Gebiet der ostafrikanischen Inseln zurückblicken, so trafen wir nur auf Gross-Comoro und Réunion verbürgte Nachrichten über neuere vulcanische Thätigkeit, also im äussersten Südosten und im

[1] Journal Royal Geogr. Society. Bd. 35 (1865) S. 231.

[2] v. d. Decken, Reise in Ostafrika. B. 2 S. 114.

[3] Island Life, S. 401. Vgl. das Kärtchen daselbst S. 387.

[4] Corallenriffe, S. 192 ff. der deutschen Ausgabe.

[5] Nach Petermann's Mittheilungen 1879, S. 362, sind es vier grössere und mehrere kleinere Inseln.

äussersten Nordwesten des ganzen Inselfeldes. Beide Punkte liegen am Rande besonders tiefer Meerestheile, östlich von Réunion finden wir bald 2625 F. = 4804 m,[1] und auch im Norden der Comoren bis zum Aequator sind ganz ähnliche Tiefen (bis 2619 F. = 4793 m) nachgewiesen worden.

Ich bin nicht ganz abgeneigt, auch Socotora mit seinen Nachbarinseln, unter denen Abd el Kuri die ansehnlichste ist, den tektonischen Inseln zuzuzählen. Zwar ist die Gruppe schon auf der grossen, unter 1000 Faden tiefen Küstenbank gelegen, welche Ostafrika's Vorsprung umgiebt, aber die Entfernung vom Festlande ist doch zu beträchtlich, als dass wir annehmen dürften, nur die Wellen hätten diesen Durchgang geschaffen. Schon WELLSTED[2] bemerkt in seinem umfangreichen Bericht über Socotora, dass diese Insel hauptsächlich aus Granit und einem alten Kalkstein besteht. Die Zusammenstellung WARD's im „Gulf of Aden Pilot"[3] fusst noch ganz auf WELLSTED's Beobachtungen. Die Granitberge erreichen 1220 m Höhe. Auch die kleineren, westwärts von Socotora liegenden Inseln sind hoch und felsig; von den beiden, die Brüder genannten, hat Jezirat Darai 291, Jezirat Samheh sogar 742 m Höhe. Abd el Kuri, ein Kalksteinplateau erreicht 450 m, endlich die kleinen „White Rocks" der englischen Seekarte No. 6 *a* auch noch 85 m.[4]

Das langgestreckte, aber verhältnissmässig schmale **Rothe Meer** kann um so eher als eine vulcanische Spalte angesehen werden, als seine Ufer an ziemlich vielen Punkten Spuren älterer und neuerer Eruptionen tragen, und Erdbeben keineswegs selten sind. Die vulcanische Zone lässt sich weit nach Norden bis in die Kraterlandschaften des von WETZSTEIN beschriebenen Haurân verfolgen. Zahlreiche Inseln engen das Fahrwasser ein, sie sind aber keineswegs alle von gleicher Beschaffenheit. Wir haben darunter Trümmer der nahen Küste zu unterscheiden, welche nur durch die Wellen von ihr getrennt wurden, ferner durch die gerade hier sehr rege Thätigkeit der Korallen bis zum Wasserspiegel hinaufgeführte und dann vielleicht durch angespülte Sandmassen und Kalktrümmer unter Mitwirkung lokaler Hebungen noch weiter erhöhte submarine Bänke, endlich ältere und neuere vulcanische Bildungen. Beispiele der ersten Art finden sich an der Südspitze der Sinaihalbinsel und meh-

[1] Brit. Admiralitätskarte No. 748 *b*.

[2] Journal Royal Geogr. Society. Bd. 5 (1835) S. 194 f.

[3] The Gulf of Aden Pilot. London 1882. S. 17.

[4] Gulf of Aden Pilot. S. 32—36. Vulcanische Gesteine scheinen auf dieser Gruppe nicht vorzukommen.

reren anderen Punkten. Was die Koralleninseln anbetrifft, so ist EHRENBERG, der die Inseln des Rothen Meeres genau untersucht hatte, entschieden der Ansicht,[1] dass die meisten derselben einen Kern von älterem Gestein, das auch vulcanischer Natur sein kann, besitzen. Ueberhaupt sollen hier die Korallen weit mehr schützend und erhaltend als eigentlich neuaufbauend auf die Inseln einwirken. EHRENBERG zählt eine Reihe von Inseln auf, bei welchen er das Vorhandensein eines älteren Kernes selbst beobachtet hat, die übrigen wichen in ihrem äusseren Ansehen so wenig von den genau besichtigten ab, dass EHRENBERG eine Durchmusterung aller nicht für nothwendig hielt.

Unter den Vulcaninseln des Rothen Meeres ist Djebel Teïr oder der Vogelberg, auch Djebel Dokhân, der Rauchberg und Djebel Sebain oder Berg ohne Ankerplatz genannt,[2] die merkwürdigste. Sie wird als ein bis 270 m aufsteigender sehr steiler Inselberg beschrieben, der wenigstens in der ersten Hälfte unseres Jahrhunderts noch lebhafte Eruptionen hatte, in den letzten Jahrzehnten ist der dem Gipfel sonst entsteigende Rauch dagegen längere Zeit hintereinander ausgeblieben. Die Insel steigt ganz unvermittelt aus einem tiefen Fahrwasser auf.[3] Eine zweite Vulcaninsel ist unter 15° 7′ n. Br., also südlich vom Djebel Teïr erkannt worden, es ist Saddle-Island der Engländer[4] (Djebel Sobér auf der angeführten Karte in PETERMANN's Mittheilungen, Djebel Sebair bei LANDGREBE). BARKER konnte am 14. August 1846 einen Ausbruch des Vulcans auf Saddle-Island beobachten, er fügt hinzu, dass die Gruppe der Sobér-Inseln überhaupt durchaus vulcanisch sei. Ein anonymer Reisender berichtet übrigens[5] schon von einem Ausbruch um das Jahr 1824. Noch eine andere durch ihre isolirte, küstenferne Lage sehr auffällige Vulcaninsel besitzt das Rothe Meer: Djebel Sebergíd, die Insel St. John der Englischen Karten und Segelanweisungen.[6] Sie besteht aus einem 210—240 m hohen Pik; vulcanische Bildungen haben hier den Madreporenkalk durchbrochen. Neuere Ausbrüche sind nicht bekannt. Die Insel hat keinen Ankerplatz, da sie an allen Seiten steil aufsteigt, und besitzt weder Wasser noch Pflanzen.

[1] Abhandlungen der Berliner Akademie, Jahr 1832. Abth. 1, S. 413.

[2] The Red Sea Pilot. London 1873. S. 28 f. PETERMANN's Mittheilungen 1860. Taf. 15. LANDGREBE a. a. O. Bd. 1 S. 217 ff.

[3] Admiralitätskarte No. 2523.

[4] BARKER im Journal Royal Geogr. Society. Bd. 16 (1846) S. 338.

[5] Asiatic Journal. Neue Serie. Bd. 26 (1838) S. 41.

[6] PETERMANN's Mittheilungen 1860. S. 333. Red Sea Pilot. S. 67 f. Die Insel liegt unter 23° 36′ n. Br.

Der grosse durch seine zerrissenen Formen auffällige Dahlak-Archipel östlich von Massaua besteht aus etwa hundert dicht gedrängten flachen Inseln. Obgleich ihre Oberfläche aus Madreporenkalk besteht, vermuthet Heuglin doch, dass der Archipel einen vulcanischen Ursprung habe, da der Kalk merkwürdige senkrechte Berstungen und Verschiebungen zeige, auch Erdbeben gerade hier häufig seien.[1] Wir würden uns denken können, dass die Grundlage des ganzen Archipels durch Sprünge und Brüche in kleinere Schollen zersplittert ist, auf deren Gipfel dann Kalkschichten durch die Thätigkeit der Polypen entstanden. Ein ähnlicher Vorgang erscheint für viele der inselreichen Archipele des Rothen Meeres annehmbar, zudem uns Ehrenberg versichert, dass es dort keinerlei Atolle oder Lagunenriffe giebt, vielmehr nur tafelförmige Korallenriffe vorkommen.[2] Südlich vom Djebel Teïr und Saddle-Island erblicken wir die Gruppe der Hanisch-Inseln.[3] Auch sie sind meist vulcanische Hügel von dunkler Farbe und kahlem Aussehen. Auf einigen der grösseren Inseln sind deutliche Spuren alter Krater sichtbar; die umliegenden ganz kleinen Inseln und isolirten Felsen zeigen ähnliche Beschaffenheit. Nahe der afrikanischen Küste werden von Heuglin[4] noch einige andere entschieden vulcanische Inselchen erwähnt. Eine Insel der Kut-Aleh-Gruppe zeigt noch einen schönen Eruptionskegel mit Krater, die Felseninseln Abeilat sind gleichfalls vulcanisch, eine andere Rahemeh genannte Inselgruppe enthält eine aus zwei Bergen von rothbrauner trachytischer Lava gebildete Insel. Endlich ist auch die grössere Insel Perim ein vulcanisches Gerüst, dessen halb eingestürzter Krater jetzt als Hafen dient. Seine Umrisse erinnern einigermaassen an früher erwähnte Inseln des Südlichen Eismeeres. Rechnen wir noch die vulcanische Felsmasse Adens hinzu, so haben wir vom Djebel Sebergid im Norden bis Perim und Aden im Süden eine lange Reihe vulcanischer Inseln und Küstenpunkte, welche das Rothe Meer deutlich genug als einen zwischen Arabiens und Ostafrika's Landmassen klaffenden Spalt, der eben den vulcanischen Meeren den Durchbruch ermöglichte, kennzeichnen. Es wäre eine lohnende Aufgabe für eine wissenschaftliche Expedition, festzustellen, wie viele von den Hunderten hier nicht erwähnter Eilande des Rothen Meeres tektonische, Erosions- oder Aufschüttungsinseln sind.

[1] Petermann's Mittheilungen 1860. S. 349.

[2] Ehrenberg a. a. O. S. 424.

[3] Red Sea Pilot. S. 30 ff.

[4] Petermann's Mittheilungen 1860. S. 354 und Karte, Taf. 15, auf der die genannten Punkte sämmtlich zu finden sind.

Der **Persische Meerbusen** besitzt in seinen Umrissen mit dem Rothen Meere grosse Uebereinstimmung. Der Golf von Omân entspricht dem Golf von Aden, die Strasse von Ormus der Meerenge Bab-el-Mandeb, der scharfe nördliche Vorsprung Arabiens in der Landschaft Omân der allerdings weniger markanten Hervorragung der afrikanischen Küste zwischen dem 10. und 15. Breitengrad. Freilich ist der Persische Golf viel kleiner als das Rothe Meer, wir dürfen aber nicht ausser Acht lassen, dass die anschwemmende Thätigkeit des Euphrat und Tigris bereits einen Theil des Meeres verdrängt hat. Wir müssen also das wirkliche Nordende des Persischen Golfes da suchen, wo der Doppelstrom in das Tiefland des unteren Mesopotamiens hinaustritt. Auch in der Form und Anordnung der Inseln ist manche Uebereinstimmung zu erkennen. Die Tiefe des Persischen Meeres ist ganz gering, innerhalb der Strasse von Ormus meist unter 100 F. (183 m), der Golf von Omân ist aber viel tiefer. Diese geringe Tiefe des inneren Meerestheiles kann durch die Thätigkeit der Korallen, die hier durch die Anschwemmungen des grossen Stromes eine bedeutende Unterstützung erfährt, leicht erklärt werden.

Welchen Character tragen nun die Inseln des Persischen Golfes? Die Insel Ormus oder Hormus wurde früher wegen der schwarzen Farbe ihres Gesteines für vulcanisch gehalten, ein Irrthum, der sich auch in die Beschreibungen mancher Gebirge Afrika's eingeschlichen hat. WELLSTED erkannte jedoch, dass es sich nur um rothe und schwärzliche Eisenoxydschichten handele, die Insel aber zu einem grossen Theil aus Korallentrümmern bestehe.[1] Die grössere Insel Kishm ist nur durch einen schmalen, von zahlreichen Klippen noch mehr verengerten Kanal vom Festlande getrennt. Sie besteht aus Kalk- und Sandstein sowie Salzmassen, ist aber ebenso wie das gegenüberliegende Festland häufig von Erdbeben heimgesucht.[2] Auch die übrigen der persischen Küste benachbarten Inseln, deren nähere Schilderung bei RITTER (a. a. O. S. 455 ff.) und im „Persian Gulf Pilot“[3] nachgelesen werden kann, bestehen nicht aus vulcanischen Massen. Kerak z. B. ist aus Korallenkalk und Sandstein zusammengesetzt, der Korallenkalk scheint aber stark verwittert und erodirt zu sein, was wir mit PELLY hier, wie auf den übrigen Inseln, den doch bisweilen vorkommenden heftigen Regengüssen zuschreiben dürfen.

---

[1] RITTER, Erdkunde. Bd. 12 S. 443 ff.

[2] PELLY im Journal Royal Geogr. Society. Bd. 34 (1864) S. 253.

[3] Persian Gulf Pilot, herausgeg. von CONSTABLE und STIFFE. London 1870.

Am arabischen Ufer sehen wir am Ras Mesandum eine Gruppe sehr zerrissener kleiner Inseln und Klippen. Das Ras (Vorgebirge) Mesandum selbst erhebt sich auf einer Insel, welche nur durch einen ganz schmalen, von hohen Felswänden eingeschlossenen, aber verhältnissmässig tiefen Canal vom festen Lande geschieden ist. KEMPTHORNE hat die Fahrt durch diesen auffälligen Spalt, der „wie durch eine Convulsion entstanden und jene nördliche Vorgebirgsinsel gewaltsam von der arabischen Halbinsel losgesprengt zu haben scheint“,[1] näher beschrieben.[2] Mit Bestimmtheit wird behauptet, dass die Felsmassen dieser Küstenstrecke zum Theil aus Basalt, Phonolith und Obsidian bestehen.[3] LANDGREBE hat noch verschiedene andere Zeugnisse für den vulcanischen Character jener selten besuchten und noch seltener durchforschten Küstenlandschaft gesammelt (a. a. O. Bd. 1 S. 227), die aber zum Theil angezweifelt werden müssen. Die starke Zerrüttung der Küste scheint hier doch ebensosehr ein Werk der Erosion zu sein wie der Contraction der Erdkruste; höchst bemerkenswerth bleibt es, dass RITTER in dieser ganzen Inselwelt vom Ras Mesandum bis zur Insel Bahrein Fjorderscheinungen (auch unter Verwendung des sonst bei RITTER seltenen Wortes Fjord) erkennen will.[4] Jedenfalls ist die Westküste des Persischen Golfes näherer Untersuchung ganz besonders würdig. Die grössere Insel Bahrein soll zwölf englische Meilen vom Nordende eine kleine Gruppe vulcanischer Berge besitzen, Dschebel Dukhan genannt.[5] Die Küsten der Insel sind meist flach. Im nordwestlichen Theil des Persergolfes liegen noch eine ganze Anzahl kleiner, meist niedriger und den Schiffen gefährlicher Inselchen und Bänke; über ihre systematische Stellung lässt sich noch nichts sagen. Die grosse Insel Bubian endlich[6] ist wohl nur als eine Anschwemmungs- oder Aufschüttungsinsel zu betrachten, wie es deren vor den Mündungen aller schlammreichen Flüsse giebt, sie wird als ganz öde und bei Hochwasser überfluthet geschildert. Im Ganzen macht der Persische Golf den Eindruck, als ob die vulcanische Thätigkeit hier schon zu viel grösserer Ruhe

---

[1] RITTER a. a. O. Bd. 12 S. 433 f.

[2] Journal Royal Geogr. Society. Bd. 5 (1835) S. 272.

[3] MAUDE im Asiatic Journal. Bd. 19 (1825) S. 291. WHITELOCK im Journal Royal Geogr. Society. Bd. 8 (1838) S. 182.

[4] Erdkunde. Bd. 12 S. 390 vergl. mit 528. Aus letzterer Stelle geht hervor, dass RITTER die Häufigkeit starker Küstenzerklüftung gegen beide Pole der Erde schon erkannt hatte. Vgl. noch S. 532.

[5] Persian Gulf Pilot. S. 112. Vergl. oben S. 86.

[6] Ebenda S. 139.

gelangt sei als im Rothen Meere, und Erosion sowohl als Anschwemmung schon lange ihren Einfluss auf die Gestaltung der Inseln ungestört ausgeübt hätten.

Die Insel Ceylon wird von den meisten neueren Geographen nicht als ein Zubehör der vorderindischen Halbinsel betrachtet. RITTER jedoch war nicht abgeneigt, die Insel als abgesprengte Gliederung der Plateaumasse Dekhans zu bezeichnen,[1] und Neuere sind zu ihrem Urtheil wohl meist durch die allerdings auffällig von der vorderindischen abweichende Thierwelt der Insel geführt worden. Aber WALLACE sagt wohl, dass Ceylon als zoologische Subregion von Vorderindien abzutrennen sei, er fügt jedoch hinzu, dass die meisten der speciellen Characterzüge der Insel sich bis an die Nilgherries und den ganzen südlichen bergigen Theil Indiens hin erstrecken und dass beide Erdräume — Ceylon und der südlichste Theil Vorderindiens — in eine geographische Provinz vereinigt werden müssen.[2] BLANFORD fasst die Westküste der Halbinsel von Bombay bis Cap Comorin mit dem Berglande Südceylons zu einer Subregion zusammen, die er lieber die Malabarische als die Ceylonesische nennen will.[3] Ausgeschlossen bleiben die centralen Gebirge der Südspitze der Halbinsel, die ganze Coromandelküste mit Ausnahme einiger isolirter Hügelgruppen südwestlich von Madras, endlich die Ebenen, welche den nördlichen Theil Ceylons bilden. Auch geologisch besteht, wie ein Blick auf die von MEDLICOTT und BLANFORD herausgegebene geologische Uebersichtskarte Indiens lehrt, jedenfalls grössere Uebereinstimmung zwischen dem südlich vom 16. Breitengrad belegenen Theile der Halbinsel und Ceylon, als zwischen jenem Gebiete und den angrenzenden nördlichen Strichen. Ceylon wird durch die Palkstrasse von Vorderindien getrennt. Diese Meeresstrasse erreicht nirgends eine Tiefe von 100 F. (183 m) und wird noch durch zwei ganz besonders seichte Streifen ausgezeichnet, welche in der That eine unterseeische Verbindung zwischen Ceylon und Indien herstellen.[4] Fahren wir von Nordost her in die Palkstrasse ein, haben wir die minder bekannte der beiden Verbindungsbrücken vor uns, es ist die Reihe von Bänken und Untiefen, welche sich an Point Calimere (auf der indischen Seite) anschliesst. Nur zwischen den

[1] Erdkunde. Bd. 5 S. 431; Bd. 6 S. 148 u. ö.

[2] WALLACE, Geographische Verbreitung der Thiere. Bd. 1 S. 381 der deutschen Ausgabe.

[3] MEDLICOTT and BLANFORD, Manual of the Geology of India. Calcutta 1879. Bd. 1, Einleitung S. LXV.

[4] Admiralitätskarte No. 68 *a*.

südlichsten Bänken und der Küste Ceylons führt ein für grössere Schiffe einigermaassen brauchbarer Canal hindurch,[1] im engeren Sinne als Palkstrasse bezeichnet. Sandbänke und einzelne aufragende Felsen machen weiter nördlich jede Durchfahrt zu einem höchst gefahrvollen Unternehmen, erst dicht unter der indischen Küste findet sich eine zweite, jedoch weit weniger gute Fahrstrasse. Viel häufiger wird die zweite Querbank, die Adamsbrücke, erwähnt, welche aus einer Folge von grösseren und kleineren Inseln, Klippen und Untiefen besteht. Für Schiffe kommt überhaupt nur eine einzige Fahrstrasse, die Pámbampassage oder der Schlangencanal (von seiner Gestalt so genannt), in Betracht und auch diese ist äusserst eng und seicht. Sie liegt zwischen dem Festlande und der Insel Rameswaram oder Ramiseram und war noch in der ersten Hälfte unseres Jahrhunderts den Schiffen so gut wie unzugänglich, da zwei Klippenreihen allen Verkehr hemmten.[2] Erst 1838 begannen die Arbeiten der Engländer zur Vertiefung des Fahrwassers und Wegräumung der Hindernisse, 1881 war eine Minimaltiefe von 4 m erreicht, so dass kleinere Fahrzeuge passiren können, Dampfer müssen auch jetzt noch den Umweg um Ceylons Südspitze einschlagen. So ist die Insel Ceylon noch jetzt viel enger an den asiatischen Continent geknüpft als Grossbritannien an Europa. In früheren Zeiten scheint aber auch die schmale Trennungsstrasse, wie sie Sim und Ritter beschreiben, nicht vorhanden gewesen zu sein, denn nach den Tempelannalen von Ramiseram hing noch im Anfang des funfzehnten Jahrhunderts Ramiseram mit dem Festlande zusammen; erst um das Jahr 1480 brach ein Sturm die erste Lücke.[3] Spätere Stürme vertieften die entstandene Oeffnung, nach dem dritten blieben alle Versuche, die Lücke wieder zu verschliessen, erfolglos, die trockene Verbindung mit dem Continent war und blieb aufgehoben. Die Bewohner behaupten, dass sich je nach 15—20 Jahren ein neuer verheerender Sturm einstelle. Die Felsriffe aus weichem, sehr leicht verwitterndem Sandstein, welche auf Ramiseram beobachtet werden, setzen sich in ganz gleicher Beschaffenheit auch auf dem Festlande fort und können andererseits über die ganze Adamsbrücke und die Insel Manaar hinweg bis nach Ceylon verfolgt werden. Alle übrigen Durchfahrten, unter denen die Strasse von Manaar zwischen der gleichnamigen Insel und der Küste von Ceylon noch die erwähnenswertheste

[1] Hunter, Imperial Gazetteer of India. London 1881. Bd. 7 S. 268.

[2] Ritter, Erdkunde. Bd. 6 S. 150 ff., dazu Sim im Journal Royal Geogr. Society. Bd. 4 (1834) S. 1 ff. Neuere Angaben bei Hunter, Bd. 7 S. 273 ff.

[3] Ritter a. a. O. S. 155 f.

ist, sind noch seichter und enger als selbst die Pámbampassage und deshalb nur für ganz kleine Fahrzeuge mit Mühe zu gebrauchen.

Haben wir aber in der Adamsbrücke und dem anderen nordöstlichen Querrücken nicht die ersten Anzeichen einer beginnenden Vereinigung Ceylons mit dem Festlande, sondern vielmehr die durch Erosion und Abrasion zerstörten Trümmer einer früheren Verbindung zu erblicken, können wir Ceylon auch nicht den tektonischen Inseln zurechnen, müssen sie vielmehr als Erosionsinsel bezeichnen, die ihr vornehmstes Seitenstück in dem auf ganz ähnliche Weise von Europa getrennten Grossbritannien besitzt.[1]

Im äussersten Süden des Indischen Oceans haben wir noch einige Inseln zu untersuchen, welche weder der Gruppe Madagaskars und seiner Nachbarinseln, noch dem antarktischen Inselring zugezählt werden können, wenn sie auch in ihren Naturverhältnissen mit letzterem schon manche Uebereinstimmung zeigen. Weit südlich von Madagaskar liegt die kleine Gruppe der Prinz Edward- und Marion-Inseln. JAMES CLARKE ROSS hat sie auf seiner Südpolarfahrt gesehen,[2] doch ohne zu landen. Er beschreibt die schwarzen, senkrechten vulcanischen Klippen der Prinz Edward-Insel, die von der Brandung stark angegriffen werden. Mehrere kleine Hügel, ganz Vulcankratern ähnlich und von rother Farbe, wurden bemerkt. Diese Beschreibung wird von der Challengerexpedition völlig bestätigt. Marion Island ist völlig vulcanisch und zeigt die gewöhnlichen Characterzüge älterer vulcanischer Inseln, sagt MOSELEY.[3] Sie erhebt sich bis 1280 m über den Meeresspiegel, Prinz Edward-Insel bis 721 m. Die nächste Gruppe ist die der Crozet-Inseln. Der „Challenger" konnte hier leider nicht landen, doch wissen wir von früheren Expeditionen,[4] dass auch diese Gruppe vulcanisch ist. Sie hat zackige hohe Berge, die auf der Possession-Insel etwa 1500, auf der Ostinsel 900 m erreichen. Unsere Fahrt gegen Osten bringt uns nun nach Kerguelensland, der grössten dieser Inseln des südlichen Indischen Oceans; es umfasst 3414 qkm.[5] Die Karte der Insel[6] zeigt uns zunächst, dass Kerguelensland ein ächtes Fjordgebiet ist, die Formen einzelner Halbinseln

[1] Vgl. Cap. III.

[2] J. CL. ROSS, Voyage to the Southern Seas. London 1847. Bd. 1 S. 45 ff. Zum ersten Male wurden die Inseln schon 1772 gesehen.

[3] Notes by a naturalist on the „Challenger". S. 164.

[4] J. CL. ROSS a. a. O. Bd. 1 S. 48 f. Vgl. auch PETERMANN's Mittheilungen 1858. S. 32.

[5] BEHM und WAGNER, Bevölkerung der Erde. Bd. 7 S. 63.

[6] Zeitschrift der Berliner Gesellschaft für Erdkunde. Bd. 11 (1876) Taf. 1.

erinnern lebhaft an spitzbergische oder schottische Vorbilder, die grössere nordwestliche Halbinsel ist dem nordwestlichen Ausläufer Islands überaus ähnlich. Die ganze Gruppe besteht aus nicht weniger als 130 grösseren und kleineren Inseln und etwa 160 über Wasser befindlichen Felsen und Riffen.[1] Der grösste Theil des Innern ist noch nicht erforscht, in den bisher durchwanderten und untersuchten Küstenlandschaften überwiegen aber vulcanische Gesteine durchaus, und MOSELEY glaubt sicher, dass die ganze Insel sich nicht anders verhält, wenn man von einigen Kohlenlagern absieht.[2] MOSELEY erfuhr von einem amerikanischen Walfänger, Capitän FULLER, und von alten Robbenschlägern auf Tristan d'Acunha, welche Kerguelensland früher besucht hatten, dass im Südwesten der Hauptinsel ein thätiger Vulcan existire mit heissen Quellen in seiner Umgebung. Es wäre natürlich sehr erwünscht, bestimmtere Nachrichten über diesen sonst nicht erwähnten angeblichen Vulcan zu erhalten. Hohe Berge sind zahlreich, der höchste gemessene, Mt. Ross ist 1866 m hoch.

Der „Challenger" besuchte auch die weiter gegen den Südpol vorgeschobene Gruppe der Heard- und Macdonald-Inseln.[3] Letztere ist die kleinere nordwestliche, erstere die weit grössere südöstliche Insel der Gruppe. In der Nähe der Macdonald-Insel liegen noch mehrere kleine sehr steil aufsteigende an den Ailsa Craig Westschottlands erinnernde Klippeninseln, unter denen Meyers Rock bis 135 m aufsteigt. Macdonald-Insel selbst erreicht eine Höhe von 186 m. Der höchste Punkt der Heard-Insel, der Kaiser Wilhelm-Pik mag 1830 m Höhe besitzen. Nur auf Heard-Insel konnte gelandet werden. Ueber die vulcanische Natur dieser Insel kann kein Zweifel bestehen, MOSELEY beobachtete einen verhältnissmässig frischen Lavastrom, der einem zertrümmerten Krater entstammte.[4] Die Reste dieses Kraters bilden jetzt drei seltsam gestaltete Kegelberge, die aus zahlreichen dünnen Schlackenschichten von sehr verschiedener Färbung und unregelmässiger Lagerung bestehen.

Endlich bleibt noch die Kraterinsel St. Paul mit der grösseren Nachbarinsel Neu-Amsterdam kurz zu erwähnen. St. Paul ist in neuerer Zeit besonders von den Geologen der Novara-Expedition,[5]

[1] Zeitschrift der Berliner Gesellschaft für Erdkunde. a. a. O. S. 96.

[2] MOSELEY a. a. O. S. 186 f.

[3] MOSELEY a. a. O. S. 216 ff. Vgl. auch PETERMANN's Mittheilungen 1874. S. 380 u. 461, dazu Taf. 24.

[4] MOSELEY a. a. O. S. 222 f. mit einer Ansicht des Kraters.

[5] Reise der Novara. Geologischer Theil. Bd. 2, Wien 1866, S. 39 ff.

dann wieder von VÉLAIN[1] beschrieben worden, der letztgenannte Forscher hat auch einen Bericht über das minder häufig erwähnte Neu-Amsterdam gegeben. St. Paul besitzt, wie schon HUMBOLDT bemerkte, dieselbe Gestaltung wie Santorin und das früher erwähnte Deception-Island, es ist ein gewaltiger eingestürzter Krater, in dessen Hohlraum die See eingedrungen ist. Der höchste Punkt der Insel wird zu 272m bei VÉLAIN (S. 248) angegeben. HOCHSTETTER unterscheidet drei verschiedene Perioden der vulcanischen Thätigkeit auf St. Paul. Erst der dritten Periode verdankt die Insel ihre heutige überaus characteristische Form. Die vulcanischen Vorgänge sind auf St. Paul noch nicht völlig beendet, MACARTNEY's Gesandtschaftsexpedition nach China, der wir ebenfalls einen für die damalige Zeit vortrefflichen Bericht über unsere Insel verdanken,[2] weiss im Jahre 1793 zu erzählen, dass vier kleine auf den Karten der Insel sehr hervortretende Schlackenkegel nahe am südwestlichen Strande noch heiss waren. In einem Thermometer, das die Engländer in die warme Asche gesteckt hatten, stieg das Quecksilber auf 100° C. Es scheint also, dass jene Nebenkrater erst in neuerer Zeit entstanden sind. Die Novaraleute fanden diese Hügel völlig abgekühlt, dagegen verrathen Ausströmungen von Kohlensäure und heissen Wasserdämpfen, ferner warme Quellen und die zahlreichen erhitzten Bodenstellen, welche die Karten und Profile des Novarawerkes und bei VÉLAIN andeuten, dass die Insel von völliger Ruhe und Abkühlung noch weit entfernt ist. Die Ausbruchstellen der heissen Dämpfe wechseln ziemlich rasch, wie die versengte Vegetation und die Massen getödteter Kellerasseln — dieser zahlreichsten Bewohner von St. Paul — an einzelnen Durchbruchspunkten andeuteten. Wenn wir den noch nicht genügend sichergestellten Vulcan auf Kerguelensland unberücksichtigt lassen, ist St. Paul jedenfalls unter den zuletzt besprochenen Inselgruppen und Einzelinseln diejenige, auf der die vulcanische Thätigkeit noch am lebhaftesten sich entfaltet. Die Insel Neu-Amsterdam, deren höchster Punkt 882 m erreicht, ist gleichfalls völlig aus vulcanischen Felsarten zusammengesetzt, besitzt aber eine ganz andere Gestalt als St. Paul.[3] Statt eines mächtigen Hauptkraters sehen wir hier eine grössere Anzahl kleinerer, welche einen riesigen aber unregelmässigen Kegelberg aufgeschüttet haben. Die Form der Insel, wie sie VÉLAIN's

[1] VÉLAIN, Déscription géologique de la presqu'île d'Aden, de l'île de la Réunion, des îles St. Paul et Amsterdam. Paris 1878. S. 215 ff.

[2] G. STAUNTON, An authentic account of an embassy from the king of Great Britain to the Emperor of China. London 1797. Bd. 1 S. 203 ff.

[3] VÉLAIN a. a. O. S. 332 ff., besonders 342 f.

Tafel 26 darstellt, zeigt aber, dass einst auch hier ein Hauptkrater vorhanden war, dessen Trümmer noch jetzt die höchsten Punkte der Insel enthalten. Neu-Amsterdam scheint völlig erloschen, selbst solche Reste der früheren Thätigkeit, wie sie auf St. Paul noch bestehen, wurden hier nicht wahrgenommen.

Peschel glaubte, dass im südlichen Indischen Ocean die Vertheilung von Wasser und Land einst eine ganz andere gewesen sein müsse, da versteinerte Pflanzenreste für das Vorhandensein von Waldungen auf Kerguelensland sprächen.[1] Auch Moseley erwähnt jene fossilen Baumstämme und erinnert daran, dass schon Hooker zu der Annahme grösserer jetzt zerstörter Landmassen, deren sparsame Reste wir jetzt in Neu-Amsterdam und St. Paul sowie in der Reihe der südlicheren Gruppen zu erblicken hätten, geführt wurde. Moseley fügt hinzu, dass alle jene Inseln auf einem gemeinschaftlichen unterseeischen Plateau liegen.[2] Aber dieses Plateau ist doch immerhin noch ansehnlich tief (2600—3500 m), und nur in unmittelbarer Nähe der einzelnen Gruppen steigt der Meeresboden rascher an. Höchstens kann man zugeben, dass Kerguelensland und die Heardgruppe auf ein und derselben Bank liegen.[3] Nachdem jetzt Lemuria und wohl auch der mythische, im Stillen Meere versunkene, Continent beseitigt sind, können wir unmöglich eine ähnliche Hypothese im südlichsten Theile des Indischen Meeres wieder aufleben lassen. Wenn dort eine Zerstörung von Landmassen in grösserem Maassstabe wirklich stattgefunden haben sollte, ist das in einer Zeit geschehen, welche dem Forschungsfelde der Geographie entzogen bleibt. Vorsichtiger ist es jedenfalls, das Vorkommen von Vulcaninseln in so grosser Entfernung von jedem Festlande durch Faltungen des Meeresbodens zu erklären, welche diesem keineswegs ganz abgehen, wenn sie auch nicht die Mächtigkeit der Contractionsfalten des Festlandes erreichen. An der Innenseite solcher Falten, deren genauere Niederlegung auf unseren Karten eine viel grössere Anzahl von Lothungen erfordern würde, als wir bis jetzt besitzen, können dann vulcanische Vorgänge auftreten. Dauern dieselben noch fort, mögen wir daraus entnehmen, dass die Bewegung der neuesten Zeit angehört, vielleicht noch im Gange ist,[4] sind sie aber im Erlöschen begriffen, müssen auch die Veränderungen in der Erdkruste, der die vulcanischen Phänomene

[1] Neue Probleme. S. 39. 40.

[2] Moseley a. a. O. S. 169 f.

[3] Vgl. Krümmel's Karte in Zeitschrift für wissensch. Geogr. Bd. 2 Taf. 2.

[4] Man sollte in dieser Hinsicht die zerstreuten Berichte über wahrgenommene Seebeben sammeln und ordnen.

ihre Entstehung verdankten, schon weiter zurückliegen. Dieser Fall ist offenbar bei den zuletzt besprochenen Inselgruppen anzunehmen, wie es überhaupt Regel zu sein scheint, dass die von den Rändern der Continente sehr weit entfernten Inselvulcane eine geringere Thätigkeit entfalten und früher zur Ruhe gelangen als diejenigen, welche jenen Rändern selbst angehören oder ihnen doch nahe liegen.

Von den Inselgruppen der Südsee ist zum Theil schon früher die Rede gewesen; wir zogen Neuguinea, die Salomon-Inseln, die Neuen Hebriden, Neucaledonien und Neuseeland noch zu jenem grossen Gebiet tektonischer Inseln, welches Asien und Australien im Osten und Südosten begrenzt. Unter den übrigen zahlreichen Gruppen bemerken wir hohe, vielfach vulcanische Inseln neben niedrigen, meist wenig umfangreichen Koralleneilanden. Die beiden Typen sind räumlich nicht getrennt, es werden vielfach hohe Inseln von kleinen Korallenbauwerken umgeben und wiederum ragen in Inselfluren, welche ganz den Korallen zu gehören scheinen, doch einige Felsspitzen empor, welche entschieden vulcanischen Character tragen. Allen Gruppen ist eine mittlere Streichungsrichtung von Nordwesten nach Südosten gemeinsam. Man hat lange angenommen, dass hier ein umfangreicher Continent versunken sei oder noch jetzt tiefer sinke, dessen höchste Spitzen uns in jenen Inselgruppen noch sichtbar seien. Die Koralleninseln auch dieses Meeres können erst im letzten Capitel eingehender besprochen werden, gleich hier sei aber bemerkt, dass wir nicht geneigt sind, zwischen den Korallenbauten und den hohen vulcanischen Inseln der Südsee eine so scharfe Scheidewand aufzurichten, wie das früher wohl üblich war. Die Koralleninseln sind auch nichts anderes, als ursprünglich unterseeische Berge, welche zunächst durch thierische Thätigkeit bis nahe an die Wasserlinie, dann durch Winde und Strömungen, welche ihnen organische und anorganische Trümmer aller Art zuführten, noch etwas über dieselbe erhöht wurden.

Quer durch den grossen Ocean zieht sich von Nordwesten nach Südosten eine Kette von Archipelen, welche sämmtlich nur ganz ausnahmsweise höhere nicht von Korallen erbaute Inseln enthalten. Diese Reihe beginnt im Nordwesten mit den Palau-Inseln, welche neben niedrigen von weiten Riffen eingeschlossenen Inselchen auch einige verhältnissmässig hohe Kalkinseln, sowie aus vulcanischen Gesteinen bestehende Eilande aufzuweisen haben.[1] Dann folgen die

---

[1] Semper, Zeitschrift für wissensch. Zoologie. Bd. 13 (1860) S. 558. Meinicke, Inseln des Stillen Oceans. Leipzig 1876. Bd. 2 S. 363. Die vulcanische Insel Baobelthaop erreicht sogar eine Höhe von 650 m.

Karolinen, eine weitausgedehnte dem Archipel der Niedrigen Inseln vielfach ähnliche Gruppe. Hohe Inseln finden sich nur wenige, unter denen namentlich Puynipet oder Ponape, das Berge von 8—900 m Höhe enthält, zu nennen ist. Sie ist vulcanischer Natur, grosse Basaltquadern bilden die Wälle der alten Befestigungswerke, welche einst wegen ihrer theilweisen Wasserbedeckung überall als Beweisstück der fortschreitenden Senkung angeführt wurden. Es ist wenig wahrscheinlich, dass man dieses Gestein von anderen Inseln geholt hat; die vulcanische Natur der Berge von Ponape wird aber auch sonst bezeugt.[1] Ausser Ponape werden noch Eap, das riffumgebene Ruk und Walan oder Kusaie als alte Vulcangerüste genannt, alle übrigen sind niedrige Korallenbauten. Die beiden nun folgenden Archipele der Marshall- und Gilbertinseln sind von hohen Inseln völlig frei, sie bestehen nur aus Lagunengruppen oder flachen von Riffen umgebenen Koralleninseln.[2] Es folgen die drei Gruppen der Lagunen-, Tokelau- und Penrhyn-Inseln, sämmtlich, wie Meinicke eingehend nachgewiesen hat, ganz niedrige Korallenbauten.[3] Den Beschluss dieser Reihe niedriger Inseln bildet endlich die sehr ausgedehnte „Inselwolke" der Paumotu-Inseln, welche auch bisweilen als „Niedrige Inseln", „Perleninseln" oder „Gefährliche Inseln" angeführt werden. Die grosse Mehrzahl ist niedrig und von ganz geringem Umfang; eine Ausnahme bilden aber zunächst Makatea und Elizabeth, welche zwar gleichfalls Korallenbildungen sind, aber offenbar eine nachträgliche starke Hebung erlitten haben, während neue Riffe an den Ufern gebildet werden.[4] Elizabeth (No. 2 in Meinicke's Liste der Inseln) ist gegen 24 m, Makatea (No. 87) 40 m hoch. Noch abweichender sind Mangarewa und Pitcairn gebildet. Mangarewa (No. 7), auch wohl als Gambiersgruppe mit kleinen Nachbarinseln zusammengefasst und als solche von Darwin u. A. abgebildet, ist von einem weiten Riffkranz umgeben und besitzt vulcanische Berge, die bis 401 m ansteigen.[5] Ein eigentlicher Krater ist nicht vorhanden. Drei benachbarte, von demselben Riff mit umschlossene Inseln haben offenbar gleiche Beschaffenheit, es liegt der Verdacht nahe, dass

[1] Reise der Novara. Bd. 2 S. 398. 421. Meinicke a. a. O. Bd. 2 S. 350.

[2] Meinicke a. a. O. Bd. 2 S. 317, und Zeitschrift für allgemeine Erdkunde. Neue Folge. Bd. 15 S. 375 u. 385.

[3] Meinicke in Zeitschrift der Berliner Gesellschaft für Erdkunde. Bd. 3 (1868) S. 112 ff. Inseln des Stillen Oceans. Bd. 2 S. 127. 131. 358.

[4] Meinicke in derselben Zeitschrift. Bd. 5 (1870) S. 342 u. 346, dann 392. Inseln des Stillen Oceans. Bd. 2 S. 200 ff.

[5] Ebenda S. 350. Inseln. Bd. 2 S. 221.

diese Inseln (Aokena, Tarawai, Akamaru) mit Mangarewa zusammen nur Trümmer einer einzigen grösseren Insel sind, deren Centralkrater vom Meere erfüllt wird. Pitcairn endlich (No. 3), die wahrscheinlich am häufigsten erwähnte aller Inseln des Archipels, steigt ohne alle Korallenriffe sehr steil aus tiefem Meere auf, der höchste Punkt, Lookout-Ridge genannt, erreicht 338 m. Die Berge bestehen meist aus dunkler, basaltischer Lava, auch hier findet sich kein eigentlicher Krater.[1] Neben dem vulcanischen Gestein wird aber noch ein gelblicher, eisenhaltiger Sandstein erwähnt. Schon Waldegrave hatte als Grundgestein der Insel Sandstein bezeichnet,[2] eine nähere Untersuchung dieses interessanten Vorkommens wäre sehr erwünscht.

Fast 20 Längengrade östlich von der letzten Insel der Tuamotu-Gruppe liegt die einsame Osterinsel oder Rapanui.[3] Sie ist durchaus vulkanisch und enthält eine Anzahl sehr deutlicher Krater, es scheint aber nicht, dass in neuerer Zeit Eruptionen stattfanden. Die Küsten der Insel sind fast durchweg steil, der höchste Punkt erreicht 403 m. Noch weiter gegen Osten finden wir die Klippe Sala y Gomez,[4] welche jedenfalls keine Aehnlichkeit mit den Koralleninseln besitzt, vielmehr ein Trümmerstück eines alten Eruptivgesteines, ähnlich dem St. Pauls-Felsen im Atlantischen Meer zu sein scheint.

Zahlreichere Beispiele hoher, meist vulcanischer Inseln bieten uns die noch nicht betrachteten Räume der Südsee im Nordosten und Südwesten der eben durchwanderten Centralzone. Im Norden der Karolinen und der Marshallinseln fallen uns zunächst die sehr ausgedehnten Ketten der Ladronen und der Bonininseln auf, welche eine Verbindung mit Japan herstellen. Den im Osten durch die genannten Inselketten abgegrenzten Meerestheil könnte man noch mit einigem Recht den früher besprochenen ostasiatischen Randmeeren und Golfen zurechnen. Die Inseln selbst zeigen grosse Uebereinstimmung mit der Kette der Kurilen. Die Boningruppe, nach Rein[5] richtiger als Munin- d. h. menschenleere Inseln zu bezeichnen, ist entschieden vulcanisch. Auf Cook's dritter Reise[6] wurde auf einer der Inseln

---

[1] Meinicke a. a. O. S. 347 f. Inseln. Bd. 2 S. 226.

[2] Journal Royal Geogr. Society. Bd. 3 (1833) S. 157.

[3] Linton Palmer in derselben Zeitschrift. Bd. 40 (1870) S. 167 ff. mit einer Uebersichtskarte, welche die Krater zeigt.

[4] A. v. Chamisso in Kotzebue's Entdeckungsreise nach der Südsee und der Beringstrasse. Weimar 1821. Bd. 3 S. 141 f.

[5] Japan. Bd. 1 S. 4 u. 615.

[6] Cook's Dritte Entdeckungsreise in das Stille Meer, deutsch von G. Forster. Berlin 1788. Bd. 2 S. 478 f.

ein Pik mit deutlichem Krater wahrgenommen, das umgebende Meer war weithin mit Bimstein bedeckt. KRUSENSTERN meint,[1] dass auf den Inseln zwischen Japan und den Ladronen im Ganzen 7 Vulcane vorkommen, die aber nicht mehr sämmtlich thätig sind.[2] Häufiger werden die Ladronen oder Marianen erwähnt. Die Inseln der nördlichen Hälfte sind durchaus vulcanisch und enthalten selbst mehrere thätige Feuerberge. Die Höhe von 800 m wird erreicht. In der südlichen Hälfte fehlt es zwar auch nicht an vulcanischen Massen, aber sie treten doch gegen den gehobenen Madreporenkalkstein zurück. Thätige Vulcane sind hier, wie es scheint, jetzt nicht vorhanden, auch sind diese Inseln weniger hoch.[3] Schon PESCHEL hatte die Curvenform der Inselreihe der Ladronen in seiner Uebersicht hervorgehoben. Ueber Erderschütterungen liegen mehrfache Berichte von diesen Gruppen vor. Oestlich von den Bonininseln geben die Karten den grossen Anson-Archipel an. Die meisten Inseln desselben sind selbst ihrer Lage nach noch nicht ganz sichergestellt, wahrscheinlich sind unter ihnen auch vulcanische Klippen enthalten. Sobald wir den 180. Längengrad überschreiten, kommen wir in das Gebiet der Sandwichs-Inseln. Diese grosse und wichtige Gruppe besitzt die Eigenthümlichkeit, dass ihre Inseln von Nordwesten gegen Südosten immer mehr an Grösse und im Ganzen auch an Höhe zunehmen. Im äussersten Nordwesten giebt es nur kleine dürftige Klippen und Sandinseln. Dahin gehört die Insel Lisiansky, eine niedrige Sandinsel von dreieckiger Gestalt, die Guanoinsel Laysan, der unersteigliche, möglicherweise vulcanische Felsen von Gardner Island, der 50—60 m Höhe erreicht, und die noch höhere (80—90 m) Klippe Necker Island.[4] Zwischen diesen Inseln scheinen auch noch einige ringförmige Koralleninseln zu liegen, DARWIN erwähnt Ocean Island als Atoll von bedeutender Grösse, es enthält nur wenige kleine Inseln.[5] Die grösseren Inseln beginnen mit Nihoa oder Bird Island, einem kahlen Doppelfelsen von 163 m Höhe, dann folgen bald Kauai und Niihau, welche noch von mehreren kleinen Felseilanden begleitet sind. Kauai ist nach FRANCIS BIRGHAM's Schilderung[6] eine reichgegliederte,

[1] KRUSENSTERN, Reise. Petersburg 1811. Bd. 2 S. 275 ff.

[2] Näheres bei MEINICKE, Inseln des Stillen Oceans. Bd. 2 S. 411 ff. Ueber den Vulcan auf Farallon o Fortuna daselbst S. 416.

[3] LANDGREBE, Naturgeschichte der Vulcane. Bd. 1 S. 348 f. MEINICKE a. a. O. Bd. 2 S. 387 ff.

[4] PETERMANN's Mittheilungen 1857. S. 528.

[5] DARWIN, Korallenriffe. S. 159 f. der deutschen Ausgabe.

[6] PETERMANN's Mittheilungen 1878. S. 264 ff. und Tafel 15.

wahrscheinlich 1000 m Höhe erreichende Insel. Der alte Vulcan Waialeale nimmt den grössten Theil der Insel ein, er ist aber erloschen, seine rothe Lava ist zu fruchtbarer Erde geworden, häufige Erdbeben kommen aber noch vor. BIRGHAM betrachtet Kauai als die geologisch älteste Insel des ganzen Archipels. Niihau besteht zum grössten Theil aus einer flachen Ebene von Sand und Korallenfels, durch welche aber an manchen Stellen schwarze Lavaspitzen durchbrechen.[1] Auch das einzige gegen 450 m hohe Gebirge der Insel ist vulcanisch, Krater sind aber hier nicht vorhanden, wohl aber findet sich ein längst erloschener am Südwestende der Insel. Von den beiden Nachbarinseln Niihaus ist die nördliche, Lehua, ein Tuffkegel mit ganz zerstörtem Krater, in welchen das Meer eingedrungen ist, Kaula die südlichere, besitzt in der Mitte eines Tuffkegels einen besser erhaltenen Krater. Es folgt nun die bekannte Insel Oahu, auf welcher die Hauptstadt Honolulu liegt. Die beiden parallelen Bergketten, deren Anordnung viel Aehnlichkeit mit den Gebirgen einzelner tektonischer Inseln des Mittelmeeres und Westindiens zeigt (Maximalhöhe 1186 m), bestehen zwar meist aus Lava, haben aber keine Krater, solche finden sich nur am Nordabhang der nördlichen Kette nahe an der Küste, zum Theil auf vorliegenden Küsteninseln und ausserdem in der grossen Ebene, welche die Hauptstadt umgiebt.[2] Auch auf Oahu sind in neuerer Zeit keine Eruptionen vorgekommen. Die zunächst folgenden Inseln Molokai, Maui, Lanai und Kahulani sind offenbar nur Theile einer zerstörten grösseren Insel. Molokai erreicht gegen 1000, Maui 3114, Lanai gegen 700, Kahulani dagegen nur 70 m Höhe. Alle diese Inseln, ebenso wie der zwischen Maui und Kahulani gelegene Fels Molokini sind vulcanisch, doch ohne Zeichen neuerer Thätigkeit und selbst ohne heisse Quellen, die überhaupt, wie MEINICKE bemerkt, allen Inseln der Gruppe ausser Hawaii gänzlich fehlen. Auf der grösseren südöstlichen Partie der Insel Maui, welche mit dem kleineren nordwestlichen Theile nur durch einen niedrigen Isthmus zusammenhängt, müssen aber die vulcanischen Vorgänge viel länger fortgedauert haben als dort. Es macht sich hier schon die Annäherung an das auch heute noch nicht erloschene Hawaii geltend. Diese letzte Insel endlich, bei Weitem die grösste der ganzen Gruppe, zeigt im Innern ein grosses Hochland von über 1000 m Höhe (MEINICKE, Peterm. Mitth. 1874, S. 214), das ganz aus

[1] BIRGHAM a. a. O. S. 229. MEINICKE a. a. O. Bd. 2 S. 289.

[2] Näheres bei MEINICKE in PETERMANN's Mittheilungen 1874, S. 211, und Inseln. Bd. 2 S. 285 f.

vulcanischen Massen besteht. Diesem Hochlande sind nun die drei bekannten Vulcane Mauna Kea, Mauna Loa und Hualalai aufgesetzt, unter denen der Mauna Kea nach WILKES die für eine so weit von grösseren Landmassen entfernte Insel ganz ausserordentliche Höhe von 4253 m erreicht, hinter den Gipfeln der Alpen also nicht weit zurückbleibt. Der Mauna Kea scheint erloschen; der Hualalai hatte 1801 noch einen grossen Ausbruch. Noch weit von völliger Ruhe ist aber der dritte Vulcan, der Mauna Loa entfernt, dessen Lavaströme noch in unserem Jahrhundert mehrmals das Meer erreicht haben. Oestlich vom Mauna Loa, vielleicht nur als ein tiefer liegender Seitenkrater dieses Vulcans zu betrachten, liegt der berühmte Kilauea, der nicht als Feuerberg, sondern nur als ein einziger ungeheuerer Krater aufzufassen ist (MEINICKE a. a. O. S. 217). Die Eruptionsproducte flossen so reichlich, dass eine ausgedehnte Hochebene aufgeschüttet wurde, die den Krater nun umgiebt. Wie die Sandwichsinseln durch ihre Höhe alle anderen Inselgruppen Polynesiens weit überragen, ist auch die Heftigkeit und Häufigkeit der vulcanischen Ausbrüche hier viel bedeutender als auf irgend einer anderen noch brennenden Insel der Südsee. Es ist auch gewiss nicht zufällig, dass wir diese grossartigen, auch in anderen Vulcangebieten kaum übertroffenen Erscheinungen gerade da finden, wo die Sandwichgruppe mit der grössten und höchsten Insel plötzlich abbricht und ein tiefer inselleerer Meerestheil beginnt. Genauere Untersuchungen werden gewiss noch zahlreiche Bruchlinien in diesem Archipel nachweisen. Die vulcanischen Bergmassen brechen oft ganz unvermittelt mit schroffen Wänden ab, wie namentlich auf Molokai zu beobachten ist.

Zwischen der Gruppe der Hawaii-Inseln und den Tokelau, Penrhyn und Paumotu-Inseln liegen noch die selten erwähnten Gruppen, welche man theils als Centralpolynesische Sporaden, theils als Phönix-Inseln zusammenzufassen pflegt. Die erstgenannte Gruppe gehört noch jetzt wie vor einem Vierteljahrhundert zu den am wenigsten bekannten Gebieten der Weltmeere.[1] Die wichtigsten Inseln der Gruppe sind Christmas, Fanning und Palmyra, denen sich Malden und Starbuck südlich vom Aequator anschliessen, alle sind niedrige Koralleneilande. Gleiches gilt von den übrigen noch geringfügigeren Inselchen sowie von der Phönixgruppe, welche der Südpolfahrer WILKES näher beschrieben hat.[2]

---

[1] PETERMANN's Mittheilungen 1859. S. 174 ff. Sämmtliche Inseln dieser Gruppen sind hier eingehend besprochen.

[2] WILKES, Narrative of the U. S. Exploring Expedition. Philadelphia 1845. Bd. 5 S. 5 ff. Vgl. auch PETERMANN's Mittheilungen 1859, S. 180 f., und 1871, S. 313.

Die Marquesas endlich sind hohe aus tiefem Meer aufsteigende Vulcaninseln (höchster Punkt auf Hiwaoa 1600 m), besitzen indessen jetzt keinen thätigen Vulcan. Die Umrisse der einzelnen Inseln haben mit denen der Sandwichs grosse Aehnlichkeit, auch hier zeigen sich schroffe unvermittelte Uebergänge von hohem Gebirgsland zu tiefem Meer.

Im Südwesten der zuerst betrachteten Reihe von Inselgruppen sind zunächst die Gesellschafts-Inseln zu erwähnen, welche hinlänglich oft geschildert worden sind. Die Doppelinsel Tahiti bietet ein merkwürdiges Seitenstück zur Insel Maui der Sandwichs-Gruppe dar, ebenso lässt sich Eimeo wohl mit Kauai vergleichen. Die Inseln erreichen ansehnliche Höhe; der höchste Punkt auf Gross-Tahiti erreicht 2336 m. Neben den grösseren, hohen Inseln giebt es aber auch kleine Koralleninseln.[1] Auch hier ruht die vulcanische Thätigkeit, selbst Erdbeben werden nicht häufig bemerkt.

Die Inseln der Tubuai-Gruppe besitzen sehr verschiedenen Character. Neben Koralleninseln finden sich auch einzelne höhere, vulcanische Bruchstücke, unter denen Oparo oder Rapa die wichtigste Insel ist. Vancouver beschrieb diese Insel als aus einer Gruppe hoher zerrissener Berge bestehend, die an manchen Stellen „höchst merkwürdige Nadeln mit fast vom Gipfel bis zum Meer senkrecht abfallenden Wänden bilden“.[2] Neuere Nachrichten bestätigen den vulcanischen Character der Insel, erwähnen eine ungeheuere, in der Mitte der Insel stehende, Felsmasse, durch welche ein natürlicher Tunnel hindurchführt, fügen aber auch hinzu, dass sich ein Kohlenlager von mittelmässiger Güte vorfinde.[3] Die kleine Karte in Stieler's Handatlas (Blatt 77) zeigt stark gegliederte Bergmassen, der höchste Punkt wird mit 622 m angegeben. Raiwawai und Tubuai sind von ganz ähnlicher Beschaffenheit. Unter den Inseln des westlich angrenzenden Archipels der Cooks-Inseln ist nur Rarotonga durch hohe Berge vulcanischen Ursprungs ausgezeichnet, die sich angeblich bis 890 m erheben. Von neuerer Thätigkeit wird hier so wenig wie in den zuletzt genannten Gruppen etwas erwähnt. Auch einige der übrigen Inseln sind wenigstens nicht ganz flach, auf Aitutaki erhebt sich der Madreporenkalk zur Höhe von 125 m.

Lebhaftere vulcanische Thätigkeit finden wir noch auf den Samoa-Inseln. Es fällt auf, dass auch hier, ähnlich wie bei den Sandwichs-Inseln, die einzelnen Inseln regelmässig an Grösse ab-

[1] Darwin, Korallenriffe. S. 151 der deutschen Ausgabe.
[2] Petermann's Mittheilungen 1867. S. 457.
[3] Ebenda 1868. S. 231. Meinicke, Inseln. Bd. 2 S. 196.

nehmen, nur liegt hier die grösste Landmasse im Nordwesten. Es ist Savaii, eine der grössten Inseln des ganzen Gebietes. Ihre Berge erreichen 12—1300 m Höhe, und sind durchaus vulcanischen Characters, wie denn die ganze Reihe als eine Kette erloschener Vulcane bezeichnet werden kann. Die Küsten fallen überall schroff ab, die trennenden Meeresstrassen sind aber wie gewöhnlich in ähnlichen tektonischen Archipelen von Riffen, Untiefen und anderen Schiffahrtshindernissen sehr frei.[1] Zwischen Savaii und der nächsten Insel Upolu erhebt sich die kleinere Insel Apolima, es ist der 144 m hohe Krater eines erloschenen Vulcans und so steil, dass die Landung nicht möglich ist. Upolu ist fast seiner ganzen Länge nach von vulcanischen Bergmassen durchzogen, die Karte zeigt verschiedene alte Krater. Vulcanisch sind auch Tutuila und Manua. In der Nähe der letztgenannten Inseln ist es noch vor wenigen Jahren zu einem jener unterseeischen Ausbrüche gekommen, wie sie sich mehrfach in der Südsee ereignet haben.[2] Am 12. September 1866 wurden zwischen Manua und Olosenga, einer kleinen Nachbarinsel, ungewöhnliche Meeresbewegungen wahrgenommen und am nächsten Tage zeigten sich ganz unzweifelhafte vulcanische Ausbrüche, die sich oft wiederholten, so dass man am 15. September schon 50 in einer Stunde zählte.[3] Während der nächsten drei Tage bildete sich eine aus Schlamm, Lava (?) und dichtem Rauch bestehende Säule, die wir uns gewiss der bekannten von K. v. Seebach abgebildeten Eruptionstrombe von Santorin ähnlich zu denken haben. Sie erreichte eine sehr bedeutende Höhe, doch ist der angegebene Werth von 600 m nur eine Schätzung. Flammen erschienen nicht, ebensowenig kam es zur Bildung einer neuen Insel. Die Eingeborenen besitzen keine Tradition oder Erinnerung an ähnliche Ereignisse aus früherer Zeit, man darf also vielleicht annehmen, dass dem Ausbruch von 1866 eine ziemlich lange Periode der Ruhe vorausging.

Die Tonga-Inseln enthalten auf Late, Tofua und Fonualei noch thätige Vulcane,[4] Tofua ist 854 m hoch. Ein erloschener Vulcan ist auch auf dem benachbarten Kao, der höchsten Insel der ganzen Gruppe (1524 m).[5] Die übrigen sind unvulcanisch, erheben sich aber

[1] Freundschaftsvertrag zwischen dem Deutschen Reiche und Samoa. S. 203 der begleitenden Aktenstücke. Vgl. die dazugehörige Tafel 3.

[2] Nahe an der Nordostküste Neubritanniens ist im Februar 1878 sogar eine neue 21 m hohe Insel mit Krater entstanden, vgl. Freundschaftsvertrag, Karte 7.

[3] Petermann's Mittheilungen 1867. S. 347.

[4] Freundschaftsvertrag etc. Karte 2.

[5] Meinicke, Inseln. Bd. 2 S. 71 f.

theilweise doch einige Hundert Meter über den Meeresspiegel. Die Fidschi- oder richtiger Viti-Inseln wiederum scheinen jetzt zu ruhen, nur zahlreiche heisse Quellen sowie die deutlichen Krater der alten Feuerberge erinnern noch an die Vergangenheit. Auch die Viti-Gruppe[1] zeigt uns die bekannten Eigenthümlichkeiten tektonischer Inseln: Reichthum an langgestreckten Halbinseln (Vanua Levu), und überhaupt grosse Zersplitterung der Landmassen, verhältnissmässig grosse Höhe auch vieler kleiner Inseln,[2] sehr schroffe Küstenabfälle gegen ein rasch bedeutende Tiefen erreichendes Meer, reihenförmige Anordnung der Inseln (Asauareihe, Reihe von Central-Viti, mehrfache an die griechischen Inseln erinnernde Reihen im östlichen Theil der Gruppe), endlich Spuren vulcanischer Vorgänge. Die Korallen, welche sich auf den Spitzen der minder hoch aufsteigenden submarinen Berge angesiedelt und auf diese Weise Riffe und Inseln geschaffen haben, machen das ganze Bild noch zu einem besonders mannichfaltigen. Nördlich von den Viti liegt noch die keiner grösseren Gruppe zugerechnete Insel Rotumah. Sie ist vulcanisch und besteht auffälligerweise wiederum aus zwei durch einen flachen Isthmus verbundenen Bergkuppen, ähnelt also Tahiti und Maui.[3]

Neuseeland haben wir dem grossen ostasiatisch-australischen Inselgürtel zugerechnet, die kleinen Inseln, welche sich im Norden, Osten und Süden der Hauptinseln noch finden, kann man entweder als Anhängsel Neuseelands oder aber, da sie doch schon manche Verschiedenheiten zeigen, als ganz isolirte Gruppen wie St. Paul oder die Osterinsel betrachten. Sie verdienen sämmtlich eine neue, gründliche Untersuchung, doch steht schon jetzt fest, dass sie durchweg tektonische Inseln sind. Die Kermadec- oder Kermandek-Inseln werden auf DARWIN's Karte als vulcanisch bezeichnet, sind aber sonst sehr wenig bekannt.[4] Warekauri oder Chatham zeigt zwar nach DIEFFENBACH's genauer Beschreibung ganze Reihen kleiner vulcanischer Kegel, daneben fehlen aber auch einzelne sedimentäre Schichten keineswegs, namentlich wird ein grüner Schiefer (green slate of a very firm texture, containing much quartz) erwähnt.[5] Dieses

[1] PETERMANN's Mittheilungen 1869. Tafel 4.

[2] Mbuke Levu auf Kantavu 792 m, Vanua Levu über 700 m, Viti Levu bis 1220 m.

[3] MEINICKE, Inseln. Bd. 2 S. 52.

[4] Ihre vulcanische Natur ist neuerdings von MOSELEY (Notes by a Naturalist on the „Challenger", S. 280) bestätigt worden. Vgl. MEINICKE, Inseln. Bd. 1 S. 342.

[5] Journal Royal Geogr. Society. Bd. 11 (1841) S. 201.

Gestein ist durch die vulcanischen Kegel durchbrochen worden. Das Vorkommen sedimentärer Schichten ist überhaupt für die Neuseeland umgebenden Inselbruchstücke characteristisch; wenn aber DIEFFENBACH bemerkt, dass Warekauri geologisch gesprochen nur einen Theil von Neuseeland bilde, so muss ein etwaiger Landzusammenhang in eine sehr frühe Zeit zurückverlegt werden. Uebrigens scheint auch die Thätigkeit jener kleinen Vulcane auf Warekauri schon längst völlig erloschen zu sein; jetzt sind selbst locale Erdbeben selten.

Die übrigen hier kurz zu erwähnenden Inseln sind von MEINICKE beschrieben worden.[1] Bounty bildet nur eine Gruppe nackter Felsen, die höchst auffälligerweise aus Granit bestehen sollen. Die Antipoden-Insel, die aber eigentlich eine Inselgruppe ist, ist dagegen durchaus vulcanisch, Schlacken und vulcanische Asche, ferner Dolerit und Phonolith konnten nachgewiesen werden. Campbell-Island (bis 488 m hoch) zeigt wiederum sedimentäre Schichten und zwar namentlich einen älteren Sandstein und sogar Gesteine der Kreideformation; basaltische und doleritische Massen haben sich aber auch hier Bahn gebrochen.

Eine höchst mannichfaltige Zusammensetzung besitzt die auch durch ihre Fjorderscheinungen merkwürdige Auckland-Insel. Man hatte sie früher für völlig vulcanisch gehalten, jetzt zeigt sich aber, dass neben verschiedenen vulcanischen Bildungen auch andere Gesteine, darunter sogar ein tertiärer Sandstein mit Kohlenspuren vorhanden sind, er wird von den jüngeren vulcanischen Schichten überlagert. Die Insel ist durchaus bergig, der von MUSGRAVE, dem Robinson der Auckland-Inseln, benannte Giants Tomb erreicht 549 m. Die kleine, schon bis zum 55. Breitengrad vorgeschobene Macquariegruppe ist der letzte Vorposten gegen Süden, sie besitzt Berge von 400—500 m Höhe und darf auch als eine altvulcanische Gruppe betrachtet werden.[2] Alle diese Inseln waren offenbar früher heftigerer vulcanischer Thätigkeit unterworfen, die Abnahme derselben scheint ein ziemlich grosses Gebiet zu umfassen, da nach HOCHSTETTER auch Neuseelands unterseeische Kräfte sichtlich im Absterben und Erlöschen begriffen sind.[3]

Ueberblicken wir jetzt noch einmal das weite Gebiet der Südsee, bevor wir uns den sparsamen Inselgruppen zuwenden, welche Amerika's Westrand begleiten. Wir sahen, dass sich die vulcanische

[1] PETERMANN's Mittheilungen 1872. S. 222 ff.

[2] MEINICKE, Inseln. Bd. 1 S. 352.

[3] F. v. HOCHSTETTER, Neuseeland. Stuttgart 1863. S. 42.

Thätigkeit in neuerer Zeit auf wenige Punkte beschränkt. Nur noch die Samoa-, Tonga- und Sandwichs-Inseln enthalten thätige Vulcane, ausserdem aber sind wahrscheinlich noch mehrere unterseeische Eruptionspunkte vorhanden. Südlich von den Tonga-Inseln ist der Meeresboden ganz mit Bimsteintrümmern überdeckt, und wenn diese auch zum Theil von überseeischen Vulcanen herrühren und durch Strömungen an ihre Fundstelle gebracht sein mögen, so sind doch gerade aus dem südlichen Theile der Südsee Fälle bekannt, in denen es sich zweifellos um submarine Eruptionen handelte; es können weite Flächen des Meeres mit Feldern von Bimstein und vulcanischer Asche überdeckt werden, so dass sogar die Schiffahrt behindert wird.[1] Gerade aus den letzten Jahren werden mehrere derartige Vorgänge erwähnt.[2] Bemerkenswerth ist auch, dass zwischen Japan und den Sandwichs-Inseln von der „Tuscarora" sieben unterseeische Bodenerhebungen von 2000—3000 m Wasserbedeckung gefunden wurden, und diese Bergzüge des Meeresbodens sowie die zwischen ihnen befindlichen Mulden Lavatrümmer aufwiesen. G. v. Boguslawski hält es (Geogr. Jahrb. a. a. O. S. 531) für sehr wahrscheinlich, dass jene sieben Bodenerhebungen unterseeische Vulcane tragen mögen. Ob dieselben erloschen sind, lässt sich natürlich nicht entscheiden, es sollte aber viel mehr auf die submarinen Eruptionen geachtet werden, deren genaue Kenntniss zur Beurtheilung der Ausdehnung und Vertheilung vulcanischer Vorgänge auf der Erde überhaupt ganz unumgänglich nöthig ist. Schon eine Sammlung und Sichtung der bisher vorliegenden Nachrichten über submarine Ausbrüche würde ein dankenswerthes Unternehmen sein, zumal diese Angaben meist in schwer zugänglichen und im Binnenlande seltenen nautischen und hydrographischen Zeitschriften enthalten sind.

Die Tiefenkarte der Südsee, so grosse Berichtigungen sie auch im Einzelnen noch erfahren muss, lässt doch jetzt schon erkennen, dass sich Ketten langgezogener unterseeischer Rücken, welche sich zum Theil über den Meeresspiegel erheben, die Südsee von Nordwesten gegen Südosten durchziehen. Wollen wir uns von der Beschaffenheit dieser Ketten eine möglichst einfache und möglichst an bekannte Thatsachen anknüpfende Vorstellung machen, werden wir sie gewiss nicht als Trümmer eines zerstörten Continentes erklären, sondern einfach Falten der Erdrinde in ihnen sehen, welche gleichsam ein Jura- oder Appalachengebirge auf dem Meeresboden ge-

[1] G. v. Boguslawski im Geographischen Jahrbuch. Bd. 7 S. 504.

[2] Annalen der Hydrographie. Bd. 6 (1878) S. 370 ff.

schaffen haben. Könnten wir die Gewässer der Südsee entfernen, würden wir über die ansehnlichen Höhendifferenzen erstaunen, welche sich zwischen den Bergen Hawaii's, Tahiti oder der Samoa-Inseln und den tiefsten Punkten der Miller- und Belknap-Tiefe ergeben. Die Abhänge der dann enthüllten Falten haben wir uns allerdings viel sanfter zu denken als bei jenen Gebirgen der Festlande.[1] Wir werden noch lange auf Angaben über die geologische Beschaffenheit jener Falten selbst zu warten haben, das Auftreten vulcanischer Phänomene deutet uns aber wenigstens an, dass auch hier wie bei den grossen Faltensystemen der Alpen und der Cordilleren Brüche und Spalten vorhanden sind, welche die Veranlassung zum Austreten der eruptiven Massen wurden. Wir hätten dann in der Gruppe der Sandwichs-Inseln und in dem besonders unruhigen Gebiet der Tonga- und Samoa-Inseln diejenigen Theile des ganzen Systems zu erkennen, in denen die Bewegungen und Verschiebungen von ihrem Abschlusse nach am weitesten entfernt sind; man beachte dabei wohl, dass beide Stellen gerade an der Grenzscheide inselreicherer Räume gegen sehr ausgedehnte inselfreie Becken liegen. Es wäre nun danach zu streben, das Relief des Meeresbodens zwischen den einzelnen Gruppen möglichst genau festzustellen und alle mit der noch vor sich gehenden Faltenbildung zusammenhängenden Erscheinungen, also nicht nur die Ausbrüche, sondern auch die Erderschütterungen auf das Strengste zu controliren, dann lassen sich mit der Zeit gewiss auch hier die bisher zerstreut und einzeln dastehenden Thatsachen in ein geordnetes System einfügen, gerade wie man in den Ostalpen jetzt die einzelnen Verwerfungen und Erdbebenlinien immer besser kennen und unterscheiden lernt.

Unter den verhältnissmässig wenig zahlreichen Inseln an den westlichen Küsten Amerika's ist (abgesehen von den später zu erwähnenden patagonischen Fjordinseln) zuerst Juan Fernandez zu nennen. Die kleine Gruppe besteht aus drei Inseln: Mas a tierra oder Juan Fernandez im engeren Sinne, Santa Clara oder Ziegeninsel und Mas a fuera. Ausserdem giebt es noch einige Klippen. Die Inseln sind ziemlich hoch, am höchsten Mas a fuera mit 1840, dann folgt Mas a tierra mit 983 m. Das Gestein ist durchaus vulca-

[1] Die Lothungen des SIEMENS'schen Dampfers „Faraday" haben indessen nachgewiesen, dass auch Böschungen von 12, 15 ja 35° an submarinen Erhebungen (Flämische Kappe und Faradayhügel im Atlantischen Meer) vorkommen können. (OTTO KRÜMMEL in Annalen der Hydrographie Bd. 11 [1883] S. 5—8 und 147.) Dichter gedrängte Lothungen werden unsere Ansichten über die Neigungsverhältnisse des Meeresbodens wahrscheinlich noch merklich ändern.

nisch.[1] Auf den Inseln selbst ist kein eigentlicher Vulcan vorhanden, doch sind bei dem grossen chilenischen Erdbeben von 1835, welches durch zahlreiche Beschreibungen so bekannt geworden ist, Flammenausbrüche sowie aus dem Meere aufsteigende Rauchsäulen in einer Entfernung von einer englischen Meile von der Küste der östlichen Insel beobachtet worden, es scheint also ein submariner Ausbruchspunkt hier vorhanden zu sein. Ueberhaupt hat die Inselgruppe mehrfach bei grossen Erdbeben an der Küste Chile's viel zu leiden gehabt, wenn auch ein Theil der Verheerungen, wie die durch „Einbruch der See" veranlasste Zerstörung sämmtlicher Gebäude bei Gelegenheit des Erdbebens von 1751 eher den Erdbebenwellen als der Erschütterung selbst zugeschrieben werden muss. Nahe am 26° s. Br. liegt eine andere, viel weniger bekannte Gruppe. Sie besteht aus den höchst unbedeutenden Inselchen San Ambrosio (234 m), San Felix (183 m), Gonzales (132 m) und der sogenannten Kathedrale von Peterborough (53 m). Nach der ausführlichen Beschreibung der Gruppe durch Ramon Vidal Gormaz sind auch diese Inseln durchaus von vulcanischer Beschaffenheit.[2]

Wir kommen jetzt zu den Galápagos, welche durch Darwin so anziehend beschrieben wurden.[3] Da es auch an neueren Nachrichten nicht ganz fehlt,[4] können wir um so kürzer sein. Kein Beobachter hat je bezweifelt, dass die Galápagos durchweg vulcanischer Natur sind. Es lässt sich nach Wolf eine ältere und eine jüngere viel mehr verbreitete vulcanische Formation unterscheiden. Sehr lehrreich ist die Verschiedenheit in dem Anblick der vulcanischen Gesteine im oberen und im unteren Theile der Inseln. In der unteren fast niederschlagslosen Zone erhalten sich die alten Lavaströme und die zahlreichen kleinen Krater sehr lange Zeit frisch und mit scharfen Umrissen, während in der oberen Zone dieselben Gesteinsarten unter dem Einfluss der Regen und besonders der Nebel, der auch an der peruanischen Küste bekannten „garruas" sich rasch zersetzen und alle scharfen Formen verlieren (Wolf a. a. O. S. 254). Viele der

[1] Wappäus, Handb. der Geogr. und Statistik. Bd. 1, Abth. 3, S. 850 ff. Darwin, Kleinere geologische Abhandlungen. S. 18 u. ö. der deutschen Ausgabe. Stuttgart 1878. Moseley, Naturalist on the „Challenger". S. 537.

[2] Anuario hidrografico de la marina de Chile. Bd. 1 (Santiago 1875) S. 339 ff. mit Karten und Ansichten.

[3] Reise eines Naturforschers. S. 427—460 der deutschen Ausgabe. Vulcanische Inseln. S. 100 ff. der deutschen Ausgabe.

[4] Vergl. z. B. Wolf in Verhandlungen der Berliner Gesellsch. für Erdkunde. Bd. 6 (1879) S. 245 ff. bes. 254.

Lavaströme erscheinen von Weitem betrachtet deshalb in der oberen Hälfte wie verwischt und ausgelöscht; ist dies nicht der Fall, so hat man es mit den Producten verhältnissmässig neuer Ausbrüche zu thun. Die Krater, deren Grösse von blossen Spaltöffnungen bis zu ungeheueren Kesseln schwankt, sind sehr zahlreich. DARWIN glaubt, dass an 2000 auf den Inseln vorhanden sind.[1] Ein Alles überragender Gipfel fehlt, wohl aber lässt sich eine Abnahme der Höhe und auch der Grösse der Inseln von West gegen Ost deutlich wahrnehmen. Der höchste Punkt scheint nahe der Nordspitze von Albemarle Island zu liegen (1531 m). Die Meeresstrassen zwischen den einzelnen Inseln sind ziemlich tief, mehrfach ist bei 183 m die Lothung ohne erreichten Grund abgebrochen worden. Auf Narborough und Albemarle sind im laufenden Jahrhundert Ausbrüche beobachtet worden.[2] Es wiederholt sich mehrmals, dass die Thätigkeit in einer vulcanischen Inselgruppe sich gerade an einem Ende der Inselreihe am längsten erhält, bei den Sandwichs- und den Samoa-Inseln ist es der äusserste Osten, bei den Galápagos gerade der Westen, der noch Ausbrüche zeigt.

Die Cocos-Insel[3] ist hoch und bergig und ragt ebenso wie die östlichere Ravadinera-Untiefe und die der Küste noch näher gerückte Insel Malpelo schroff aus tiefem Meere empor, wir haben es wohl auch hier mit einer Gruppe vulcanischer Erhebungen zu thun. DARWIN war unschlüssig, wie er die Insel Clipperton auf seiner Inselkarte bezeichnen sollte. Während eine ältere handschriftliche Karte in der britischen Admiralität die hufeisenförmige Insel nicht als Atoll erscheinen liess, ist dieselbe nach EDWARD BELCHER's Bericht doch von Korallen aufgebaut und zeigt tiefes Wasser innerhalb der Lagune.[4] Das Vorkommen einer ächten Laguneninsel in diesen Meeren ist auffällig, da sowohl die Galápagos als die Cocos-Insel und höchst wahrscheinlich auch die Revillagigedos der Riffe gänzlich entbehren.[5] Die letztgenannte Inselgruppe, welche aus der grösseren Insel Socorro (1127 m) und den kleineren San Benedicto, Rocca partida und dem weit gegen West abliegenden Clarion besteht, ist entschieden vulcanisch und als Fortsetzung der bekannten Vulcanspalte Mexico's ganz besonders interessant.[6] Es wäre von Wichtigkeit, die Fortpflanzung

[1] Vulcanische Inseln. S. 101.

[2] LANDGREBE, Naturgeschichte der Vulcane. Bd. 1 S. 167 f.

[3] Vergl. den Carton auf Blatt 77 in STIELER's Handatlas.

[4] DARWIN, Korallenriffe. S. 149 f. PETERM. Mittheilungen 1859. S. 188.

[5] DARWIN, a. a. O. S. 149. DANA, On Coral Reefs and Islands. New York 1853. S. 100.

[6] WAPPÄUS' Handbuch. Bd. 1, Abth. 3, S. 17.

mexicanischer Erderschütterungen bis auf diese Inselgruppe zu prüfen. Vulcanisch sind endlich auch noch die Inseln, welche der Südküste Californiens gegenüberliegen, wie Santa Cruz, Santa Rosa und andere. Zwischen diesen Inseln und den Revillagigedos erhebt sich noch eine einzelne Untiefe, welche von den Alijos-Felsen gekrönt wird, steil aus dem Meere, der Abfall scheint gegen Norden steiler zu sein als gegen Süden.[1] Es ist kaum zweifelhaft, dass alle diese ganz plötzlich aus tiefem Meer auftauchenden submarinen Berge vulcanischer Natur sind, künftige Tiefsee-Expeditionen sollten ganz besonders darauf achten, ob in der Nähe solcher Berge vulcanische Auswürflinge besonders häufig vorkommen.

Wir haben jetzt eine Uebersicht über die ungemein grosse Verbreitung der tektonischen Inseln gewonnen. Es wird nützlich sein, die grosse Mannichfaltigkeit der Formen, welche diese Inselklasse zeigt, auf einige scharf zu unterscheidende, möglichst bestimmt characterisirte Hauptformen zurückzuführen. Wir unterscheiden also

1) Inseln, welche nur als Trümmer alter Vulcangerüste zu betrachten sind, deutliche Reste eines Kraters aber nicht aufzuweisen haben. — Hierher gehören z. B. die früher besprochenen St. Paulsfelsen im Atlantischen Ocean, ferner Fernando Noronha, Salas y Gomez, die Kathedrale von Peterborough und ähnliche Felsen. In manchen Fällen mögen mehrere benachbarte Klippen einst einen Krater gebildet haben, dessen Wände durch die Thätigkeit der Wellen bis auf jene dürftigen Reste zerstört wurden (Los-Inseln an der Westküste Afrika's u. a.).

Darwin hat in seinem Werke über die vulcanischen Inseln[2] den zur Gruppe der Galápagos gehörigen Kickerfelsen beschrieben und abgebildet. Er besteht aus compactem Tuff und gleicht einem viereckigen Thurme mit flachem Dach. Darwin glaubt, dass diese Tuffmasse einmal die Höhlung eines Kraters erfüllt habe, dessen aus leichten zerstörbarem Material bestehende Wandungen längst vom Meere fortgespült sind. Dass die Meereswellen bei der leisesten Differenz in der Widerstandsfähigkeit der vulcanischen Gesteine im Stande sind, die seltsamsten Formen hervorzurufen, lehrt jede Küstenansicht vulcanischen Terrains, besonders vereinzelter, den Wellen stark ausgesetzter Inseln.

2) Inseln, welche nur aus einem einzigen Vulcan bestehen, in dessen Krater nach Einsturz oder Wegwaschung

[1] Ratzel, Vereinigte Staaten. Bd. 1. München 1878. S. 23 f.

[2] S. 104 der deutschen Ausgabe.

einer Wand das Meer eindrang. Es entsteht so die mehrfach schon erwähnte Form der Halbmond- oder Hufeiseninseln, als deren vornehmste Vertreter immer St. Paul im Indischen Meer, Deception Island im Antarktischen Meer und Monte Colibre im Mittelmeer gelten werden. Santorin gehört einer anderen Klasse an, da es neben vulcanischen Bildungen auch andere Schichten besitzt.

Diese schöne, leicht kenntliche Form ist keineswegs häufig. Die Neuen Hebriden besitzen in Ureparapara oder Bligh Island noch eine Kraterinsel von Hufeisenform.[1] Bei der Insel Niuafu (Tongagruppe) ist der Einbruch des Meeres in den umfangreichen Krater noch nicht erfolgt, sollten die Wände einmal ihren Widerstand aufgeben, würde Niuafu ein besonders schönes Beispiel dieser Inselform bilden.[2]

Charles Lyell meinte, dass jeder Krater an derjenigen Seite, welcher die vorherrschenden Winde die ausgeworfenen Massen nicht oder selten zuführen, niedriger sein müsse als an den übrigen. Dort werde sich dann durch partielle Senkung oder andere Umstände leichter die Möglichkeit ergeben, dass das Meer in den Krater eindringt. Dem gegenüber bemerkt F. v. Hochstetter,[3] dass auf St. Paul die Krateröffnung gegen Ost liegt, während abgesehen von einzelnen schweren Ost- und Nordoststürmen Westwinde durchaus vorherrschen. Nach Lyell's Ansicht müsste also gerade an der Stelle des Einbruches die Aufhäufung der Eruptionsproducte am stärksten sein. Hochstetter glaubt vielmehr, dass die Bildung des Einganges in das Kraterbassin einer Dislocation, einem Wegsinken eines Theiles der Insel zugeschrieben werden müsse. Vélain stimmt ihm darin vollständig bei.[4] Die Brandung hat aus Geröll am Eingang des Kraters Barren aufgebaut, welche je nach der Heftigkeit und Richtung der vorkommenden Stürme grossen Veränderungen unterliegen. Vélain führt (a. a. O. S. 238 f.) an, dass Vlaming (1696) und Godlob Silo (1754) den Kratereingang ganz geschlossen fanden und nur von einem inneren Meer oder Binnensee sprechen. Gegen Ende des XVIII. Jahrhunderts zerbrach ein besonders heftiger Windstoss die Barren wieder. Im Jahre 1789 bemerkt Cox die geöffnete Durchfahrt, die aber noch schwierig zu passiren war, 1792 findet Peron die Breite der Oeffnung zu 25 m, während sie im September 1874, als Vélain die Insel betrat,

[1] Meinicke, Inseln des Stillen Oceans. Bd. 1 S. 183.

[2] Ebenda. Bd. 2 S. 94.

[3] Reise der Novara. Geologischer Theil Bd. 2, Abth. 1, S. 64 f. Wien 1866.

[4] Vélain, Déscription géologique des Iles St. Paul et Amsterdam. Paris 1878. S. 239.

80 m betrug. HOCHSTETTER sowohl als VÉLAIN berichten merkwürdige Einzelheiten über die Einwirkung der Brandung auf die schweren, oft mehrere Kubikmeter umfassenden Blöcke, aus denen die Barren zusammengesetzt sind.[1] VÉLAIN scheint nicht anzunehmen, dass sich die Oeffnung in nächster Zeit wieder schliessen wird, im Gegentheil sieht der französische Geolog voraus, dass die Distanz der beiden Spitzen des grossen Hufeisens, welches die Insel jetzt darstellt, sich immer mehr vergrössern wird. Später werden nur noch formlose Trümmer die Stelle der Insel bezeichnen, und auch diese müssen verschwinden, wenn nicht eines Tages die unterirdischen Kräfte wieder eine lebhaftere Thätigkeit entfalten. Wahrscheinlich stellen viele der unförmlichen, anscheinend sehr alten Massen vulcanischen Gesteines, welche wir der ersten Klasse zuzuweisen hatten, Reste ähnlicher meereserfüllter Krater dar, bei denen die Zerstörung schon viel weiter vorgerückt ist. Der enge Eingang zum Kraterbecken von Deception Island ist dem von St. Paul sehr ähnlich, die Formen des Kraters und der äusseren Umrisse sind aber bei Weitem nicht so regelmässig. Auch hier liegt der Eingang an der östlichen Seite, während Westwinde die vorherrschenden sind.[2] Monte Colibre endlich ist schon weit mehr von den Wellen angegriffen worden, wie ein Blick auf SMYTH's Specialkarte zeigt.[3] Auch bei dieser Insel ist die offene Seite des Halbmondes gegen Ost gewendet, westliche Winde sind aber auch in diesen Meeresgebieten die häufigsten, wie sich aus den Beobachtungen in Valencia und Palma entnehmen lässt.[4] Diese Thatsachen müssen uns allerdings gegen einen Einfluss der Windrichtung auf die Lage der Einbruchstelle einigermaassen misstrauisch machen. Nicht ganz gleichgültig wird es aber sein, von welcher Seite der schwere Seegang bei heftigen Stürmen so exponirte Inseln trifft. Wir sahen soeben, dass nach HOCHSTETTER bisweilen ganz besonders schwere Ost- und Nordoststürme auf St. Paul beobachtet werden, auch VÉLAIN bemerkt, dass schwerer Seegang immer aus Südost kommt.[5] Der Einfluss, welchen die Richtung der Sturmwellen, die von der mittleren Windrichtung sehr verschieden sein kann, auf die Bildung der Küsten übt, scheint noch nicht genügend beachtet zu werden.

3) Die Insel besteht aus einem wohlerhaltenen Vulcan, erscheint deshalb kegelförmig und häufig kreisrund, nicht-

[1] VÉLAIN a. a. O. S. 241.
[2] SUPAN, Statistik der unteren Luftströmungen. Leipzig 1881. S. 225.
[3] Journal. R. Geogr. Society. Bd. 1 (1831) S. 58.
[4] SUPAN a. a. O. S. 116 u. 119.
[5] HOCHSTETTER a. a. O. S. 65, VÉLAIN a. a. O. S. 241.

vulcanische Bildungen fehlen auch bei dieser Gruppe noch gänzlich. Dies sind die „hohen runden Inseln“ FRIEDRICH HOFFMANN's. Sie sind, sagt HOFFMANN,[1] ein für sich stehender einziger Berg von stumpf kegelförmiger Gestalt und daher kreisähnlicher Basis, oft bis zu Höhen emporsteigend, welche denen der höchsten bekannten Punkte des Festlandes nahe gleich kommen. Dass auch der letztere Satz vollkommen richtig ist, haben wir an vielen Beispielen bestätigt gefunden. Vielfach werden bei dieser und der vorigen Klasse kleinere Nebenkrater wahrgenommen, welche die Abhänge des Hauptberges bedecken und bisweilen dicht an das Meeresufer herantreten. Solche secundäre Ausbruchsöffnungen, welche natürlich nicht als besondere Vulcane gelten können, besitzt St. Paul ebensowohl wie Ascension und die Inseln der Galápagosgruppe. Ascension und Tristan d'Acunha können als die Repräsentanten der dritten Klasse betrachtet werden, von erstgenannter Insel giebt ROBERT CAMPBELL's Karte, welche DARWIN's Buch über die vulcanischen Inseln beigefügt ist, von der zweiten Insel die gleichfalls auf englischen Marineaufnahmen beruhende Tafel PETERMANN's (1855, Taf. 7) eine sehr gute Vorstellung. Andere gute Beispiele sind Rangitoto, die bekannte Vulcaninsel in der Nähe der Stadt Auckland,[2] ferner die zur Tongagruppe gehörenden Inseln Tofua und Kao.[3] Durch Zusammenwachsen von zwei benachbarten Berginseln entstehen Doppelinseln wie Maui, Tahiti und andere. Natürlich werden auch die Inseln dieser Klasse durch zerstörende Einflüsse der verschiedensten Art vielfach in ihren Formen verändert. Regengüsse durchfurchen die Abhänge des Hauptberges mit den sogenannten Barrancos, welche namentlich Tristan d'Acunha sehr schön zeigt; partielle Einstürze und Dislocationen schaffen die grossen Beckenthäler, die Caldeiras, welche die regelmässige Kegelform der Insel wesentlich stören können. Bisweilen ist auch ein Theil des Kegels selbst völlig verschwunden, und nur noch eine grosse Ruine, die aber die frühere Form des Ganzen noch deutlicher erkennen lässt als die den vorigen Klassen zugetheilten Inseltrümmer, blieb zurück. Fast ausnahmslos ist der Strand dieser Inselklasse sehr steil und schwer zugänglich, die Erforscher berichten einstimmig von den Schwierigkeiten, in der Nähe solcher Inseln einen geschützten Ankerplatz zu finden; mehr als eine Expedition musste von Landungsversuchen gänzlich abstehen

[1] F. HOFFMANN, Physikal. Geographie. Berlin 1837. S. 111.

[2] PETERMANN's Mittheilungen 1862. Taf. 6.

[3] MEINICKE, Inseln des Stillen Oceans. Bd. 2 S. 71. 72.

und unverrichteter Sache weitersegeln.[1] Auch das Erklettern des steilen Küstenabhanges ist häufig eine schwierige und gefährliche Aufgabe.[2] Mit Recht nennt DARWIN die Küstenbildung dieser Inseln eine gefängnissartige.[3] Es ist gewiss nicht zufällig, dass Inseln dieser und der vorigen Klassen so häufig zu Strafcolonien und Verbannungsplätzen benutzt wurden, es genügt auf Fernando Noronha, St. Helena, die Galápagos u. A. hinzuweisen. Das Entkommen von diesen Inseln ist nicht minder schwierig wie das Landen. Nirgends aber haben sich diese Strafcolonien längere Zeit erhalten können, die Armuth des pflanzlichen und thierischen Lebens, der häufig eintretende Mangel an frischem Wasser und die schwierige Verbindung mit dem Mutterlande haben ihre Aufhebung veranlasst.

4) Die Insel besitzt mehr als einen Hauptberg, erscheint deshalb nicht mehr rund, sondern häufig lang gestreckt. Die Inseln Savaii und Upolu (s. oben S. 103) geben ein Muster dieser Inselform. Die Zugänglichkeit dieser Inseln ist schon erheblich grösser als bei der vorigen Klasse; zwischen den einzelnen Bergen breiten sich schon kleine Thalebenen aus, auch die Ufer werden nicht mehr ausschliesslich von steilen Wänden gebildet, die Möglichkeit zur Errichtung grösserer Ansiedelungen ist hier schon viel eher gegeben. — Bisher hatten wir es nur mit durchweg vulcanischen Bildungen zu thun, die Inseln der noch übrigen Klassen sind dagegen theils nicht ausschliesslich, theils gar nicht vulcanisch. Folgende Eintheilung dürfte übersichtlich sein:

5) Vulcanische Bildungen nehmen mehr als die Hälfte der Insel ein.

6) Sie nehmen weniger als die Hälfte der Insel ein.

7) Die ganze Insel ist unvulcanisch, aber durch die früher (S. 53) angegebenen Kennzeichen als tektonische Insel zu erweisen.

Die Formen der Inseln dieser drei Klassen sind höchst wechselnd, auf das häufige Vorkommen von Landzungen und fächerförmigen Bildungen wurde schon hingewiesen. Im Allgemeinen sind die Inseln der sechsten und besonders der siebenten Klasse wesentlich grösser als die der ersten bis fünften. Als Beispiele der fünften Klasse mögen diejenigen der Canarischen Inseln, bei welchen das unvulcanische Grundgebirge hervortritt (namentlich Gran Canaria[4]), ange-

[1] MOSELEY, Notes. S. 182; PETERMANN's Mittheilungen 1872. S. 223.
[2] HOCHSTETTER, Novarareise, Geolog. Theil. Bd. 2, Abth. 1, S. 69.
[3] Vulcanische Inseln. S. 94 der deutschen Ausgabe.
[4] K. v. FRITSCH in PETERM. Mitth., Ergänz.-Heft. No. 22. S. 27.

führt werden, dann aber auch Santorin. Diese vielbeschriebene Insel besteht nicht nur aus dem grossen Krater, in dessen Mitte die Neubildungen des Jahres 1866 vor sich gingen, sondern besitzt im 575 m hohen Eliasberge auch ein Stück Kalkgebirge und krystallinischen Schiefers, dessen Gesteine durch die benachbarten vulcanischen Ausbrüche vielfach verändert und zerklüftet sind; es bildet ohne Zweifel das Grundgebirge der ganzen Insel[1] und ist der Rest einer grösseren zerstörten Scholle.

Zur sechsten Klasse gehört beispielsweise Sicilien. Hier treten vulcanische Gesteine nur im Gebiet des Aetna und in dem Monti Iblei westlich von Syracus, sowie an der Südostspitze der Insel hervor, während der Rest der Insel den weit überwiegenden tertiären, sowie weniger verbreiteten jurassischen, triassischen und dyassischen Bildungen angehört.[2] In ähnlicher Weise treten auch in Sardinien die vulcanischen Bildungen gegen die nichtvulcanischen Gebiete, die hier meist älteren Datums als in Sicilien sind, bei Weitem zurück. Auch die grossen Sunda-Inseln[3] sind am Besten dieser Klasse zuzuweisen, ebenso Neuseeland[4] und zahlreiche andere.

Zur letzten Klasse rechnen wir z. B. diejenigen der griechischen Inseln, welche gar kein vulcanisches Terrain besitzen (Naxos, Paros, Siphnos, Seriphos, Delos, Mykonos, Tenos u. A.), ferner Corsica, die Balearen und die nichtvulcanischen Inseln Westindiens und der Sundawelt.

Auf diese Weise ist es wenigstens möglich, jede einzelne tektonische Insel der entsprechenden Klasse einzureihen, sobald nur die orographischen und geologischen Verhältnisse derselben hinlänglich erforscht sind. Die eingehendere, auch auf die Natur der verschiedenen vulcanischen Gesteine Rücksicht nehmende Betrachtung des Aufbaues und der Entwickelungsgeschichte der einzelnen Inseln muss natürlich den Geologen überlassen werden. Dagegen gehört die Erforschung der Beziehungen zwischen Form, Küstenbeschaffenheit und Bodenrelief der tektonischen Inseln einerseits und dem thierischen und pflanzlichen Leben auf denselben, sowie der Welt-

[1] REISS und STÜBEL, Geschichte und Beschreibung der vulcan. Ausbrüche bei Santorin. Heidelberg 1868. S. 4. Vergl. das anschauliche Kärtchen bei CREDNER, Elemente der Geologie. 4. Aufl. S. 135.

[2] Vgl. das südliche Blatt der vom Ufficio geologico herausgegebenen geol. Karte von Italien in 1:1 111 111. Rom 1881.

[3] Das gilt auch von Java, vergl. JUNGHUHN, Java, deutsch von HASSKARL. Leipzig 1857. Bd. 3 S. 5 u. 8; SCHNEIDER im Jahrb. Geol. Reichsanstalt. Bd. 26 (1876) S. 126.

[4] HOCHSTETTER, Neu-Seeland. S. 31—35.

stellung und culturgeographischen Bedeutung andererseits desto mehr in das Arbeitsgebiet des Geographen, und es ist nur die Nothwendigkeit, dieser Arbeit keine allzugrosse Ausdehnung zu geben, welche eine Besprechung dieser wichtigen Fragen für diesmal ausschliesst und sie einer besonderen später folgenden Untersuchung überweist.

Dritter Abschnitt.

Die Erosionsinseln.

Bernhard Studer bezeichnet als Erosion zunächst die zerstörende und wegschaffende Thätigkeit des Windes und der Gewässer, dann aber auch die chemische Einwirkung vieler Gewässer auf die Gesteine der Erde.[1] Er unterscheidet also mechanische und chemische Erosion. Von letzterer wollen wir für dieses Mal absehen. Zunächst versteht es sich von selbst, dass alle Inseln und Festlandküsten ohne Ausnahme der Erosion mehr oder minder unterliegen. Als Erosionsinseln dürfen wir aber doch nur solche Inseln bezeichnen, welche nicht durch die faltenden Bewegungen der Erdrinde, durch Einstürze oder durch vulcanische Neubildungen, sondern lediglich durch mechanische Erosion, durch Hinwegwaschung der verbindenden Landstrecken zu Inseln geworden sind. Ist eine grosse tektonische Insel, wie z. B. Island oder die Südinsel Neuseelands an den Küsten starker Erosion ausgesetzt, so können sich zahlreiche kleinere Splitter ablösen, welche dann als Erosionsinseln zu bezeichnen sind, während die Hauptinsel als Ganzes nach wie vor als tektonische zu gelten hat. Unter besonders günstigen Verhältnissen können ganze Küstenlinien in Schwärme von meist kleinen Erosionsinseln umgewandelt werden. Ueberhaupt sind die Erosionsinseln mit vereinzelten Ausnahmen wenig umfangreich; nur durch gehäuftes Vorkommen in bestimmten Gegenden erlangen sie Bedeutung. Vereinzelte kleine Erosionsinseln, wie sie sich an den meisten, vielleicht allen Festland- und Inselküsten der Erde finden, sollen deshalb hier nicht weiter berücksichtigt werden.

[1] Lehrbuch der physikalischen Geographie und Geologie. Bern, Chur und Leipzig 1844. Bd. 1 S. 333. Studer berücksichtigt auch schon die zerstörende Wirkung des Frostes, vgl. ebenda S. 339.

Die Stärke der Erosion ist nun von der Beschaffenheit der erodirenden Kräfte und von der Widerstandsfähigkeit der Gesteine, welche die Küste zusammensetzen, abhängig.

Wir unterscheiden daher zunächst:

1) Erosion in Folge von Temperaturschwankungen, besonders durch gefrierendes Wasser in Spalten.

2) Erosion durch den Wind.

3) Erosion durch Niederschläge aller Art.

4) Erosion durch Quellen und fliessende Gewässer.

5) Erosion durch die Meereswellen.

6) Erosion durch Gletschereis.

Von diesen sechs Arten der Erosion ist es vorzugsweise die fünfte, dann die erste, zweite und dritte, welche die Gestalt der Küsten beeinflusst und Gelegenheit zur Lostrennung von Inseln giebt. Von minderer Wichtigkeit sind die beiden übrigen Arten, besonders die vierte.

Ausser Bernhard Studer[1] haben sich in neuerer Zeit besonders Lyell,[2] Archibald Geikie[3] und F. v. Richthofen[4] mit den Erscheinungen der Erosion beschäftigt, wenn auch nicht immer mit vorzugsweiser Rücksichtnahme auf die Küsten und Inseln.

1) Erosion in Folge von Temperaturschwankungen. Betrachten wir Supan's Karte der Vertheilung der Wärmeschwankung auf der Erdoberfläche (Zeitschrift für wissensch. Geographie. Bd. 1 Taf. 5), so erkennen wir, dass die jährliche Wärmeschwankung in den Ländern des nördlichen Asiens und in einem Theile des arktischen Nordamerika ihren höchsten Werth erreicht. Die zerstörende Einwirkung des Frostes muss also in jenen Erdstrichen am bemerkbarsten sein. In der That berichtet uns Bessels, dass der Frost in der Nähe der Polarisbai das Gestein so rasch zerstört, dass Pflanzen kaum Zeit haben, sich anzusiedeln.[5] Wrangel erzählt, wie im nördlichen Sibirien beim Eintritt strenger Kälte mächtige Felsstücke abgesprengt werden und mit donnerähnlichem Getöse in die Tiefe hinabrollen.[6] Am ausgiebigsten werden die Zerstörungen dann sein, wenn

---

[1] Studer a. a. O. Bd. 1 S. 333 ff. 365. 372 u. ö.

[2] Lyell, Principles of Geology. 12. Aufl. London 1875. Bd. 1 S. 321—566. Behandelt die Küstenzerstörungen sehr eingehend.

[3] A. Geikie, The Scenery of Scotland. London u. Cambridge 1865. S. 14—91.

[4] F. v. Richthofen, China. Bd. 2 S. 766 ff. Stellt wichtige neue Gesichtspunkte auf.

[5] Bessels, Die Amerikanische Nordpolexpedition. Leipzig 1879. S. 152.

[6] Zeitschr. der Oesterr. Gesellsch. für Meteorologie. Bd. 16 (1881) S. 198.

kalte Nächte, die das Wasser in den Spalten rasch zum Gefrieren bringen, mit verhältnissmässig warmen, bedeutende Mengen Schmelzwassers liefernden Tagen abwechseln, also im Beginn und gegen das Ende des kurzen arktischen Sommers.[1] Auch in den Alpen ist die Zeit der starken Schneeschmelze diejenige der eingreifendsten Auflockerung und Zerstörung des Gesteines, und keine Region erleidet eine lebhaftere Zerrüttung als diejenige 1 km breite Zone, innerhalb welcher die Schneegränze fällt, da in keiner die Temperaturen über und unter dem Eispunkte so oft mit einander abwechseln.[2] Wir dürfen die Kraft des gefrierenden Wassers keineswegs unterschätzen; STUDER bemerkt, sie vermöge nicht nur die Oberfläche aufzulockern, stark zerspaltene Kalksteine und Dolomite in eckige Trümmer, Granite in Grus, Sandsteine in Sand zu verwandeln, sondern auch grössere feste Felsmassen wie mit Pulver zu sprengen.[3] MAC CULLOCH ist sogar geneigt, dem Frost eine grössere Einwirkung auf die Gestaltung der zerrissenen schottischen Küsten zuzuschreiben, als der mechanischen und chemischen Erosion der Gewässer. Auch GEIKIE ist nicht zweifelhaft, dass der Frost an der Zertrümmerung der schottischen Küsten wesentlich mitbetheiligt ist.[4] Schottland liegt nun aber keineswegs in der Zone der stärksten jährlichen Temperaturschwankung, ebenso besitzen Norwegen, Island, die grönländische Südspitze, Nordwestamerika und Patagonien ein sehr gleichmässiges Klima ohne grosse Schwankungen. Alle diese Länder aber zeigen äusserst stark zertrümmerte Küsten und sind von zahlreichen Erosionsinseln begleitet. Sie empfangen aber auch sämmtlich höchst ansehnliche Regenmengen[5] und sind während eines ziemlich bedeutenden Theiles des Jahres mässigem Froste, der sehr häufig mit milderer Witterung abwechselt, unterworfen. Starke Niederschläge, welche in Verbindung mit den häufigen dichten Nebeln dieser Küsten eine gründliche und nachhaltige Durchfeuchtung des Küstengebirges herbeiführen, sowie häufige aber kurzdauernde Frostperioden scheinen demnach einer allmählichen Auflösung des Küstensaumes in Inseln noch viel günstiger zu sein als lange Perioden heftigen ununterbrochenen Frostes bei grosser Armuth an Niederschlägen. Ausserdem müssen aber auch die Winde, die Brandungswellen und in gewissem Maasse Gletscher-

[1] Vgl. WEYPRECHT, Die Metamorphosen des Polareises. Wien 1879. S. 83 ff.
[2] MOUSSON, Die Gletscher der Jetztzeit. Zürich 1854. S. 53.
[3] STUDER a. a. O. Bd. 1 S. 339.
[4] GEIKIE, Scenery of Scotland. S. 37.
[5] Vergl. WOJEIKOW's Regenkarte im Ergänzungsheft No. 38 zu PETERM. Mittheilungen. Taf. 3.

phänomene mitwirken, um den norwegischen Küstentypus in seiner Vollkommenheit herzustellen, der nur als das Gesammtresultat von Erosionsvorgängen sehr verschiedener Art aufzufassen ist. — SUPAN's Karte zeigt uns noch Regionen starker Temperaturschwankungen in den Wüstengebieten Asiens, Nord- und Südafrika's und Australiens. Dass hier die bedeutende Differenz zwischen der glühenden Hitze des Tages und der oft überraschenden Kühle der Nacht an der Zerstörung der Gesteine wenigstens mitarbeitet, ist nicht zweifelhaft. FRAAS beobachtete im Gebirge zwischen dem Nil und dem Rothen Meere, wie an einem hart vor seinen Füssen liegenden Feuerstein eine kreisrunde Schale aussprang; ähnliche Steine, deren Bildungsweise nun erklärt war, sah er bei Sues und am Nil sehr zahlreich herumliegen.[1] Die Erscheinung trat ein, als die eben aufgegangene Sonne ihren Einfluss auf den Boden geltend machte und die Ausdehnung der obersten Schicht des Gesteines begann. In den vulcanischen Wüsten östlich von Damascus bemerkte WETZSTEIN, wie die am Tage stark erhitzten Basalte zersprangen, wenn die Abkühlung vor Sonnenaufgang eintrat. Da ausgedehnte Wüsten nur selten unmittelbar an das Meer stossen, werden die zuletzt erwähnten Erscheinungen auf die Küstenbildung meist wenig Einfluss ausüben, doch mag immerhin an passenden Stellen, welche gelegentlicher starker Besonnung und darauffolgender rascher Abkühlung ausgesetzt sind, die Zerrüttung des Gesteines auch hierdurch etwas gefördert werden. Nähere Beobachtungen in dieser Hinsicht wären sehr erwünscht.

2) Erosion durch den Wind. Der Wind wird auf die Gestaltung der Küsten unmittelbar einwirken, wenn er die leichteren Massen des Sandes und Gerölls von den Küsten wegführt und nur die nackten, dann wieder viel leichter für den Frost, den Regen und die Wellen zugänglichen Gesteine zurücklässt. Vorausgesetzt wird dabei, dass eine bestimmte Windrichtung die übrigen an Häufigkeit wesentlich übertrifft. Was F. v. RICHTHOFEN[2] über den Saigerungsprocess, welchen der Wind mit dem Boden der Steppen und Wüsten vornimmt, bemerkt, wird sich, wenn auch in geringerer Grossartigkeit, an passenden Küstenstrecken gleichfalls beobachten lassen, namentlich da, wo Regen selten ist und die Vegetation nicht reichlich genug gedeiht, um der Thätigkeit des Windes mit Erfolg entgegen zu treten. Die regenarmen Gebiete an der Westküste Südamerika's, ferner der Westrand der grossen afrikanischen Wüsten und das südwestliche

[1] FRAAS, Aus dem Orient. Bd. 1. Stuttgart 1867. S. 38 f.
[2] China, Bd. 1 S. 98 f.

Arabien wären etwa die Gebiete, in denen gerade diese Form der Küstenzerstörung durch Wind am leichtesten beobachtet werden könnte.

Der Wind wirkt aber auch direct erodirend, denn die von ihm fortbewegten kleinen und kleinsten Gesteinstrümmer ritzen grössere Geschiebe oder die Oberfläche des noch anstehenden Gesteines. Beim Vorherrschen einer Windrichtung kann es dahin kommen, dass weichere Schichten förmlich herausgegraben werden, härtere aber stehen bleiben. F. v. Czerny hat eine grosse Reihe von Thatsachen über diese Vorgänge gesammelt,[1] von denen ich nur die auffälligsten aufnehmen will. An der Nordseite der westindischen Insel Barbados sollen in Folge der häufigen Orcane bereits alle schroffen Felshänge verschwunden sein, während sie an der entgegengesetzten Seite unversehrt dastehen. Die isolirten Kalkhügel in der Libyschen Wüste sind nach Ascherson[2] häufig an ihrer Grundfläche durch den treibenden Flugsand ausgenagt, so dass tischähnliche Formen übrig bleiben. Schweinfurth beschreibt[3] zwischen Suakin am Rothen Meere und Berber am Nil einen isolirten Granitblock von 11 m Höhe, welcher an seiner Basis durch den vom Winde aufgewirbelten Wüstensand sehr stark angegriffen ist, so dass das Ganze jetzt einer verkehrt gestellten Birne gleicht. Uebrigens konnte auch Geikie an den schottischen Küsten wahrnehmen, wie durch vom Winde bewegte Sandkörner und kleine Kiesel nach und nach kleine Höhlungen im Gestein entstanden.[4] Denken wir uns, dass an einer Küste zwei Felsarten von sehr verschiedener Härte auftreten, so wird die weichere durch die Windwirkungen stärker und schneller angegriffen werden. Dadurch wird aber anderen erodirenden Kräften der Zutritt erleichtert und nach Verlauf einer längeren Periode deuten nur noch Klüfte und fjordähnliche Strassen zwischen dichtgedrängten Inseln das Gebiet an, welches das weichere Gestein einst einnahm.

Indirect betheiligt sich der Wind an der Zertrümmerung der Küsten, indem er heftig wehend die Wirkung der Brandungswellen und auch der Regengüsse auf die Küsten wesentlich verstärkt. Die Windstärke ist überhaupt an den Küsten bedeutender als im Innern des Landes. An der norwegischen Westküste ist die Windstärke zwei bis drei Mal so gross als in den Gebirgen des

[1] Ergänzungsheft No. 48 zu Peterm. Mitth. S. 38 f.

[2] Ausland 1875. S. 1008.

[3] Schweinfurth, Im Herzen von Afrika. Grosse Ausgabe. Leipzig 1874. Bd. 1 S. 40.

[4] Scenery of Scotland. S. 74 f.

Innern.[1] Die einzelnen Küstenstrecken verhalten sich aber auch wieder sehr verschieden, je nachdem sie geschützt liegen oder den letzten Vorposten eines Continentes gegen ein weites Meer hin ausmachen. In Christiania beträgt die mittlere Geschwindigkeit des Windes 2,1 m in der Secunde, in dem stark exponirten Skudesnäs dagegen 6,3 m.[1] Die mittlere Windstärke des Jahres ist in höheren Breiten sicher bedeutender als zwischen den Wendekreisen, so gross sie auch bei einzelnen verhältnissmässig kurzdauernden tropischen Orcanen werden kann. Die kleinen vereinzelten Inseln im Süden des Indischen Oceans und der Südsee erfreuen sich nur selten mässiger Luftbewegungen oder gar Windstillen. Auf Kerguelensland ist auch im Sommer jede Woche ein Sturm zu erwarten und kein Monat ist ganz frei von einem gelegentlichen Schneesturm. Unter 68 Wintertagen, welche J. C. Ross in jenen Gewässern zubrachte, waren 45 Sturmtage.[2] Musgrave bemerkt über das Klima der Auckland-Inseln, welches er genügend kennen lernte, dass die dortigen Stürme noch stärker seien als die auch schon durch ihre Heftigkeit hinlänglich bekannten an den Südspitzen Afrika's und Amerika's. Durchschnittlich wäre es nur an einem Tage unter je dreien einem Schiffe möglich gewesen, in den Hafen bei Musgrave's Nothansiedlung zu gelangen. Die Sommerstürme schienen häufiger, anhaltender und heftiger zu sein als die Winterstürme.[3] Da der Regen gleichfalls im Sommer häufiger ist und Frost auch nicht ganz fehlt, müssen alle diese Factoren zusammen allerdings eine starke Zerrüttung der Gesteine bewirken. Da nun ein grosser Theil der uns durch ihre wildzerrissene „norwegische“ Küstenbildung auffallenden Küsten beider Halbkugeln sich durch bedeutende Windstärken auszeichnet, werden wir uns kaum irren, wenn wir diesem Umstande wiederum einen bedeutenden Antheil an der eigenthümlichen Gestaltung jener Küsten zuschreiben. Man sieht schon jetzt, dass wir nur noch in wenigen Fällen nöthig haben werden, das Gletschereis in Anspruch zu nehmen, da einfachere Erklärungen soviel näher liegen.

3) Erosion durch Niederschläge. Aus dem Gesagten ergab sich schon, dass Küsten, welche an Niederschlägen reich sind, im Allgemeinen zerrissener sind als regenarme. Es kommt aber weniger darauf an, dass einzelne Güsse bedeutende, aber rasch wieder abfliessende Mengen liefern, sondern es ist der Dauer der Küstenge-

[1] Mohn, Grundzüge der Meteorologie. 3. Aufl. Berlin 1883. S. 148.
[2] Zeitschr. der Oesterr. Gesellsch. für Meteor. Bd. 15 (1880) S. 422 f.
[3] Petermann's Mittheilungen 1866. S. 110 ff., besond. 112.

steine viel gefährlicher, wenn Staubregen, die in höheren Breiten, wie z. B. an den norwegischen, isländischen und grönländischen Küsten, viele Tage andauernd sein können, die Felsen gründlich durchfeuchten. Auch die Nebel sind niemals zu vergessen, welche an vielen nordischen Küsten das Unangenehme des Klimas wesentlich erhöhen können. Gewiss vermag ein 18 Tage lang andauernder Nebel und Staubregen, wie ihn KOTZEBUE in der Nähe der Aleuten bemerkte, das Gestein der Küstenklippen mehr zu durchfeuchten, als ein plötzlicher wenn auch heftiger Gussregen.[1] Indessen können die heftigen Regenfälle der wärmeren und gemässigten Zonen doch in weichen, leicht zerstörbaren Schichten merkliche Wirkungen hinterlassen. Wo die Küsten, wie im südlichen England, aus Kreide- und tertiären Schichten bestehen, werden sich Regenfurchen in den Küstenklippen bilden, durch welche rasch entstehende und wieder verschwindende Bäche ihren Weg zum Meere finden. Jeder folgende Regen vertieft die Furche, bis endlich ein Theil der Klippe, deren Fuss ohnehin schon durch die Brandung unterwühlt wurde, ihren Halt gänzlich verliert und herunterstürzt. In regenreichen Jahren wird die Zerstörung der Küste rascher fortschreiten, die Stürze grösserer Massen werden häufiger sein. Am leichtesten wird die Zerstörung da fortschreiten, wo Schichten von sehr verschiedener Härte mit einander abwechseln, dann genügt oft schon ein einziger regnerischer Sommer, um die obere härtere Schicht, nach Zerstörung der darunter befindlichen weicheren, zum Abstürzen zu bringen. LYELL hat die Bergrutsche an der englischen Küste ausführlich geschildert,[2] auch er hebt hervor, dass einer der grössten Einstürze an der Küste am 24. December 1839 eintrat, nachdem ein ganz aussergewöhnlich nasser Sommer die Gesteine mit Feuchtigkeit durchtränkt hatte und ausserdem Quellen und Quellbäche grössere Wassermengen als gewöhnlich lieferten. Wie schnell in günstigem Terrain die Regenschluchten sich vergrössern können, beweist ein gleichfalls von LYELL bekannt gemachtes Beispiel aus dem Staate Georgia.[3] Dort entstand westlich von Milledgeville in Zeit von zwanzig Jahren eine 18m tiefe, 6—60m breite und 600m lange Schlucht, welche sich bei jedem Regen noch erweiterte. Als der früher dort befindliche Wald niedergeschlagen wurde, bildeten sich unter der Einwirkung der Sonnenhitze zuerst 1 m tiefe

[1] KOTZEBUE, Entdeckungsreise in die Südsee und nach der Beringstrasse. Bd. 2 (Weimar 1821) S. 109.

[2] Principles of Geology. 12. Aufl. Bd. 1 S. 540 ff.

[3] LYELL, Zweite Reise nach den Vereinigten Staaten von Nordamerika. Bd. 2 S. 23 ff. der deutschen Ausgabe. Braunschweig 1851.

Spalten im Thonboden, die dann durch den Regen vertieft und erweitert wurden und die Grundlage zu jener grossen Schlucht bildeten. Wenn wir uns nun vorstellen, dass in nachgiebigen Küstenschichten eben solche Schluchten entstehen und bei weiterer Vertiefung auch wohl Veranlassung zur Abtrennung von Inseln werden können, werden wir doch hinzusetzen müssen, dass die so entstandenen Inseln meist nur eine vorübergehende Erscheinung sein werden, da sie bald von den Wellen wieder weggespült werden. Viel beständiger und auch für den Küstentypus bezeichnender werden diejenigen Inseln sein, welche durch die langsame Einwirkung der Niederschläge auf hartes Gestein unter steter Mitwirkung anderer Agentien allmählich losgetrennt wurden.

4) Erosion durch Quellen und Flüsse. Quellen, welche in den Küstenklippen selbst entspringen, können, wie in dem von Lyell mitgetheilten Falle, zur Küstenzerstörung und dadurch mittelbar zur Inselbildung beitragen. Wie Geikie bemerkt,[1] sind Quellen allerdings im Stande, sogar feste Gesteine locker zu machen und schliesslich von Klippen und steilen Abhängen herabzustürzen. Werden doch auch im Binnenlande Bergstürze namentlich an quellenreichen Abhängen gefürchtet. Dass Flüsse durch ihre Zerstörungen des Ufersaumes direct zur Ablösung von Theilen desselben, mithin zur Inselbildung Veranlassung geben, kommt nicht gar häufig vor; viel zahlreicher sind die Fälle, in denen Flüsse durch ihre Anschwemmungen vorhandene Inseln landfest machen oder auch geradezu auf seichtem Grunde neue Inseln aus dem herabgeführten Material aufschütten. Der durch Eisstopfung entstandene Durchbruch der Weichsel bei Bohnsack unweit Danzig (1. Februar 1840) trennte in der That ein Stück Festland als Insel ab,[2] ähnliche Vorgänge werden sich überall da wiederholen können, wo ein Strom in flacher Gegend dem Meere eine Strecke lang parallel fliesst oder ihm doch nahe kommt, bevor er seine Mündung erreicht. Die zahlreichen der Mündung des Amazonenstroms vorliegenden Inseln sind keine Bauwerke des Stromes, sondern Trümmer der Küstenlinie, es ist aber weniger der Strom selbst für diese Zerstörungen verantwortlich zu machen als die Fluthwellen, die von Spix und Martius beschriebenen Pororocas, welche der unversehrten Erhaltung der meist leicht zu zerstörenden Ufer nicht gerade förderlich sind.

[1] Scenery of Scotland. S. 35.

[2] Schumann, Geologische Wanderungen durch Altpreussen. Königsberg 1869. S. 37 f.

J. S. da Silva Coutinho hat nachgewiesen, dass die Theilung der Insel Caviana in zwei kleinere nur den Fluthwellen zuzuschreiben ist.[1] Es gab auf jener Insel zwei Flüsse, deren Lauf gerade entgegengesetzt gerichtet war, so dass ihre Quellen sich ganz nahe lagen. 1850 drang die Fluth zum ersten Male bis an die Quelle des östlichen Flusses vor, überschritt das geringfügige Hinderniss der niedrigen Wasserscheide und drang in den westlichen Fluss ein. Durch vielfache Wiederholungen dieses Vorganges wurde endlich an Stelle der beiden Flüsse ein Meeresarm geschaffen, der die Insel nun in zwei Theile trennte. Er besitzt eine Breite von etwa 1500 m, während die ursprünglichen Flüsse kaum 20 m breit waren. W. Reiss nimmt für den oberen Theil des Amazonas-Gebietes eine leichte Hebung an. Wenn nun aber gar, fährt er fort,[2] wie dieses für das Amazonas-Gebiet vielleicht der Fall sein dürfte, das Binnenland eine grössere Hebung erfährt als die Küste, dann muss die Stromgeschwindigkeit zunehmen, wodurch Veränderungen an den Mündungsufern hervorgerufen werden dürften. Diese Veränderungen können natürlich nur in Unterwaschungen und Abspülungen, auch wohl in der Vernichtung ganzer Inseln bestehen. Coutinho meint auch wirklich, dass mehrere kleinere der Mündung einst vorliegende Inseln bereits völlig verschwunden sind. Aehnliche Zerstörungen lassen sich an den Mündungen des Mississippi, des Ganges und Indus wahrnehmen, doch zerstört hier der Fluss nur Inseln, welche er selbst einst aufgeschüttet hatte.

5) Erosion durch die Strömungen und Wellen des Meeres. Wo die Gezeiten oder Tiden hoch sind und mit grosser Heftigkeit wechseln, können sie die Formen der Küste sehr bedeutend beeinflussen. Die Fluthgrösse auf offenem Meere und an einzelnen Inseln ist meist sehr gering, wenn auch einzelne Ausnahmen, wie bei Tongatabu und an der Norfolk-Insel, vorkommen.[3] Die Fluthwellen werden also den isolirten Inselvulcanen und Korallenklippen wenig Schaden zufügen. Dagegen wechselt die Fluthgrösse dort sehr bedeutend, wo die Fluthwelle in zunächst weit geöffnete, dann aber sich verengende Meeresbuchten einzulaufen hat. So ist der Golf von Bristol durch seine starken Fluthen bekannt, nicht minder die

---

[1] Bulletin de la Société de Géographie. Sér V. Bd. 13 (1867) S. 330. Vergl. auch Hahn, Untersuch. über das Aufsteigen und Sinken der Küsten. Leipzig 1879. S. 96; und Stieler's Handatlas, neue Ausgabe Bl. 91. Ferner Zeitschr. der Berl. Gesellsch. für Erdkunde. Bd. 2 (1867) Taf. 5.

[2] Verhandlungen der Berliner Gesellschaft für Erdkunde. Bd. 7 (1880) S. 54.

[3] Hugo Lentz, Fluth und Ebbe. Hamburg 1879. S. 46 f.

Buchten und Golfe des nordwestlichen Frankreich, wo die mittlere Springfluthgrösse an der Insel Guernsey 8 m, bei St. Malo 11 m und bei Granville und Cancale sogar 12 m erreicht. Betrachten wir das kleine Kärtchen über die Fluthhöhen an der Ostküste der Vereinigten Staaten, welches LENTZ seinem Werke beigiebt,[1] so sehen wir sofort, wie die Fluthhöhe in einspringenden Golfen (selbst in ziemlich flachgebogenen) sogleich wächst, an den in das Meer vorspringenden Küstenstrecken dagegen abnimmt. Die höchsten Werthe erreicht die Fluthhöhe in der engen und langgestreckten Fundybai. Bei der im innersten Winkel der Bucht gelegenen Stadt Sackville beträgt sie für gewöhnlich 11 m, in Springtiden aber selbst 15 m und darüber. Die grossartigen Flutherscheinungen der Fundybai sind vielfach beschrieben worden, Europa vermag ihnen übrigens in der Mountsbai (Cornwall)[2] und in den Umgebungen der französischen Hafenstadt St. Malo[3] ganz Aehnliches an die Seite zu stellen. Es ist nun gewiss nicht zufällig, dass wir überall da, wo die Tiden eine bedeutende Höhe erreichen, erhebliche Zerklüftungen der Küsten wahrnehmen. Wir dürfen natürlich nicht annehmen, dass die Fundybai, der Golf von Bristol etc. durch die Tiden erst geschaffen sind, sie werden aber durch die Fluthwellen immer mehr ausgeweitet, die Ufer unterwaschen und zerstört. Nach CHARLES LYELL's Beschreibung[4] beginnt die Fluth in der Fundybai häufig mit einer hohen Woge, welche „the Bore“ genannt wird. Sie glich einem heftig bewegten Strome von rothem Schlamm. Dies rührt daher, dass die Welle die Abhänge des rothen Sandsteines und der weichen rothen Mergel stets unterhöhlt. Andererseits aber setzt sie an den Stellen, wo sie die Alluvialebenen überfliesst, rothen Schlamm ab, sobald die Heftigkeit des Stromes bei Rückkehr des Wassers irgendwo sich vermindert, so dass auf diese Weise das Land wieder etwas vergrössert wird. Das Land, welches hier an einzelnen Stellen von der Fluthwelle angeschwemmt wird, dürfte aber doch nicht im Stande sein, die Verluste an anderen Punkten völlig zu ersetzen. Die Küste der Vereinigten Staaten zeigt von der Mündung des Hudson bis zu der des Neuse R. und des Cape Fear R. (Nordcarolina) vielfache tiefe Einschnitte und eine weitgehende Zerspaltung des meist nachgiebigen Küstenterrains. Jede Flussmündung auf dieser Strecke besitzt die

[1] Daselbst Taf. 3, Fig. 14.

[2] LYELL, Principles. Bd. 1 S. 545.

[3] JOANNE, Itinéraire général de la Bretagne. Paris 1880. S. 150.

[4] LYELL, Erste Reise in Nordamerika, deutsch von WOLFF. Halle 1846. S. 310 f.

characteristische Trichterform und wiederholt die Formen der Elbemündung und des Jahdebusens. Im Innern der Chesapeakebai finden sich verschiedene Inseln, die wohl als Erosionsinseln gelten dürfen, während die an den Aussenseiten der Halbinseln, namentlich der von Maryland vorhandenen langgestreckten und hakenförmigen Inseln meist als neue, den Uferleisten der südlicheren Küste vergleichbare Aufschüttungen aufzufassen sind. Wir werden auch hier den Tiden nur eine Mitwirkung an der weiteren Austiefung jener grossen Buchten und gelegentlicher Losreissung von Uferstreifen als Inseln zusprechen dürfen, da die erste Veranlassung zur Bildung der Buchten wohl in der vor sich gehenden Verschiebung der Uferlinie zu suchen ist, welche von Cook[1] und Lyell[2] vielfach besprochen und durch Thatsachen belegt wird. Ob wir hier an eine Senkung des Landes oder an ein Vordringen des Meeres zu denken haben, kann zunächst unerörtert bleiben. Dass die heftigen Tiden an der Mündung des Amazonenstromes mit Beschädigungen der Mündungsinseln verbunden sind, sahen wir bereits (S. 123 f.). Auch von den Küsten der Bretagne wird immer nur von bedeutenden Landverlusten berichtet, so gut wie gar nicht von Landzuwachs. Bemerkenswerth ist noch, dass wir auch im nordwestlichen Theile Vorderindiens sowie an der Ostseite des bengalischen Golfes auf Golfe, Halbinseln und Inseln treffen, welche den erwähnten amerikanischen nicht unähnlich sind, auch hier erreichen die Tiden eine ziemliche Höhe. R. Credner[3] glaubt mit Recht, dass die Tiden die Flussmündungen allgemein trichterförmig erweitern, so dass auch die einzelnen Mündungsarme solcher Deltas, welche unter dem Einflusse von Ebbe und Fluth stehen, diese Erweiterung erkennen lassen. Die Deltas des Indus, des Ganges, des Sittang, des Niger und des Alt-Calabarflusses[4] zeigen die Erscheinung besonders deutlich. Die Deltabildung an sich wird aber durch die Tiden keineswegs verhindert, wie R. Credner an vielen Beispielen nachgewiesen hat. Wir fassen also unsere Ansicht in folgenden Satz zusammen: Wo die Fluthwellen in einen sich verengenden Golf oder eine Flussmündung eindringen, steigern sie ihre Höhe, erweitern die Oeffnung soweit als möglich, bewirken dabei eine Abschleifung der Ufer und gelegentliche Abtrennung von Inseln, sind aber nicht im Stande, den Absatz

[1] Silliman, American Journal. Ser. 2. Bd. 24 S. 341—355.

[2] Lyell's zweite Reise. Deutsche Ausg. Bd. 1 S. 304. 320 u. ö. Vergl. auch Ratzel, Vereinigte Staaten. Bd. 1 S. 149 f.

[3] Ergänzungsheft No. 56 zu Petermann's Mittheilungen S. 54.

[4] Grundemann's Missionsatlas. Abth. Afrika. Bl. 7.

der Sedimente der Flüsse, mag derselbe über, oder wie bei der Themse, unterseeisch[1] erfolgen, zu verhindern und können hier und da durch Wiederausbreitung der losgespülten Massen sogar zur Bildung neuen Schwemmlandes beitragen.

Die Strömungen des Meeres wirken nur selten zerstörend auf die Küsten ein und noch seltener trennen sie Inseln davon ab. Viel häufiger hören wir vom Landfestwerden einzelner Inseln durch die Sedimente, welche die Strömungen herbeiführten. Inselbildung könnte dann eintreten, wenn eine besonders heftige Küstenströmung vorspringende Halbinseln und Landzungen der Küste angreift und ihren Zusammenhang mit dem Festlande schliesslich unterbricht. Sieveking[2] führt an, dass die kalte, an der Westküste Südamerika's nach Norden ziehende Strömung die gegen Süden vorspringenden Küstenpunkte und Halbinseln allmählich wegwasche, zumal die dortigen Gebirgsarten im Allgemeinen leicht zerstörbar sind. Sieveking will auf diese Weise die allerdings auf jeder Specialkarte nachweisbare Thatsache erklären, dass die meisten Buchten gegen Süden geschützt sind, während nur wenige gegen Norden geschlossene vorkommen. Es ist nicht unmöglich, dass die kleinen Küsteninseln, welche sich an den Küsten Peru's, Bolivia's und des nördlichen und mittleren Chile hier und da finden, Trümmer solcher Landzungen und Halbinseln sind. Dahin gehören die Insel San Lorenzo bei Callao, welche noch von mehreren kleineren Bruchstücken, nämlich den Palomas, den Palominas und der Insel Fronton umgeben, und durch Landbänke (sog. Walfischrücken) mit dem Festlande verbunden ist; ferner die Gruppe der Chincha-Inseln, die chilenischen Küsteninseln nördlich von Coquimbo, vielleicht auch Santa Maria (bei Concepcion), La Mocha und einige andere Inseln, meist von ganz geringem Umfang. Auch die Südwestküste Afrika's zeigt von der St. Helenabay bis zur Mündung des Congo die auffällige Erscheinung, dass alle vorkommenden Halbinseln sich gegen Norden erstrecken, keine aber nach Süden geneigt ist.[3] Auch hier finden sich einzelne ganz kleine Inseln (die Guanoinsel Itschabo etc.), welche in ihren ganzen Natur-

---

[1] Sogenanntes submarines Delta. Der Name rührt von Lebour her. Vergl. R. Credner a. a. O. S. 52.

[2] Petermann's Mittheilungen 1883. S. 57.

[3] Die Landzungen an der Sandwich-Bay und Walfisch-Bay bestehen aus losem Sand, haben sich erst in neuerer Zeit gebildet und verlängern sich jetzt reissend schnell. Peterm. Mitth. 1878. S. 306. Eine in entgegengesetzter Richtung laufende Strömung würde die Bildung dieser Schöpfungen des Windes überhaupt nicht gestattet haben.

verhältnissen viel Aehnlichkeit mit jenen amerikanischen Eilanden zeigen und wohl gleichfalls als Trümmer des Gestades zu betrachten sind, die unter wesentlicher Mitwirkung der auch hier nicht fehlenden kalten aus Süd kommenden Strömung losgespült wurden.

Bei Weitem die meisten Erosionsinseln aber sind durch die Wirkungen der Brandungswellen zu Inseln geworden. Dieses Agens (die Brandungswelle), sagt F. von Richthofen, welches unter allen von aussen auf die Erdrinde wirkenden Kräften bei weitem den ersten Rang einnimmt und Continente abzuschleifen vermag, wird in seinen mächtig umgestaltenden Functionen noch kaum genügend gewürdigt.[1] F. von Richthofen hat gleichzeitig darauf hingewiesen, dass die Wirkungen der Brandungswelle ganz verschiedene sein müssen, wenn die Küste vorrückt (resp. das Meer zurückweicht), wenn sie sich zurückzieht (resp. das Meer in das Innere des Landes vordringt), oder endlich, wenn sie sich nicht oder nicht merkbar verändert.[2] Selbstverständlich gilt dies ebenso von den Wirkungen der Strömungen und der Tiden auf die Küsten. In der That ist es auffällig, dass dieser wichtige Punkt bisher stets vernachlässigt wurde. Die Ansichten über das sogenannte Aufsteigen und Sinken der Küsten haben sich in den letzten Jahren wesentlich geändert. Im vorigen Jahrhundert zweifelte man nicht daran, dass es das Meer sei, welches sich von den Küsten zurückziehe oder dieselben überfluthe, das Land galt als völlig passiv bei diesem Vorgange. Dann trat Leopold von Buch mit einer völlig abweichenden und deshalb anfänglich stark bekämpften Ansicht auf. Er betrachtete gerade das Meeresniveau als unveränderlich, während die Länder und Inseln aufsteigen oder hinabsinken. Auch diese Lehre ist wenigstens in ihrem ganzen Umfange jetzt nicht mehr haltbar. Selbstverständlich wird es Niemand einfallen, Bewegungen des Festen überhaupt zu läugnen, er müsste sonst auch die gesammten neueren Lehren von der Entstehung der Gebirge durch seitliche Contraction der Erdrinde, von den Senkungs- und Einbruchsfeldern und ihrem Zusammenhang mit vulcanischen Bildungen, endlich die jetzt wohl allseitig angenommenen Anschauungen über den Character der sogenannten tektonischen Erdbeben gänzlich verwerfen. Andererseits aber kann man sich jetzt gegen die Annahme von Schwankungen des Meeresspiegels nicht mehr

[1] China, Bd. 2 S. 768, oben. v. Richthofen bezeichnet die Action der Brandungswellen als Abrasion.

[2] Ebenda Bd. 2 S. 768 ff. An einzelnen Küstenstrecken lassen sich jetzt schon aus dem Character der Küsteninseln Schlüsse über die Richtung der Bewegung ziehen, sie sind aber noch sehr vereinzelt. a. a. O. S. 775.

so ablehnend wie früher verhalten, seitdem durch die Arbeiten von STOKES, PHILIPP FISCHER, HANN, BRUNS, LISTING und Anderen[1] nicht nur bestätigt wurde, dass die Wassermassen der Oceane von den Festlanden angezogen werden, sondern auch bewiesen, dass diese Abweichungen des Meeresspiegels von der Sphäroidfläche keinesfalls vernachlässigt werden dürfen. Man kann jetzt Abweichungen von mehr als 1000 m als vorhanden annehmen, das will sagen, um diesen Betrag ist der Meeresspiegel dem Mittelpunkte der Erde in der Mitte eines grossen Oceans näher als am Rande eines hohen Continentes. Wenn die Masse eines Continentes Veränderungen erleidet, sei es eine Verminderung durch allmähliche Erosion und Abtragung seiner Oberfläche, sei es eine Vermehrung durch Bildung einer Eisdecke auf seinen Gebirgen, muss auch die Anziehung, die derselbe auf das Meer ausübt, sich ändern und sich zunächst eine Schwankung des Niveaus der zunächst benachbarten Meerestheile bemerklich machen.[2] Verschiebungen einzelner Theile des Festen und partielle Schwankungen des Meeresspiegels bestehen also nebeneinander, so dass beide sich einst so heftig bekämpfenden Parteien bis zu gewissem Grade Recht behalten haben.

Wir müssen nun aber offen gestehen, dass unsere Kenntnisse über die gegenwärtig vor sich gehenden Bewegungen der Küsten wie des Meeresspiegels noch äusserst unbefriedigende sind. Dass überhaupt auch jetzt noch Bewegungen vorkommen, beweisen einerseits die tektonischen Erdbeben, andererseits die durch Schwankungen der Gletscher, vulcanische Aufschüttungen etc. immer einem steten Wechsel unterworfenen Volumina der Continente. Die Zusammenstellung der bisher bekannten Thatsachen über die Küstenschwankungen, welche ich vor wenigen Jahren veröffentlichte, liesse zwar jetzt schon wieder eine sehr bedeutende Vermehrung an neubeobachteten Thatsachen zu, aber weite Küstenstrecken sind auch jetzt noch in dieser Hinsicht völlig ununtersucht geblieben.[3] Es würde also gewiss verfrüht sein, wenn wir bei unserer Musterung der Formen und der geographischen Verbreitung der Erosions-

[1] Vergl. über das Historische PENCK, Schwankungen des Meeresspiegels. München 1882. S. 6 ff.

[2] Für die Einzelheiten dieser ganzen hier nur zu streifenden Frage vergl. man PENCK a. a. O. S. 25 ff., ferner ZÖPPRITZ in BEHM's geogr. Jahrbuch Bd. 8 S. 5 ff.

[3] Ich hoffe in einiger Zeit Veranlassung zu finden, die Küstenschwankungen wenigstens für einzelne Länder von Neuem in ausführlicherer Weise zu bearbeiten.

inseln schon jetzt auf jene noch so wenig im Zusammenhange zu überschauenden Vorgänge Rücksicht nehmen wollten. Dazu kommt, dass die Schnelligkeit, mit welcher die Veränderung der Grenzlinie zwischen Land und Meer vor sich geht, wahrscheinlich erheblich überschätzt worden ist. Die Angaben von mehreren Metern Schwankung im Laufe eines Jahrhunderts haben sich fast durchweg als zu hoch herausgestellt, wobei wir von plötzlichen, dann aber immer nur auf enge Bezirke beschränkten Niveauveränderungen wie am Run von Cutch oder an der chilenischen Küste allerdings absehen müssen. Selbst die Bewegung der Küsten Scandinaviens ist bei Weitem nicht so lebhaft als man zu den Zeiten von LYELL, HÄLLSTRÖM und BRUNCRONA noch annehmen durfte. Wie grosse Vorsicht bei derartigen Schlussfolgerungen anzuwenden ist, lehrt das Beispiel der deutschen Ostseeküste. Die älteren Berechnungen von HAGEN hatten eine wenn auch sehr geringe Hebung der Küste wahrscheinlich gemacht,[1] während Beobachtungen an den Küsten von Ostpreussen, Holstein und Schleswig eher eine Senkung anzudeuten schienen.[2] Neuere Untersuchungen von W. SEIBT[3] haben jedoch mit völliger Sicherheit nachgewiesen, dass die bisher meist herangezogenen Jahresmittel des Wasserstandes bei Swinemünde auf verschiedene, nicht in gleicher Höhe liegende Punkte reducirt wurden. Unter gehöriger Berücksichtigung der begangenen von SEIBT ausführlich erörterten Fehler ergab sich nun, dass mindestens für den Zeitraum von 1826 bis 1879 die Constanz der Höhenlage der Ostsee gegen die Küste bei Swinemünde für vollkommen erwiesen zu erachten ist. Nun war aber Swinemünde die einzige Station gewesen, welche früher eine schwache Hebung anzudeuten schien, während für alle übrigen keine bestimmten Veränderungen nachweisbar waren; werden nun die irrthümlichen Messungen in Swinemünde corrigirt, so ist man nach SEIBT vollkommen berechtigt, die relative Lage der ganzen Preussischen Ostseeküste gegen das Mittelwasser der Ostsee für die Periode der bisherigen Wasserstandsbeobachtungen als unveränderlich anzunehmen.[4] Würden ähnliche vortreffliche Untersuchungen auch für

[1] Mathemat. Abhandlungen der Berliner Akademie, 1865. S. 21—41.

[2] SCHUMANN, Geologische Wanderungen durch Altpreussen. Königsberg, 1869. S. 168 f. BERENDT in den Schriften der phys.-öcon. Gesellsch. in Königsberg. Bd. 9 (1868) S. 131 ff.

[3] W. SEIBT, Das Mittelwasser der Ostsee bei Swinemünde. Publication des Kgl. Preuss. Geodätischen Institutes. Berlin 1881. Ich verdanke der Freundlichkeit des Herrn Dr. SEIBT den Besitz dieser und anderer werthvoller Publicationen.

[4] SEIBT a. a. O. S. 40 u. 81.

andere Küsten vorgenommen, möchte noch manche lange als gewiss angenommene Hebung sich als ein Trugbild, veranlasst durch ungenaue Messung, Veränderung der Pegel, Nichtberücksichtigung der Witterungsverhältnisse etc., herausstellen. Um so interessanter und bedeutungsvoller werden dann freilich diejenigen Fälle sein, welche auch der schärfsten Prüfung Stand gehalten haben. Ebenso werden die Schwankungen des Seespiegels, welche durch Veränderungen sehr verschiedener Art auf den Festlanden erst hervorgerufen werden, sich gewiss sehr langsam vollziehen und erst nach Jahrhunderten eine merkliche Grösse erreichen. Wie wichtig die Berücksichtigung jener Schwankungen für das Studium der geologischen Entwickelungsgeschichte eines Erdraumes während eines längeren, ganze geologische Epochen umfassenden Zeitraumes werden kann, hat F. von Richthofen mehrfach gezeigt.[1] Auch wir werden bei Betrachtung der Wirkungen der Brandungswellen auf die Küstengestaltung uns immer zu erinnern haben, dass die Grenzlinie zwischen Land und Meer Veränderungen unterliegt und dass die Art und Weise der Bewegung sich auch in der Gestaltung der Küste ausprägen muss. Freilich kann eine eingehende Darstellung des ganzen Gegenstandes theils wegen der schon oben beklagten Unzulänglichkeit der sicher festgestellten Thatsachen, theils wegen des grossen Umfanges, den eine solche Untersuchung annehmen müsste, für diesmal noch nicht gegeben werden.

Die Stärke und zerstörende Kraft der Brandungswellen ist im nordwestlichen Europa, wo Küsten von sehr verschiedenem geologischen Bau der vollen Wirkung der durch vorherrschende Westwinde getriebenen Wellen eines weiten Meeres ausgesetzt sind, besonders genau untersucht worden, und wir verdanken namentlich Hibbert,[2] Stevenson[3] und Archibald Geikie[4] gute Beschreibungen der merkwürdigen Erosionserscheinungen an der schottischen Küste. Die Wellen wirken nicht nur dadurch zerrüttend auf das Küstengestein, dass sie die einzelnen Schichten durchfeuchten und bereits von den atmosphärischen Kräften lose gemachte und mit Spalten durchzogene Massen zum Stürzen bringen, sondern sie schlagen Breschen in die Klippenwände mit den eigenen Trümmern derselben, die sie als Wurfgeschosse benutzen. Die Wellen wälzen Gesteinsbruchstücke der ver-

[1] China. Bd. 2 S. 775 ff.

[2] Hibbert, Description of the Shetland Islands. Edinburgh 1822.

[3] Stevenson in den Transactions of the R. Society of Edinburgh, Bd. 16 S. 23 ff.

[4] Geikie, Scenery of Scotland p. 39 ff.

schiedensten Grösse gegen die Ufer; bald sind es Sandkörner und Geröllbrocken, von denen jedes einzelne nur eine geringe Wirkung ausübt, die aber in ihrer Gesammtheit doch den Fels angreifen, ritzen und aushöhlen; bald sind es Felsblöcke von solcher Grösse, dass man sie für erratische halten möchte, wüsste man nicht genau, dass sie durch Erosion vielleicht erst vor kurzem von den Klippen losgetrennt wurden. Ist der Sturm heftig und sind zahlreiche grössere Blöcke vorhanden, so kann man mit GEIKIE[1] wohl von einer Artillerie des Meeres reden, durch welche auch die härtesten Felsen einer Küstenlinie zuletzt völlig weggefegt werden. Die Vermuthung F. VON RICHTHOFEN's, dass die von der Brandung bewegten Felsfragmente Gletscherschliffen ähnliche Schrammen auf der Unterlage und aneinander hervorbringen können, wird durch die mehrfache Erwähnung glattpolirter Streifen der Klippen, welche sich bei GEIKIE findet, noch wahrscheinlicher gemacht.[2]

Dass Wellen, die einen Druck von 2761 kg oder 6083 Pounds auf den englischen Quadratfuss ausüben können, mit Hülfe jener Wurfgeschosse wohl im Stande sind, so zerrissene Küstenlinien, wie die von Schottland, Norwegen, Gallicien etc., zu formen, ist leicht einzusehen; jener Druck ist aber thatsächlich auf der Hebrideninsel Skerryvore, die der ganzen Wucht des weiten Atlantischen Oceans ausgesetzt ist, beobachtet worden.[3]

Auf der Insel Barra Head (gleichfalls zu den Hebriden gehörig) wurde im Jahre 1836 eine 504 englische Cubikfuss haltende und etwa 42 Tonnen schwere Gneismasse von den Wogen hin und her bewegt und etwa 5 englische Fuss vom Platze gerückt, bis ein Stück abbrach, sich zwischen den Block und das anstehende Gestein zwängte und so die weitere Bewegung verhinderte. Kaum minder grossartig sind die Wirkungen der Wellen auf den Shetland-Inseln. Im Jahre 1802 wurde dort nach HIBBERT ein Block von 8 feet 2 inches Länge, 7 feet Breite und 5 feet 1 inch Höhe 80 bis 90 feet[4] weit durch die Wogen verschoben. Ein anderer nicht ganz so massiger Block war sogar 150 feet einen Abhang hinangeschleudert worden.[5] Auch an den Küsten von Caithness häufen die Wellen ruinenartige Haufen grosser Blöcke auf. PEACH beschrieb diese meist

---

[1] a. a. O. S. 41.
[2] F. v. RICHTHOFEN, China. Bd. 2 S. 780, Anm. 5. GEIKIE a. a. O. S. 25.
[3] STEVENSON a. a. O. S. 25.
[4] HIBBERT, Shetland Islands. S. 527.
[5] Ich habe hier absichtlich die Originalmaasse beibehalten.

aus den Gesteinen des Old Red bestehenden Bauwerke des Meeres,[1] er bemerkt, dass die Blöcke von 5 bis zu 500 Tonnen Gewicht besassen. Einzelne ganz besonders schwere Stürme zerreissen dann auch wohl die lose zusammengefügten Haufen wieder und verstreuen die Blöcke von Neuem über einen grossen Raum. Auf der kleinen Insel, welche den Leuchtthurm von Bell Rock an der schottischen Ostküste trägt, wurde oft beobachtet, wie Steine von 2 Tonnen an Gewicht vom Grunde des allerdings dort nicht sehr tiefen Meeres heraufgewühlt und an die Küste geschleudert wurden.[2] Diese grossen Blöcke werden von den Leuchtthurmwärtern Reisende (travellers) genannt. Diese Beispiele, welche sich durch Beobachtungen an den Klippenküsten anderer Länder leicht vermehren lassen würden, mögen hinreichen, um die Grösse der Kraft, mit welcher die Meereswellen Steintrümmer gegen die Küste wälzen, zu bezeugen.

Aber trotz aller Anstrengungen des Meeres würde Schottlands Küste nicht diese wildzerrissenen Uferlinien zeigen, nicht von so zahlreichen, seltsam gestalteten, Inseln aller Grössen umgeben sein, wenn das Gestein überall derselben Formation angehörte oder überall denselben Härtegrad besässe. Nur der fortwährende Wechsel widerstandsfähiger und rasch nachgebender Gesteine vermochte die Umrisse Schottlands so zu gestalten, wie sie die Karte heute zeigt. Wo feste Schichten von einzelnen Streifen weicheren nachgiebigen Gesteines unterbrochen werden, da haben die Wellen diese förmlich herausgenagt und dadurch Höhlen, Thore und Tunnel geschaffen. Am Südrande der Insel Mull sind die hohen thorartigen Höhlen nach Ferdinand Zirkel nur dadurch entstanden, dass der oolithische Sandstein aus seiner Basaltumgebung herausgebrochen wurde.[3] Auf den Färöer giebt es eine grosse Anzahl von Höhlen am Strande, die nach Amund Helland eher nach Tausenden als nach Hunderten zu zählen sind.[4] Diese Höhlen halten sich in auffälliger Weise an die weicheren Tuffschichten, an die Basaltgänge oder auch an die Klüfte und Ablösungsflächen in den Basaltbänken. Bisweilen hat das Meer da, wo ein Basaltgang zum Meere hinabreicht, eine Höhle in denselben gebrochen, „so wie ein Stollen einem Erzgange folgt". Auf Strömö ziehen zwei sich kreuzende Basaltgänge zum Meer, in beiden Gängen sind Höhlen bis zum Kreuzpunkte ausgearbeitet, so dass man mit einem Boote in den einen Gang hineinfahren und durch den

[1] Mitgetheilt bei Geikie a. a. O. S. 61.
[2] Stevenson a. a. O. S. 28.
[3] Zeitschrift der deutschen geolog. Gesellschaft. Bd. 23 (1871) S. 53.
[4] Ebenda Bd. 31 (1879) S. 729 ff.

anderen das offene Meer wieder erreichen kann. Bisweilen geht eine solche Höhle als Tunnel quer durch eine ganze Insel oder ein Vorgebirge hindurch. Ist nun die Decke eines solchen Tunnels nicht haltbar genug oder arbeiten Regen und Frost von oben an ihrer Zerstörung, so stürzt sie ein, aus dem Tunnel wird dann ein enger Sund, Inselbildung findet statt. Denkt man sich, wie es ohne Zweifel zulässig ist, diesen Vorgang oft wiederholt, so ist die weitgehende Zersplitterung der Färöer und überhaupt sämmtlicher Inselgruppen im Norden und Nordwesten von Grossbritannien einfach genug erklärt. Reichte das weichere Gestein in einem langen, aber schmalen Streifen tief in das Gebiet des härteren hinein, so konnten unter günstigen Umständen tiefe fjordartige Golfe ausgenagt werden[1] und ansehnliche Küsteninseln abgetrennt werden. Waren widerstandsfähige Massen von unregelmässiger Begrenzung rings von leicht abzutragenden Schichten umgeben, so mussten jene als Küstenarchipel zurückbleiben, während die Stelle der weggeschafften Formationen von Sunden und kleinen Meeresbecken eingenommen wurde. F. von Richthofen hebt hervor, dass in der Regel die Besetzung der Küsten mit Inseln aus krystallinischen Gesteinen dafür spricht, dass, „trotz mancher gegentheiliger Oscillation in der Gegenwart, Senkung die vorherrschende Bewegung des Landes seit einer längeren Periode gewesen ist“.[2] So können uns die Abrasions- und Erosionsvorgänge an der Küste auch einigen Aufschluss über die geologischen Schicksale des Landes gewähren.

Andere Erscheinungen treffen wir da, wo weiche nachgiebige Gesteine vorherrschen und nur hin und wieder ein härterer Gesteinsgang besseren Widerstand zu leisten vermochte. Dann bleiben Thürme und Pfeiler übrig, welche nicht nur an den schottischen Küsten, sondern an allen Steilküsten mit heftiger Brandung anzutreffen sind. Besonders auffällig sind die Gestalten dieser Säuleninseln in der Gruppe der Shetland-Inseln und an den Färöer. Hibbert hat eine Anzahl der auffallendsten Formen abgebildet, man beachte namentlich die sogenannten Drongs, ganz isolirte granitische Felsenpfeiler zwischen Papa Stour und Hillswick Ness. Eine andere Gruppe, nördlich von Hillswick Ness, gleicht aus der Ferne ganz einer Flotte kleiner Schiffe mit aufgespannten Segeln.[3] Aehnliche

[1] Damit soll aber nicht behauptet werden, dass alle Fjorde auf diese Weise entstanden sind.

[2] China. Bd. 2 S. 775.

[3] Hibbert a. a. O. S. 519.

Felsen, die zu den Färöer gehören, beschreiben PREYER und ZIRKEL.[1] Schon BERNHARD STUDER erwähnt die eigenthümlichen „dykes“ von Trapp, welche auf den Hebriden und in Irland oft viele Fuss hoch aus dem durch Schiefer, Sandstein und Kalkstein gebildeten Boden aufragen.[2] FERDINAND ZIRKEL berichtet von den Trappgängen auf Arran, welche Stand halten, wenn das umgebende Gestein weggewaschen wird. Sie erscheinen dann als dunkele Mauern, die zu Hunderten weit in die See hinauslaufen. Durch die Brandung sind sie fast spiegelglatt geschliffen (vgl. oben S. 132) und ihre schwarze Farbe sticht sehr gegen die des rothen Sandsteines ab. Umgekehrt entstanden da Schluchten, wo Trappgänge rascher zerstört wurden als umgebender Granit.[3] Zeigen sich so die Einzelformen der Küsten und Inseln Schottlands im höchsten Grade von der Widerstandsfähigkeit der Gesteine abhängig, so beweist uns ein Blick auf eine geologische Uebersichtskarte des ganzen Landes,[4] dass auch der allgemeine Character der Küsten, die Verbreitung der Küsteninseln, der schmalen Fjorde und der geräumigeren Firths von der geologischen Zusammensetzung des Landes bedingt wird. Wir sehen, wie die Hebriden und die ihnen benachbarten besonders stark zerrissenen Küstenstrecken des Festlandes fast durchweg der Laurentischen und Cambrischen Formation angehören, während die silurischen und devonischen Küsten des Ostens viel sanftere Umrisse zeigen, offenbar viel gleichmässiger von den Wellen überwältigt worden sind. Auch die Umrisse der wenigstens vorwiegend silurischen Inseln Islay und Jura und der langgestreckten Halbinsel Cantire erscheinen sehr regelmässig, wenn man sie mit denen von Mull, Skye oder Lewis vergleicht. Auf Skye kann man an einzelnen Punkten noch erkennen, wie die Buchten und Fjorde den Streifen der Tertiärformation folgten, welche durch einzelne stehengebliebene Reste ihre Anwesenheit noch bezeugen. Die Küsteninseln überhaupt wie die schmalen sehr weit in das Land hineinreichenden Fjorde (Lochs) gehören nur der westlichen, die breiteren Golfe (Firths) nur der östlichen, so gut wie gänzlich inselfreien Seite Schottlands an.

Fast noch deutlicher lässt sich in Irland der Einfluss der geologischen Verhältnisse auf Küstengestaltung und Vorkommen von

[1] PREYER und ZIRKEL, Reise nach Island. Leipzig 1862. S. 19.

[2] STUDER, Lehrbuch der phys. Geographie und Geologie. Bd. 1 S. 346.

[3] ZIRKEL in Zeitschr. der deutschen geolog. Gesellschaft. Bd. 23 (1871) S. 18 f.

[4] Vergl. die zu GEIKIE's Scenery of Scotland gehörige Karte.

Erosionsinseln nachweisen. Betrachten wir[1] den südwestlichen Theil Irlands, so sehen wir eine Anzahl paralleler, von einzelnen Inseln begleiteter Halbinseln, welche durch ebenso regelmässige fjordartige Einschnitte von einander getrennt werden. Wie A. von Lasaulx nachgewiesen hat, entsprechen die sechs Fjorde ebensovielen Mulden von Kohlenkalk, die sechs Landzungen aber dazwischen aufragenden Zonen des alten rothen Sandsteines.[2] Indem das Meer die Mulden des Kohlenkalkes bis auf wenige wie zur Belehrung übrig gelassene Reste ausnagte, blieben die Massen des Old Red, welche erheblich grösseren Widerstand entgegenzusetzen vermochten, als Halbinseln dazwischen stehen. Nördlich von der Mündung des Shannon bis zur Stadt Galway hin ist die Küste sehr einförmig aus den Schichten des Kohlenkalksteins und der productiven Steinkohlenformation zusammengesetzt. Hier konnte der Ocean überall rasch vorschreiten und die Küste verläuft deshalb einförmig und besitzt auch nur sehr wenig Küsteninseln. Nördlich von Galway wiederum können wir uns nach den Hebriden versetzt glauben, ein solches Durcheinander von grösseren und kleineren Inseln, Landzungen, Sunden und Golfen tritt hier auf. Ganz besonders ist es die Insel Achill, deren grossartige Steilküsten sehr bekannt geworden sind. Hier sind es meist Granite, daneben krystallinische Schiefer und obersilurische Gesteine, welche dieses an Norwegen, Westschottland und andere bekanntere Küsten des norwegischen Typus erinnernde Inselgewirr zusammensetzen. Wir sehen also, wie verschiedene geologische Zusammensetzung auch ein ganz verschiedenes Küstenbild hervorbringt und wir werden deshalb immer am sichersten vorgehen, wenn wir eigenthümlich geformten von ihrer Umgebung auffallend abweichenden Küstenstrecken gegenüber das Eigenthümliche der Formen der verschiedenen Widerstandsfähigkeit gegen die Erosion oder der ungleichen Stärke der Erosion selber zuschreiben; wir müssten denn bestimmte Anzeichen besitzen, dass gerade diese Küstenformen, wie in dem früher erwähnten Falle der Athoshalbinsel, dem inneren Bau des Gebirges ihre Entstehung verdanken.

In der Grafschaft Pembroke (Wales) fällt uns die St. Brides Bai auf. Die beiden Landzungen, welche dieselbe einrahmen, bestehen aus hartem Granit; weichere Schichten der Kohlenformation waren einst dazwischen eingeschaltet, das Meer hat sie bis auf geringe

---

[1] Vergl. die geol. Karte bei Hull, Physical Geology and Geography of Ireland. London 1878.

[2] A. v. Lasaulx, Aus Irland. Bonn 1878. S. 86 f.

Reste herausgenagt und die Bai geschaffen.[1] RAMSAY meint, dies sei der beste Platz in ganz Grossbritannien, um die Wirkungen lange fortgesetzter Angriffsthätigkeit des Meeres zu studiren. Der ganzen Westküste von Wales entlang lässt sich wahrnehmen, dass die härteren Gesteinsvarietäten als Vorgebirge Stand hielten, während die Buchten und Golfe den Raum zerstörter weicherer Schichten einnehmen.

Die Nordküste der Bretagne wird von der Pointe St. Mathieu bis zur Bai von St. Michel von Granitmassen gebildet, ebenso aber auch die Südküste von der Pointe de Penmarch bis zur Mündung der Vilaine. Zwischen beide Granitzonen schiebt sich ein Streifen silurischen und devonischen Terrains ein, dem auch die Westküste angehört.[2] Man wird sofort bemerken, dass sowohl die Nordküste als die Südküste zahlreiche enge fjordartige Einschnitte und Haufen von allerdings meist sehr kleinen Küsteninseln besitzt, breitere, tiefer eingreifende Golfe finden sich nur im Westen, dort sind auch die Küsteninseln am sparsamsten vorhanden. BURAT hegt gar keinen Zweifel, dass es nur die geologischen Verhältnisse sind, welche hier den Küstencharacter bestimmen.

Im nordwestlichen Spanien treffen wir wiederum Kücsteneinschnitte, Halbinseln und auch einzelne ächte Erosionsinseln, welche uns lebhaft an Irland oder die Bretagne erinnern. Ziehen wir die BOTELLO'sche Uebersichtskarte[3] zu Rathe, so bemerken wir leicht, dass die Verbreitung der tiefer einschneidenden Küstenfjorde an das Auftreten des Granites geknüpft ist, welcher von der Mündung des Duero bis über die Puenta de la Estaca hinaus an der Küste durchaus vorherrscht und nur hier und da von schmalen Streifen anderer Gesteine unterbrochen wird. Südlich von der Mündung des Duero hört der Granit völlig auf, mit ihm verschwinden die Steilküsten, die Fjorde und die Inseln. Ebenso ist an der Nordküste östlich von der Ria de Foz kein Granit mehr anzutreffen, er wird gänzlich durch silurische, cretaceische und tertiäre Bildungen verdrängt. Auch hier beginnt mit dem ersten Auftreten silurischer Schichten eine viel ruhigere, weniger zerrissene Küstenbildung, die Rias sind weniger tief, die Landzungen nicht mehr so weit in die See vorspringend,

[1] RAMSAY, Physical Geology and Geography of Great Britain. 5. Aufl. London 1878. S. 487 f.

[2] BURAT, Géologie de la France. Paris 1874. S. 135. BURAT, Voyages sur les Côtes de France. Paris 1880. S. 162.

[3] DON FEDERICO DE BOTELLO Y DE HORNOS, Mapa geológica de España y de Portugal. Madrid 1879.

Inseln fehlen hier so gut wie gänzlich. Auch die Kreideschichten der Provinz Santander und des Baskenlandes erinnern in keiner Weise an die Küstenbildung der Nordwestecke der Halbinsel. Bemerkenswerth ist es dagegen, dass an der einzigen Küstenstrecke Spaniens, an welcher sich ausserhalb Galliciens der Granit an der Zusammensetzung der Küste betheiligt, nämlich im Norden Cataloniens östlich von Gerona, in kleinerem Maassstabe auch wieder gallicischer Küstentypus unverkennbar auftritt. — Auch da, wo die Küsten ausschliesslich aus den Schichten der Kreide, der tertiären und quartären Formation zusammengesetzt sind, müssen sich Unterschiede der Widerstandsfähigkeit und damit des Küstenbildes bemerklich machen. Betrachten wir die Ostküste der dänischen Insel Seeland und die benachbarten Inseln Moen und Falster, so nehmen wir drei grosse Buchten wahr. Die nördlichste ist die von Kjöge, dann folgt die ganz ähnlich gestaltete Bucht von Prästö, und endlich bilden Moens und Falsters Ostküste auch wieder eine nach Westen freilich nicht ganz geschlossene grosse und flache Bucht. Es zeigt sich nun, dass die Vorsprünge, welche jene Buchten umgrenzen, aus den festeren Schichten der Kreideformation bestehen. So namentlich auf Moen und Faxoe auf Seeland. Auch die Gegend von Kopenhagen und die Insel Saltholm sind durch ihre Grundlage von Kreideschichten gegen Zerstörungen einigermaassen gesichert, während die Thon- und Sandschichten, welche einst die Stelle der heutigen Buchten einnahmen, schnellerer Zerstörung unterlagen.[1]

Auch an der deutschen Ostseeküste sind ähnliche Vorgänge wahrzunehmen. Die Kreideschollen Rügens, die Tertiärschollen bei Rixhöft und im Samlande sind hier die Stand haltenden Pfeiler, zwischen denen die Pommersche und die Danziger Bucht sich ausdehnen. Uebrigens würden wir irren, wenn wir annehmen wollten, dass gerade Pommerns Küste in historischer Zeit beträchtliche Verluste durch das Meer erlitten habe. Nach P. Lehmann[2] passen die Schilderungen der Dievenow aus dem 12. Jahrhundert noch heute ganz gut. Die einstige Existenz einer grossen, durch die Meeresfluthen vernichteten Stadt Vineta, deren Trümmer man im Meer vor der Küste von Usedom zu erblicken glaubte, wird jetzt von keiner Seite mehr vertheidigt. Uferabbrüche haben übrigens sowohl auf Usedom wie auf Wollin in historischer Zeit stattgefunden, u. A. bei

[1] C. F. Frisch in Wappäus' Handbuch. Bd. 3, Abth. 1 (Leipzig 1864) S. 374.

[2] Pommerns Küste von der Dievenow bis zum Darss. Breslau 1878. S. 18 ff.

Misdroy,[1] gleichwohl entbehrt die früher mehrmals aufgetauchte Ansicht, dass Usedom von Rügen, oder Rügen vom Festlande erst im Anfange des 14. Jahrhunderts losgerissen seien, wie uns LEHMANN mit aller Bestimmtheit versichert, jeder Grundlage. Auch Rügen selber wird seine characteristischen Formen, abgesehen von kleineren späteren Zerstörungen und Durchbrüchen, sicher schon im früheren Mittelalter besessen haben. Ob sich aus dem Umstande, dass der Maulwurf auf Wittow fehlt, wirklich Schlüsse auf frühere Insularität Wittows ziehen lassen, muss ich nach dem im ersten Kapitel Bemerkten entschieden bezweifeln. Ueberhaupt ist für ähnliche Fälle zu bemerken, dass überall da, wo eine von den Wellen angegriffene Insel einem Festlande nahe liegt, Sagen über früheren Landzusammenhang existiren. Ueber den Grund oder Ungrund einer solchen Lage kann aber nur genaue Prüfung der Oertlichkeit und strenge Kritik der vorhandenen urkundlichen Nachrichten entscheiden. So viel auch der zerstörenden Thätigkeit der Wellen zugemuthet werden kann, darf man den Zeitraum, innerhalb dessen grössere Veränderungen der Küste dem Auge sichtbar werden, doch nicht nach Jahrhunderten oder gar Jahrzehnten bemessen. Für die Ostsee kommt noch hinzu, dass die Kraft der Brandungswellen im Ganzen geringer als in der Nordsee oder dem offenen Ocean ist, einzelne Sturmfluthen wie die vom 12. und 13. November 1872[2] können die Differenz nicht völlig ausgleichen. In der Nordsee haben die deutschen und holländischen Küsteninseln, weil ihnen selbst räumlich so beschränkte Schollen festeren Gesteines, wie sie Rügen besitzt, fehlen, dem hier viel heftigeren Ansturm der Wogen nur sehr geringen Widerstand leisten können. Noch jetzt sind trotz vielfacher Schutzmaassregeln Abbrüche und theilweise Zerstörungen einzelner Inseln zu verzeichnen. Ohne Zweifel ist auch die von den friesischen Küsteneilanden ganz abweichende Felseninsel Helgoland gegen früher verkleinert worden. Jedoch muss man sich hüten die in K. v. HOFF's „Geschichte der durch Ueberlieferung nachgewiesenen natürlichen Veränderungen der Erdoberfläche“ (Bd. 1), und seltsamerweise auch in einem neueren vortrefflichen Lehrbuche[3] wiedergegebene Karte, welche den Umfang Helgolands in verschiedenen Jahrhunderten an-

[1] LEHMANN a. a. O. S. 21 f.

[2] Vergl. über die Wirkungen dieser Sturmfluth auf die Küsten: BÄNSCH, Die Sturmfluth an den Ostseeküsten des Preussischen Staates am 12. u. 13. Nov. 1872. Berlin 1875.

[3] HANN, HOCHSTETTER, POKORNY, Allgemeine Erdkunde. 3. Aufl. Prag 1881. S. 357.

deutet, für mehr zu halten als ein blosses Phantasiestück. Jene Karte war als angeblich auf Helgoland gefunden zuerst von dem englischen Reisenden CLARKE bekannt gemacht worden.[1] Im dritten, erst 1834 ausgegebenen Bande seines Werkes (S. 258) hat indessen HOFF selbst angegeben, dass sie eine „abenteuerliche Erfindung neuerer Zeit sei, die sich auf keine historischen Nachrichten oder Ueberlieferungen von einigem Werthe gründe". Der dänische Mathematiker MEYER soll in der Mitte des 17. Jahrhunderts bei einer Fahrt um die Insel die Punkte aufgezeichnet haben, an denen nach den jedes Grundes entbehrenden Traditionen der Einwohner einst Ortschaften und Wälder standen; so entstand die Karte, der dann CLARKE und K. v. HOFF zu weiterer Verbreitung verhalfen. Ganz ungegründet ist NIEMANN's Behauptung, dass Helgoland noch 1444 mit dem festen Lande zusammengehangen habe. Die Schilderung der Insel durch ADAM VON BREMEN passt entschieden viel besser auf ihren heutigen Zustand, als auf die behauptete viel grössere Ausdehnung zu jener Zeit.[2] Man sieht auch aus diesem Fall, wie grosse Vorsicht den oft mit grosser Sicherheit auftretenden Behauptungen vom Verschwinden ausgedehnter Landstrecken in verhältnissmässig kurzer Frist gegenüber geboten ist. — Die hier angeführten Beispiele werden genügen, um zu zeigen, wie gross der Einfluss der geologischen Verhältnisse und der Gesteinsbeschaffenheit auf Küstengestalt und Inselbildung ist. Sehr lohnende Resultate würden von einer beharrlich über alle Küsten der Erde ausgedehnten Vergleichung der Wellenthätigkeit, der geologischen Verhältnisse und des Küstenbildes zu erwarten sein. Dabei wären dann auch die Verschiebungen der Küstenlinie zu berücksichtigen. Aber eine solche Arbeit könnte nur eine sehr umfangreiche sein, wir würden vorläufig auch schon durch eine möglichst eingehende Bearbeitung einzelner Küstenstrecken und Inselgebiete viele neue und zu weiterem Nachdenken anregende Thatsachen kennen lernen.

6) Erosion durch Gletschereis. Es bleibt noch zu erörtern übrig, ob in einzelnen Fällen auch dem Eise ein Einfluss auf die Modellirung der Küsten und die Lostrennung von Inseln zugeschrieben werden darf. Es handelt sich hier namentlich um die Ausmeisselung der Fjorde und Fjordstrassen durch die grossartigen Gletscher der Eiszeit. Die Möglichkeit einer solchen Ausmeisselung

---

[1] CLARKE's Reisewerk. Abth. 3, Theil 9, S. 9 (London 1824). Vergl. v. HOFF's Geschichte. Bd. 1. Gotha 1822. S. 57.

[2] v. HOFF a. a. O. Bd. 3 S. 259. Vergl. auch GUTHE, Die Lande Braunschweig und Hannover. Hannover 1867. S. 79 f.

wird von einigen Geographen und Geologen eben so lebhaft bekämpft, wie von anderen aufrecht erhalten. Es kann um so weniger unsere Absicht sein, diese sehr weitschichtigen und wahrscheinlich doch nur von Fall zu Fall zu unterscheidenden Fragen ausführlich zu erörtern, als wir eine sehr verdienstvolle Darstellung dieses Gegenstandes bereits besitzen.[1] Dagegen müssen wir zunächst untersuchen, ob die Fjorde und Fjordstrassen wirklich nur auf die Verbreitungsgebiete der eiszeitlichen Gletscher beschränkt sind oder ob sie auch ausserhalb derselben vorkommen. Unter Fjorden werden hier in theilweiser Anlehnung an die Definitionen von Dana und Ratzel[2] lange, enge meist von steilen, hohen Wänden eingefasste Meeresarme verstanden. Sie können entweder an einem Ende geschlossen sein (eigentliche Fjorde, Fjordschluchten, Fjordbuchten) oder sie sind an beiden Enden offen (Fjordstrassen). Gewöhnlich finden sie sich in grösserer Anzahl beisammen. Beziehungen zu Gletschern, mögen es solche der Gegenwart oder der Eiszeit sein, bleiben bei dieser Definition ausdrücklich ausgeschlossen, und ich nenne auch solche Einschnitte Fjorde, von denen ganz genau bekannt ist, dass sie niemals von Gletschern erfüllt oder gar ausgehöhlt wurden. Es sei gleich hier bemerkt, dass Fjorderscheinungen im Allgemeinen eine weit grössere Verbreitung haben, als vielfach angenommen wird. Das alte Vorurtheil, Fjorde nur da zu suchen, wo nachweislich Gletscher thätig waren oder noch sind, mag die Erkennung manches ächten Fjordgebietes verzögert haben.

Die Polargebiete beider Halbkugeln sind äusserst reich an Fjorden und Fjordstrassen der verschiedensten Dimensionen. Ebenso enthalten sie noch jetzt massenhafte Gletscher, ja sogar förmliche Inlandeismassen wie in Grönland. Die Vergletscherung muss früher noch weit bedeutender gewesen sein, wie uns neuere Beobachtungen im westlichen Grönland[3] und auf Kerguelensland[4] nahe legen. Gleichwohl würde es sehr gewagt sein, alle jene Fjorde und Fjordstrassen der Polarländer schlechthin für Werke der Gletscher zu erklären. Wir sahen früher, dass schon jetzt einige Fjordstrassen als Verwerfungen und Bruchlinien, also als tektonische Phänomene ge-

---

[1] Penck, Vergletscherung der deutschen Alpen, Leipzig 1882, besonders S. 368 ff. Hier findet man auch genaue Literaturangaben und Bemerkungen über die Stellung der einzelnen Forscher zu unserer Frage.

[2] Vergl. Petermann's Mittheilungen 1880. S. 388, Anm. 1 und S. 304.

[3] Petermann's Mittheilungen 1883. S. 136 und Tafel 5.

[4] Moseley, Notes bei a Naturalist on the „Challenger". London 1879. S. 197 f.

deutet werden können, gewiss werden künftige Forschungen noch zahlreiche andere als solche nachweisen. Ausserdem lernten wir in der zerstörenden Wirkung des Frostes eine Macht kennen, welche kräftig genug ist, um in langen Zeiträumen nachgiebigere Massen gänzlich hinwegzuräumen und jene zackigen Umrisse zu schaffen, die wir jetzt bewundern. Endlich haben auch Veränderungen der Grenzen zwischen Land und Meer, mag man sie nun erklären wie man will, in den Polarregionen ebensowenig gefehlt als in anderen Erdräumen. Dabei soll eine Betheiligung des Eises an der Ausmeisselung der Detailformen keineswegs ganz geläugnet werden; wie das geschehen sein kann, werden wir bald sehen.

Ausgezeichnet durch Reichthum an Fjorden, Fjordstrassen und Küsteninseln sind ferner die Küsten Scandinaviens, Schottlands und Irlands. Auch hier müssen wir die einstige Anwesenheit mächtiger Eismassen anerkennen, die von den norwegischen, schottischen und irischen Bergen herabstiegen und die niedrigeren Partien jener Länder sowie Theile der nordeuropäischen Meere überzogen.[1] Auch hier aber sind die Gletscher gewiss nur an der nachträglichen Ausfeilung der schon gegebenen Umrisse betheiligt gewesen. Die Südgrenze der Glacialerscheinungen ist nicht zugleich die Südgrenze der Fjorde. Schon Reclus deutete auf den Fjordcharacter der Küsten der Bretagne hin[2] und Burat gebraucht sogar mehrmals den Ausdruck Fjord für die dortigen Küsteneinschnitte.[3] Die frühere Anwesenheit von Gletschern auf den niedrigen Bergzügen der Bretagne ist aber noch nicht erwiesen, jedenfalls waren dieselben nicht sehr erheblich. Die Fjordenwelt der Bretagne beginnt mit schwachen Spuren an der Westküste der Halbinsel Cotentin, der erste grössere fjordartige Golf ist aber die Mündung der Rance bei St. Malo. Dann folgt namentlich der schmale Golf an der Mündung des Trieux, den Burat als „véritable fiord“ bezeichnet. Nach den Angaben dieses Geologen ist aber dieser Fjord kein Werk der Erosion, sondern eine Spalte (une faille) zwischen den Uebergangsgesteinen und dem Granit. Obwohl diese klaffende Spalte schon grosse Mengen Geröll und Getrümmer, das von den Seitenwänden nach und nach abstürzte, aufgenommen hat, ist ihre Tiefe doch noch eine sehr beträchtliche. Gegen Westen weiterschreitend treffen wir noch den Fjord von Morlaix, den Aber-Wrach und den Aber-Benoist. Bei den letzteren ist die

[1] Vergl. Helland's Karte, Zeitschrift der Geolog. Gesellsch. Bd. 31 (1879) S. 718.

[2] La Terre. 3. Aufl. Paris 1876. Bd. 2 S. 158 ff.

[3] Voyages sur les côtes de France. Paris 1880. S. 178 u. ö.

Mündung von dichten Schwärmen ganz kleiner Küsteninseln umgeben, und das ganze Küstenbild erinnert an eine scandinavische Skjaerenlandschaft. An der Südküste sind noch der Fjord von Audierne, die Anse de Bénodet bei Quimper, die Anse du Pouldu und die eigenthümlich gestalteten Golfe bei Lorient, Belz und Vannes (le Morbihan) zu erwähnen. Alle diese Golfe und Fjorde, welche den norwegischen nur deshalb nachstehen, weil die Küste viel niedriger ist, können nach unseren früheren Betrachtungen viel einfacher durch Wellenschlag, Gezeiten, Niederschläge als durch Auspflügung Seitens der in keinem Falle sehr bedeutenden Gletscher der bretonischen Gebirge erklärt werden.

Eine andere Fjordregion bietet uns das nordwestliche Spanien, wir lernten ihre Beziehungen zum geologischen Aufbau der Küste schon kennen. Die einstige Anwesenheit von Gletschern auf den hohen und an Niederschlägen reichen Gebirgen von Gallicien und Asturien ist allerdings sehr wahrscheinlich, vielleicht dehnten sich die Gletscher auch auf die Ebenen von Altcastilien aus,[1] wo die überall verstreuten Rollblöcke (namentlich an den Abhängen des Guadarramagebirges) auch von nicht gerade auf geologische Forschungen ausgehenden Reisenden beobachtet und erwähnt werden.[2]

Gehen wir jetzt zu den Küstenländern des Mittelmeeres weiter, so finden wir zu beiden Seiten der Strasse von San Bonifacio (zwischen Corsica und Sardinien) eine Menge von Erosionsinseln, Vorsprüngungen und Buchten, die mindestens ebensosehr wie manche Theile der Bretagne oder Galliciens an nordische Küsten erinnern. Die fjordartigen Erscheinungen fallen mit der Verbreitung des Granites ziemlich zusammen.[3] Es würde sehr gewagt sein eine bedeutende Vergletscherung der beiden Inseln Corsica und Sardinien anzunehmen.

Zweifelhaft war es immer, ob wir die Inselwelt an der Ostseite des Adriatischen Meeres der norwegischen oder schottischen an die Seite stellen dürfen. PESCHEL hält die langgestreckten Sunde und Einschnitte Dalmatiens nicht für Fjorde, sondern für Thäler, welche durch Senkung der Küste unter Wasser gerathen sind.[4] Er beruft

---

[1] PENCK, Schwankungen des Meeresspiegels. München 1882. S. 25.

[2] GERMOND DE LA VIGNE, Itinéraire de l'Espagne et du Portugal. Paris 1866. S. 43, Spalte 1.

[3] Vergl. das südliche Blatt der früher citirten geologischen Karte von Italien. Die Einschnitte, doch ohne Küsteninseln, sind auch noch auf dem Granitterrain der Westküste Corsica's zu erkennen.

[4] Neue Probleme. S. 16 u. 109 der 2. Auflage.

sich auf die allerdings kaum anzuzweifelnden Senkungsphänomene an der ganzen Küste Dalmatiens und auf das Fehlen senkrechter Einschnitte an Küsten und Inseln. Abgesehen davon, dass die Einschnitte an vielen ächten Fjordküsten durchaus nicht rechtwinklig zur Küstenlinie verlaufen, fehlen die senkrechten Einschnitte auf unserem Gebiet nicht völlig, man braucht nur den Canale di Leme bei Rovigno an der istrischen Westküste zu betrachten, dem sich kleinere benachbarte Bildungen anschliessen. Auch die Mündung der Kerka kann als senkrechter Küsteneinschnitt angesehen werden. Sehr auffällig bleibt es immer, dass auf der Balkanhalbinsel bisher keine Spuren früherer Gletscher zweifellos nachgewiesen werden konnten, während sie doch dem viel südlicheren Libanon, nach Fraas[1] selbst dem Sinai nicht gänzlich fehlen. Die österreichischen Geologen, welche in den letzten Jahren Bosnien und die Herzegowina untersucht haben, verneinen[2] gerade für diese Gebiete ganz entschieden das Vorhandensein irgend welcher Anzeichen der Anwesenheit alter Gletscher. Sie befinden sich dabei in völliger Uebereinstimmung mit Hochstetter, Neumayr, Bittner und Teller, welche für den Balkan und die südlichen Theile der Halbinseln Glacialspuren nicht anerkennen wollen. Freilich muss zugegeben werden, dass noch keineswegs die ganze Balkanhalbinsel geologisch in befriedigender Weise untersucht ist, für manche Gebiete, z. B. das Innere von Albanien und Epirus, ist seit mehreren Jahrzehnten nur wenig gethan[3] und weite Gebiete der Halbinsel sind auch heute noch, wie Toula richtig bemerkt, als terra incognita zu bezeichnen. Die Möglichkeit, dass später doch noch Gletscherspuren gefunden werden, ist also nicht gänzlich in Abrede zu stellen. Wie lange hat es gedauert, bis die Gletscherspuren im genau bekannten Harze, im Frankenwalde und Riesengebirge sicher erkannt und genau beschrieben wurden! Aber wenn uns auch die Gletscher der Balkanhalbinsel einst nachgewiesen werden sollten, an den dalmatischen Küsteneinschnitten sind sie doch gewiss unschuldig. Schon früher war erwähnt (S. 58), dass Ed. Süss die Strassen und Canäle zwischen den Inseln Dalmatiens als Sprünge ansieht, welche sich beim Absinken des die Adria einst ausfüllenden Festlandes bildeten.[4] Giebt man zu, dass durch solche Spaltenbildung die gegenwärtigen Umrisse in ihren Grundzügen hergestellt wurden, so ist doch festzuhalten,

[1] Fraas, Aus dem Orient. Stuttgart 1867. Bd. 1. S. 28—30.
[2] Grundlinien der Geologie von Bosnien-Hercegovina. Wien 1880. S. 46.
[3] Petermann's Mittheilungen 1882. S. 362 u. 369.
[4] Süss, Entstehung der Alpen. Wien 1875. S. 92.

dass die Küsten und Inseln Dalmatiens der Erosion, wenn auch nicht der Gletschererosion, in hohem Maasse ausgesetzt sind. Die Regenmenge ist sehr bedeutend, sie beträgt in Triest 1093, in Pola 711, in Fiume 1650, in Zara 801, in Lesina 791, in Curzola 997, in Ragusa 1669 mm.[1] Die zertrümmernde Wirkung des Frostes kann hier auch noch eine ziemlich bedeutende sein, da in Ragusa ein Minimum von — 6°, in Lesina von — 7°, in Pola von — 8°, in Triest von — 12° C. beobachtet wurde.[2] Gerade verhältnissmässig heftige, aber rasch vorübergehende Kälte ist rascher Felszertrümmerung sehr günstig. Auch der starke Wellenschlag des oft von localen Winden bewegten Meeres ist in Rechnung zu ziehen. Jedenfalls können wir die Formen der dalmatischen Küsten und Inseln durch Annahme von Bruchlinien und mit Berücksichtigung der unablässigen Thätigkeit der atmosphärischen Niederschläge und Wellen viel einfacher erklären als durch Heranziehung vorläufig noch ganz mythischer Gletscher.

Die Küsten des Indischen Oceans sind auch nicht ganz frei von Fjordbildungen und gesellig auftretenden Erosionsinseln. Zunächst erregen die zerrissenen Formen der Südspitze der Sinai-Halbinsel und die in der Nähe befindlichen Inseln unsere Aufmerksamkeit. Diese Südspitze, das Ras Mohammed genannt, wird von besonders heftiger Brandung angegriffen. Es ist wegen der Windstösse, die hier aus beiden Golfen zusammentreffen, sehr gefährlich, sich dem Vorgebirge mit dem Schiff zu sehr zu nähern, „weil auch das Meer dadurch zu sehr unregelmässigen Anschwellungen agitirt wird".[3] Noch weit auffälligere Fjordbildungen erblicken wir im Persischen Golfe, namentlich an der arabischen Seite desselben, wo sich ganze Haufen von Küsteninseln finden, die freilich erst auf einer Admiralitätskarte (No. 2837a und 2837b) genau erkannt werden können. Sie sind im Einzelnen noch wenig erforscht, wir können jetzt noch nicht bestimmt angeben, welche von ihnen durch Erosion und welche durch Spaltenbildung vom Festlande getrennt sind.[4] Sehr bezeichnend bleibt es aber immer, dass Ritter gerade hier von Fjorden spricht und es ist bedauerlich, dass gerade dieser Erdstelle in den zahlreichen Schriften über Fjorde und ihre Ursachen so wenig Beachtung geschenkt wurde.

[1] Th. Fischer im Ergänzungsheft No. 58 zu Petermann's Mitth. S. 54.

[2] Ebenda S. 48.

[3] Ritter, Erdkunde. Bd. 14. Berlin 1848. S. 195. Vergl. Red Sea Pilot. London 1873. S. 54.

[4] Vergl. oben S. 89 und Ritter, Erdkunde. Bd. 12. Berlin 1846. S. 390. 528. 532.

Ansätzen zur Bildung einer Fjordlandschaft begegnen wir auch noch im Nordwesten Madagaskars, etwa vom 17° s. Br. bis zur Nordspitze der Insel. Auch hier müssen genauere Beschreibungen namentlich hinsichtlich der geologischen Verhältnisse abgewartet werden, bevor Bestimmtes über die systematische Stellung dieser Küstenpartien gesagt werden kann. Diese Partie der Insel liegt gerade der Gruppe der vulcanischen Comoren gegenüber, vielleicht sind also nicht alle Küsteninseln als Erosionsinseln anzusehen. Sibree führt an, dass er auf einer Reise nach der Nordwestküste an den Ufern des Bétsibókaflusses grosse Blöcke von rundlicher Gestalt angetroffen habe, die aus einem Material bestanden, das in der Nähe nicht zu finden war, sondern nach seiner Ansicht weiter aus dem Innern gekommen sein muss.[1] Auch in manchen Gegenden der Hochregion von Madagaskar finden sich abgerundete blockartige Massen von blauem Basalt, „die man, wenn sie in der gemässigten Zone aufgefunden würden, ohne Zweifel als aus der Eiszeit stammend betrachten würde“ (Sibree, a. a. O.). Haben wir es hier wirklich mit Spuren einer Eisperiode Madagaskar's zu thun, so räth doch die Vorsicht, den Gletschern auch hier keine allzu grossen Leistungen im Zerstören und Abschleifen der Küstenlinie zuzuschreiben.

Ein sehr ausgedehntes Gebiet gesellig auftretender Erosionsinseln und völlig fjordartiger Küsteneinschnitte liegt im östlichen Asien. Es umfasst Theile der chinesischen, koreanischen, japanischen und ostsibirischen Küsten. Von der Halbinsel Léi-tshóu bis zum Vorgebirge von Ningpo wird China's Küste von einem dichten Inselgürtel umgeben,[2] welchen die Admiralitätskarte No. 1262 schon ziemlich deutlich wiedergiebt. Der Schiffer, sagt F. v. Richthofen a. a. O., erblickt im Vorüberfahren nichts als kahle Höhen, zwischen denen das Meer in vielfachen Verzweigungen eingreift, so zwar, dass es die letzten Ausläufer der Gebirge in Inseln von nicht minder ödem Aussehen auflöst. Keine Küste in diesen Breiten hat eine ähnliche Zerschnittenheit aufzuweisen.[3] Die Inseln wiederholen sich noch einmal an der gebirgigen Halbinsel von Schantung und ebenso an der gegenüberliegenden Küste Korea's, wo eine Betrachtung der Admiralitätskarte No. 104 ganz seltsame Insel- und Fjordbildungen erkennen lässt. Auch die zweite der kleinen Karten, welche Oppert's

[1] Sibree, Madagaskar. S. 36 der deutschen Ausgabe. Leipzig 1881.

[2] F. v. Richthofen, China. Bd. 2 S. 30.

[3] Man wolle auch die zahlreichen Einzelbeschreibungen vergleichen, welche Bullock in seinem China Sea Directory Bd. 3 (London 1874) zusammengestellt hat.

Werk: Ein verschlossenes Land (Leipzig 1880) beigegeben sind, liefert ein anschauliches Bild der wilden Zerrissenheit dieser noch immer wenig bekannten Küste. Zwischen Korea und Japan liegt die Doppelinsel Tsusima, deren Fjordbildungen zu den auffälligsten Asiens gehören.[1] OLIPHANT (a. a. O. S. 180) beschreibt diese bisher fast nie berücksichtigte Fjordlandschaft und meint, dass es schwierig sei, sich etwas Ueberraschenderes zu denken, als dieses Netzwerk von tiefen Canälen, welche das hügelige Land nach allen Richtungen hin durchschneiden und ein Wasserlabyrinth bilden, das nur mit norwegischen Fjorden verglichen werden kann. Jedoch sind die Abhänge hier sanfter und die Berge gerundeter als in Norwegen. Eine vielgewundene Strasse, der Tsusima-Sund, trennt Nordinsel und Südinsel, nach beiden Seiten zweigen sich tief in die Nord- oder Südinsel eingreifende Seitenfjorde ab. Der westliche Eingang des Sundes ist $1^1/_2$ englische Meilen breit, der östliche aber ganz schmal und wegen seiner Seichtigkeit nur für Boote zugänglich.[2] Das Innere der Strasse aber und die zahlreichen Seitenfjorde besitzen tiefes, meist ruhiges Wasser, so dass die Schiffe an Bäumen und Felsen befestigt werden können und dann so sicher wie in einem Dock liegen, nur mit der Fluth und Ebbe steigend und sinkend.[3] Japan besitzt zahlreiche Küsteninseln, namentlich an der Westküste von Kiushiu, wo es auch an Küsteneinschnitten nicht mangelt.[4] Aber da einige der Inseln als vulcanische bezeichnet werden, dürfen wir nicht ohne Weiteres von Erosionsinseln reden. Doch ist die Gestaltung im Einzelnen sicher vielfach auf den hier heftigen Wellenschlag zurückzuführen. Mit vielen Inseln ist auch der von Kiushiu, Shikoku und Honshiu oder Nippon eingeschlossene Meerestheil versehen, das sogenannte japanische Binnenmeer oder Seto-uchi. REIN bemerkt, dass eine Fahrt zwischen diesen Inseln einigermaassen an eine Skjärenfahrt im europöischen Norden erinnere. Aber die Inselchen sind meist vulcanisch und das ganze Binnenmeer sehr seicht. Können wir also die Inselschwärme im südlichen Japan den chinesischen und koreanischen nicht ohne Weiteres an die Seite stellen, so treffen wir an der ostsibirischen Küste noch mehrmals kleinere Gruppen von ächten Erosionsinseln, die freilich nie mehr die Reichhaltigkeit der chinesischen und koreanischen erreichen.[5] Das ochotskische Küsten-

[1] Vergl. die Karte im Journal R. Geogr. Soc. Bd. 33 (1863) bei S. 178.
[2] China Sea Directory. Bd. 4 (London 1873) S. 72 f.
[3] Ebenda S. 73.
[4] J. J. REIN, Japan. Leipzig 1881. Bd. 1 S. 17 ff.
[5] Adm.-Karte No. 2388.

gebirge sendet gern Riffe, Warten und thurmähnliche Inselklippen in das Meer hinaus. v. MIDDENDORFF hat einige derselben näher beschrieben und abgebildet.[1] Auch die grösseren Schantar-Inseln nördlich von der Mündung des Amur gehören hierher. Wie steht es nun mit der Anwesenheit alter Gletscher im östlichen Asien? Die besten Kenner der hier in Frage kommenden Gegenden sind übereinstimmend der Ansicht, dass Spuren der Eiszeit in Ostasien kaum vorkommen. Nach F. v. RICHTHOFEN fehlt es in China an Spuren ehemaliger Gletscherbedeckung,[2] ebenso in der Mongolei. SCHMIDT gelangte für das Burejagebirge am Amur zu ähnlichen Resultaten[3] und J. J. REIN hat auf seinen Reisen in Japan nirgends Moränen, Gletscherschliffe oder andere Spuren der Eiszeit wahrgenommen.[4] Es fehlt also jede Andeutung, dass die Küstenzerklüftungen, Fjorde und Inselschwärme von China, Korea und Tsusima irgendwie unter Mitwirkung von Gletschern gebildet oder losgetrennt wären. Das südliche China rechnet F. v. RICHTHOFEN zu jenen sturmumwogten Senkungsküsten von zusammengesetztem, geologischen Bau, welche durch ihre Umgürtung mit widerstandsfähigen Küsteninseln den Beweis einer vorgehenden Senkung liefern.[5] Eine Verschiebung der Küstenlinie in Verbindung mit zerstörender Thätigkeit der Wellen würde also hier die Hauptursache jener Gestaltungen sein, daneben darf nicht unerwähnt bleiben, dass alle jene Küsten noch Frösten unterworfen sind und im Allgemeinen grosse Regenmengen empfangen. Höher im Norden scheinen die wenig beachteten Wahrnehmungen von ERMAN[6] für eine (wohl nicht allzugrosse) Vergletscherung des ostsibirischen Küstengebirges zu sprechen. NORDENSKIÖLD endlich fand zwar am Clarence-Hafen an der amerikanischen Seite der Beringstrasse nirgends Moränen, Irrblöcke, geriefte Bergabhänge oder andere Spuren einer verschwundenen Eiszeit, dagegen deuteten viele Zeichen darauf hin, dass am gegenüberliegenden asiatischen Strande Gletscher während einer nicht besonders fernen Zeitperiode bedeutende Strecken

[1] v. MIDDENDORFF, Reise in den äussersten Norden und Osten Sibiriens. Bd. 4, Abth. 1, S. 97 ff. und 221 ff. Petersburg 1867.

[2] F. v. RICHTHOFEN, China. Bd. 1 S. 76, vergl. Bd. 2 S. 760.

[3] BÄR und HELMERSEN, Beiträge zur Kunde des russ. Reiches. Bd. 25 S. 154 f.

[4] REIN a. a. O. Bd. 1 S. 44.

[5] China. Bd. 2 S. 775.

[6] ERMAN, Reise um die Erde. Historischer Bericht. Bd. 2 (Berlin 1838) S. 361. 366. 376. 380.

überzogen.[1] NORDENSKIÖLD meint sogar, dass diese Gletscher viel dazu beigetragen hätten, die dortigen Buchte und Golfe, wie die Koljutschin-Bai, die St. Lawrence-Bai u. a. auszugraben. Er wiederholt diese Ansicht einige Seiten später (S. 239 f.), fügt aber nun die wichtige Bemerkung hinzu, dass es sehr ungewiss sei, ob ein wirkliches Inlandeis (also ähnlich dem grönländischen oder nordeuropäischen) einst das ganze Land bedeckt habe. Es sei sicher, dass die Eisdecke sich nicht über das ganze Flachland ausgedehnt habe, wo eine Eisperiode in der scandinavischen Bedeutung nachweislich nicht existirt habe. Aus allen diesen Nachrichten geht soviel hervor, dass, etwa mit Ausnahme des äussersten Nordosten, Ostasien nur in höchst geringem Maasse von der Eiszeit betroffen wurde, dass aber die vorkommenden Küstengestaltungen sich auch ohne Gletscher ausreichend erklären lassen.

Betrachten wir den Australcontinent auf einer grösseren Karte (z. B. auf PETERMANN's Neunblattkarte), so entdecken wir, dass, mit Ausnahme des Südwestens, sehr zahlreiche Küsteninseln und auffallend fjordartige Einschnitte und Sunde vorkommen. Zunächst mache ich auf die Coburg-Halbinsel[2] aufmerksam, welche ihren Umrissen nach ganz wohl zu Newfoundland oder zu Schottland gehören könnte. Etwas westlich von der Coburg-Halbinsel werden Melville Island und Bathurst Island durch die enge und stark gewundene Apsley-Strasse von einander getrennt. Der ganzen Nordwestküste entlang kommen Küsteninseln vor, gehäuft treten sie auf, wenn wir Cap Londonderry (14° s. Br., 127° östl. L.) passirt haben. Hier beginnt ein Gewirr von Sunden, Golfen, Vorsprüngen, Inseln und Riffen, welches sich bis zum Buccaneer-Archipel am King-Sund fortsetzt. Dann verläuft die meist niedrige, sandige Küste eine Strecke ohne bedeutende Gliederung, bis unter dem 26. Breitengrad seltsam gestaltete Halbinseln auftreten, die durch tief einschneidende Golfe getrennt sind. Die Péron-Halbinsel wird durch den Hamelin Pool vom Festlande getrennt, sie trägt selbst wieder den tiefen Golf, der als Lharidon-Bai bezeichnet wird. Dann folgt seewärts das Freycinet Estuary und der Denham-Sund, welcher die gebirgige Halbinsel Edel-Land sich anschliesst. Die unmittelbare nördliche Fortsetzung dieser letzteren Halbinsel ist die Dirk Hartog-Insel, die nur durch die sehr schmale Epineux-Einfahrt vom Festlande getrennt wird.

[1] NORDENSKIÖLD, Die Umsegelung Asiens und Europa's auf der Vega. Bd. 2. Leipzig 1881. S. 221.

[2] 11° 30′ südl. Br. 132° östl. L. von Greenwich.

Haben wir es hier mit Bruchlinien und abgesunkenen Gebirgstheilen zu thun oder sind nur weichere Schichten rascher zerstört worden als härtere? Die ganze Bildung dieser Halbinseln erinnert auffällig an die drei Halbinselfinger der Chalcidice im Aegaeischen Meer. Uebrigens scheint das Vorkommen nach Norden gerichteter Halbinseln eine Eigenthümlichkeit der Westküste Australiens zu sein, wir bemerken schon weiter nördlich am Exmouth-Golf und dann ganz im Süden bei der Stadt Perth ähnliche Formen. An den Küsten der übrigen Erdtheile sind grössere, gegen N. gerichtete Bildungen dieser Art nicht eben häufig.[1] Die Südwestecke Australiens ist wenig gegliedert und ziemlich inselfrei, erst im Süden treten die meist sehr kleinen Inseln des Recherche-Archipels (122—123° östl. von Greenw.) und des Nuyts-Archipels (134°) auf. Sehr reich gegliedert ist wiederum die Küste vom 135—139°, hier dringt der Spencer-Golf und sein kleinerer Nachbar, der St. Vincent-Golf, tief in das Land ein, die Halbinseln Eyre und York herausschneidend. Von Inseln erblicken wir das grössere Kangaroo Island, das wie eine Fortsetzung des Berglandes westlich vom unteren Murray aussieht und manche kleinere. Von der Südspitze Victoria's zieht sich eine Kette von Inseln und Klippen über die Bass-Strasse nach Tasmanien hinüber; sie erinnert an die Adamsbrücke zwischen Vorderindien und Ceylon. Am südlichen Theile des Küstenrandes von New South Wales giebt es zwar zahlreiche ganz kleine Klippen und Inselchen, doch sehr wenig grössere. Die Küste aber ist ziemlich stark gegliedert, an jeder Flussmündung scheint die See in das Innere des Landes vorgedrungen zu sein, namentlich an der Mündung des Hawkesbury-Flusses (nördlich von Sydney), welche den characteristischen Namen Broken-Bai führt, dann an der Mündung des Hunter und an anderen Stellen. Die ganze Küste macht allerdings den Eindruck, als ob hier das Land in stetem Zurückweichen begriffen ist, so dass nur höhere und zugleich härtere Partien noch eine Zeitlang Widerstand leisten. Erst wenn wir am 28. Breitegrad die Grenze von Queensland überschritten haben, sehen wir wieder grössere Inseln, die meist an ihrem südlichen Ende nur durch einen ganz schmalen Canal vom Festlande getrennt, sich gegen NO. erstrecken und den westaustralischen Halbinseln auffallend ähnlich sind. Mit dem 20. Breitengrad nähert sich die grosse Kette der Korallenbänke und Riffe der Küste immer mehr, während die grösseren Küsteninseln allmählich verschwinden, um erst am Cap York in der Torres-

[1] Vergl. PESCHEL, Neue Probleme. S. 69 der 2. Aufl. Leipzig 1876.

Strasse nochmals zu erscheinen. Die Küste des Golfes von Carpentaria ist im Allgemeinen wenig gegliedert, namentlich die Ost- und Südseite verläuft sehr geradlinig. An der Nordwestecke des Golfes (137—134° östl. L. von Greenw.) begegnet uns aber nochmals eine sehr zerrissene, an engen Buchten und vorliegenden Inseln reiche Küstenstrecke; sie ist ein Seitenstück zur Halbinsel Coburg, die wir nun wieder erreichen. Endlich fallen uns im Innern des Golfes von Carpentaria noch drei selten besuchte Inselgruppen auf, nämlich die Wellesley-Inseln im Süden, Sir Edward Pellews Gruppe im SW., und die Inseln, welche sich an das bergige Groote Eiland anschliessen, im Westen. Im Ganzen ist also Australien sehr reich an Küsteninseln. Bevor dieselben aber nicht hinsichtlich ihres geologischen Baues viel besser durchforscht sind als heute, lassen sie sich noch nicht mit Bestimmtheit in die einzelnen Kategorien einordnen, es ist nicht unwahrscheinlich, dass es zum grössten Theile Erosionsinseln sind. Einige der grösseren Inseln mögen sich als tektonische herausstellen, daneben finden sich auch Aufschüttungsinseln im Gebiete des grossen Korallenriffes. Penck hat auf seinem Kärtchen[1] den Australcontinent nicht zu den Gebieten gezogen, welche vereist waren; es könnten auch nur die mässig hohen Gebirge des Südostens in Betracht kommen, so dass die Vergletscherung, wenn überhaupt vorhanden, keine bedeutende war. Anders steht es mit Tasmanien, dessen wesentlich kühleres Klima, hohe Gebirge und noch jetzt zahlreiche Binnenseen eine bedeutende Vergletscherung als möglich erscheinen lassen. Tasmaniens Küsten sind namentlich im Südosten sehr zerrissen, hier fehlt es nicht an schmalen, kaum noch mit der Hauptinsel zusammenhängenden Halbinseln, felsigen Inseln und tiefen Fjorden. Gleichwohl wird Tasmanien fast nie unter den Fjordländern aufgezählt. Neuseelands Fjorde sind viel bekannter, ihr Verbreitungsbezirk wird aber meist zu eng gefasst. Wir haben nicht blos in dem stets erwähnten Küstengebiet am Westabhang der südlichen Alpen Fjorde vor uns, sie erscheinen auch, und zwar in recht grossartiger Entfaltung, an der Cooksstrasse bei Nelson und Picton, wo sogar ein County den Namen „the Sounds“ „die Sundgrafschaft“ führt.[2] Auch das nordwestliche Horn der Nordinsel ist überaus stark zersplittert und besitzt viele Küsteninseln. Die Südinsel war nicht nur zur Eiszeit stark vergletschert, sie trägt noch heute sehr

[1] Vergletscherung der deutschen Alpen. Karte 2.

[2] Schon 1863 stellte F. v. Hochstetter die Fjorde des Südwestens und die an der Cooksstrasse als gleichartige Bildungen hin. Neuseeland S. 33.

ansehnliche und weit herabreichende Gletscher.[1] Ihr Hauptgebiet fällt allerdings mit dem Bezirk der südwestlichen Fjorde nicht genau zusammen, die Karte zeigt uns aber auch nördlich vom 44° Br. ungewöhnlich breite, seeartige Flüsse. Manche von ihnen, wie der Haast, der Wataroa u. A., nehmen schon fast von der Quelle ab den Character eines Golfes an. Indessen brauchen diese breiten Flussbetten nicht durch die Gletscher ausgewühlt zu sein, der grosse Regenreichthum der Westküste und das reichliche Schmelzwasser der Gletscher liefern im Verein Flüsse, welche wohl im Stande sind, sich tiefe und breite Thäler auszugraben.[2]

In Amerika stimmen die Gebiete der Fjorde und gehäuften Erosionsinseln mit den früheren und gegenwärtigen Gletscherbezirken im Ganzen gut überein. Fjorde und Küsteninseln treffen wir zunächst an der Nordwestküste, wo der Puget-Sund (47° n. Br.) ihre Südgrenze bildet, sowie an der Nordostküste bis zur Mündung des Hudson. Dann aber folgt an beiden Küstenlinien eine lange ausserordentlich inselarme und sehr regelmässig verlaufende Strecke, bis wir im äussersten Süden jenseit des chilenischen Rio Maullin abermals das Fjordterrain erreichen und nun bis zur Südspitze des ganzen Westcontinentes, die schon völlig in Inseln, Halbinseln und Sunde aufgelöst ist, nicht mehr verlassen. An der Ostseite Patagoniens kommen keine eigentlichen Fjorde vor, dafür sind sie aber auf den Falklands desto besser vertreten. Die alten Gletscher Nordamerika's endigten im Süden an einer Linie, welche von der Hudsonmündung etwa über Trenton, Pittsburg und Cincinnati nach St. Louis gezogen werden kann.[3] Der Nordwesten enthält in seinen Gebirgen noch jetzt ansehnliche Gletscher und wir besitzen Beweise, dass sie sich einst über die ganze Küste und selbst über die Königin Charlotte-Inseln ausdehnten.[4] Im Süden sind Gletscher in Patagonien massenhaft vorhanden, an Zeichen einer weit grösseren ehemaligen Verbreitung fehlt es nicht.[5] Isolirt steht das neuerdings von Wojeikow wieder erwähnte Gletschergebiet im südlichen Brasilien,[6] wo von São Paulo

[1] Vergl. Haast's Karte im Journal R. Geogr. Soc. Bd. 40 (1870) S. 433.

[2] Haast (a. a. O. S. 435—37) meint dagegen, dass fast das ganze heute sichtbare Relief der südlichen Alpen hauptsächlich durch die Gletschererosion so geworden sei.

[3] James Geikie, The Great Ice Age, 2. Aufl. London 1877. Taf. 15 bei S. 456.

[4] Petermann's Mittheilungen. 1881. S. 342 f.

[5] Darwin, Geologische Beobachtungen über Süd-Amerika. Stuttgart 1878. S. 13. 95. 97. Darwin, Kleinere geolog. Abhandlungen. Stuttgart 1878. S. 57 ff.

[6] Zeitschrift der Berliner Ges. für Erdkunde. Bd. 16 (1881) S. 251.

bis Pernambuco, also vom 26. bis zum 7.° s. Br., gut beglaubigte Gletscherreste gefunden wurden. Auch die Falkland-Inseln waren nach einigen Andeutungen DARWIN's[1] vergletschert.

Unsere Uebersicht zeigte uns, dass die Gletschergebiete keineswegs vollkommen mit den Bezirken der Fjorde und Erosionsinseln zusammenfallen. Fjordküsten können auch da vorkommen, wo niemals Gletscher vorhanden waren. Dadurch wird bewiesen, dass die Gletscher in keinem Falle die alleinigen Urheber jener Bildungen sein können. Doch wäre es viel zu weit gegangen, wollte man behaupten, dass die Gletscher da, wo sie so reichlich entwickelt waren, wie in Nordeuropa und Nordamerika, durchaus gar keine Spuren in der Gestaltung der Küsten und Inseln, die sie passirten, zurückgelassen hätten. Die Feststellung dieser Spuren unterliegt aber mehrfachen Schwierigkeiten. Zunächst wird uns ein Urtheil über die Leistungen der Gletscher der Eiszeit sehr erschwert, weil die Grössenverhältnisse der heutigen Gletscher hinter denen der Eiszeit so weit zurückbleiben. Das einzige Land, welches die Erscheinungen der Eiszeit auch heute noch zum Studium darbietet, ist Grönland. Wie geringfügig sind aber, trotz aller dankenswerthen Bemühungen einzelner Forscher, unsere Kenntnisse vom eigentlichen Character, von den Bewegungen, der Zu- oder Abnahme oder gar von der erodirenden Thätigkeit des grönländischen Binneneises bis jetzt geblieben! Die Alpengletscher aber, welche am besten bekannt sind, lassen sich mit der Eisdecke, welche nach TORELL's und zahlreicher anderer Geologen Annahme Nordeuropa überzog, überhaupt nicht vergleichen. Wir befinden uns da in einer ähnlichen Lage wie ein Physiker, der nie Gelegenheit gehabt hätte, ein Gewitter zu beobachten und darauf angewiesen wäre, aus den Erscheinungen, die er an seinen Apparaten wahrnahm, sich die zerstörenden Wirkungen des Blitzes, von denen ihm unsichere, lückenhafte Kunde geworden, zu construiren. Wir dürfen also nicht schlechthin annehmen, dass die Gletscher der Eiszeit in ähnlicher (meist geringfügiger) Weise auf das Bodenrelief einwirkten, wie ihre dürftigen Nachfolger in der Gegenwart. Ferner ist es uns nur ausnahmsweise möglich, den Gletscher überhaupt bei seiner Arbeit zu beobachten; wir können wohl die Eisthore an seinem unteren Ende betreten, hier und da durch tief hinabreichende Spalten einigen Aufschluss über die Sohle des Gletschers erhalten, aber der grösste Theil dieser Sohle bleibt uns unzugänglich. Wie PENCK[2]

[1] DARWIN, Geolog. Beobachtungen über Südamerika S. 31 u. ö.

[2] PENCK, Vergletscherung der Deutschen Alpen. S. 383.

anführt, erodirt aber der Gletscher nicht sowohl an seinem Ende, wo „Hallen und Gewölbe das Eis vom Boden trennen,“ als vielmehr weiter oben, wo er sich am raschesten fortbewegt. Am stärksten ist die Einwirkung auf Untergrund und umgebendes Gestein jedenfalls da, wo das Thal sich verengt, wo die ganze Eismasse sich durch eine Schlucht hindurchzwängen muss. Aber gerade an solchen wichtigen Stellen können wir den Contact zwischen Eis und Untergrund eben nicht beobachten. Nur da, wo ein Gletscher zeitweilig oder dauernd zurückgewichen ist, liegt der Boden über den er seinen Lauf nahm, unseren Blicken offen. Was wir da sehen, kann uns belehren, dass jeder Gletscher seinen eigenen Gesetzen folgt, dass sich allgemeine Regeln über die Abnutzung des Gesteines durch Gletscher gar nicht aufstellen lassen. Escher von der Linth fand am Zmuttgletscher festen Felsboden, der vom Eise zerrissen und auseinander gelöst war.[1] Andererseits kann es geschehen, dass ein Grasteppich nach mehrjähriger Ueberdeckung durch den Gletscher unversehrt wieder zum Vorschein kommt. Solches beobachtete Charpentier am Glacier du Tour im Chamounixthale.[2] Die Gletscher ein und desselben Gebirges wirken also nicht in gleichem Sinne, ebensowenig wird die Action auch des einzelnen Gletschers an allen Punkten und zu allen Zeiten dieselbe sein. Es würde eine kaum zu rechtfertigende Annahme sein, dass die Gletscher der Eiszeit alle eine übereinstimmende Thätigkeit entfaltet haben, auch bei ihnen werden grosse Unterschiede bestanden haben, die Einen erodirten fast gar nicht, Andere sehr bedeutend. Es leuchtet sonach ein, dass es nicht statthaft ist, die Erscheinung der Fjorde ganz allgemein auf Gletschererosion zurückzuführen. Jeder Fjord erfordert eine eigene Untersuchung, jeder kann eine völlig andere Entstehungsgeschichte haben, als seine nächsten Nachbaren. Wir können uns Fjorde entstanden denken in Folge der Herausspülung weicher Schichten aus härteren durch die Meereswellen oder die atmosphärischen Niederschläge,[3] ferner durch Ueberfluthung längst vorhandener Thäler bei einer Senkung des Landes oder einem Vordringen des Meeres. Einzelne Fjorde und Fjordstrassen sind auch als Contractions- oder Verwerfungsspalten zu erklären (s. o. S. 58 u. 144). Noch andere mögen wir uns durch theilweise Senkung eines Thalbodens entstanden denken, ähnlich wie Lyell, Heim und Rudolf Credner manche Alpenseen

---

[1] Mousson, Die Gletscher der Jetztzeit. Zürich 1854. S. 57.

[2] Mousson, a. a. O. S. 57, Anm. 24. Penck a. a. O. S. 382.

[3] Vergl. oben S. 136 und John Fleming im Edinburgh New Philos. Journal. Bd. 34 (1843) S. 307.

erklären.[1] Dies möchte namentlich für solche Fjorde zutreffen, welche im Innern tiefer sind als an der Mündung. Vielfach wurde angenommen, dass diese Eigenthümlichkeit allen Fjorden zugehöre, allein es sind so viele Fjorde, namentlich ausserhalb Europa's, noch mangelhaft hinsichtlich ihrer Tiefenverhältnisse untersucht worden, dass wir nicht berechtigt sind, einen solchen Satz auszusprechen. Auch RATZEL ist der Ansicht, dass weder grosse Tiefe überhaupt noch grössere Tiefen im Hintergrunde als wesentlich und allgemeingültige Merkmale der Fjorde hingestellt werden dürfen und führt von den Küsten der Vereinigten Staaten mehrere Beispiele sehr seichter Fjorde an.[2] Uebrigens hat man bisher selten daran gedacht, die Zusammensetzung derartiger Schwellen an Fjordeingängen zu untersuchen und festzustellen, ob wir es mit festem Fels, mit zusammengeschwemmten Sedimenten oder mit Gletscherschutt zu thun haben.[3]

Wollen wir aber den Gletschern einen Einfluss auf die Bildung oder doch die Erhaltung der Fjorde zugestehen, so sind wieder zwei Fälle möglich. Entweder hat der Gletscher den Fjord erst geschaffen, oder aber er hat ihn nur vor der Ausfüllung durch Geröllmassen bewahrt, übte also nur eine conservirende Thätigkeit aus. Man sieht, es giebt sehr verschiedene Möglichkeiten für die Bildung eines Fjordes oder einer Fjordstrasse.[4] Sind unsere Kenntnisse einmal weiter vorgeschritten, werden wir sicherlich Erosionsfjorde, tektonische und Senkungsfjorde unterscheiden müssen. Eine Karte der Verbreitung dieser verschiedenen Fjordtypen wird dann ein höchst anregendes Bild darstellen. — In welcher Weise ist nun überhaupt eine Einwirkung des Gletschers auf seinen Untergrund denkbar? Es ist kaum anzunehmen, dass der Untergrund durch die auf ihm lastende Eisdecke förmlich zerdrückt wird. Wohl aber führt der Gletscher an seiner Sohle und auch an seinen Seitenflächen Gesteinstrümmer mit sich. Diese Gesteinstrümmer, die nach PENCK's treffendem Vergleich

[1] Verhandlungen des II. deutschen Geographentages zu Halle. Berlin 1882. S. 90 f.

[2] PETERMANN's Mittheilungen 1880. S. 394.

[3] PAUL LEHMANN in den Verhandlungen der Berl. Gesellschaft für Erdkunde. Bd. 10 (1883) S. 101.

[4] Es verhält sich mit den Fjorden ganz ähnlich wie mit gewissen Alpenseen. ZITTEL hat daran erinnert (Verhandlungen des II. deutschen Geographentages zu Halle. Berlin 1882. S. 92), dass der Königsee, der Alpsee und der Achensee auf der Karte sehr ähnlich aussehen. Der Königsee ist aber vermuthlich durch geographische Spaltung entstanden, der Alpsee ist ein Einsturzsee, der Achensee ein Abdämmungssee.

gleichsam die Zähne der Gletschersohle darstellen,[1] nutzen nun den Untergrund ab. Der Grad dieser Abnutzung wird von der Anzahl, Vertheilung und Härte der Blöcke, von der Masse und der Geschwindigkeit des Eisstromes, endlich von der Zusammensetzung und Härte des Bodens selbst abhängig sein. Wir wollen nur letztgenannten Factor genauer betrachten. Denken wir uns einen Gletscher oder eine Inlandeismasse von grosser Mächtigkeit, die sich über nachgiebige, leicht zerstörbare Flächen fortwälzt. Die Flächen mögen der Kreide, der tertiären oder quartären Periode angehören, wie dies in Dänemark und einem Theile Norddeutschlands wirklich stattfindet. Hier werden die Wirkungen am bedeutendsten sein und sich nicht blos auf ein Einschneiden des Untergrundes durch die Blöcke, sondern auch auf ein Fortschieben der Schichten, ein Falten und Aufstauchen derselben durch das Eis erstrecken. Zudem hat Pumpelly bemerkt, dass die mittlere Jahrestemperatur in flacheren oder hügeligen Gegenden, schon bevor diese von dem Eise wirklich erreicht wurden, unter den Gefrierpunkt sinken musste, so dass das vom Wasser durchtränkte Zersetzungsland schon eine einzige Eismasse bildete, welche nun mit dem Gletscher verwuchs und von ihm langsam vorwärts geschoben wurde.[2] Richthoeen billigt diesen Satz[3] und auch Penck giebt zu, dass die eintretende Kälteperiode das Gletscherbett aufgelockert hat, sodass die Vergletscherung selbst bereits einen gelockerten Boden vorfand.[4] Hermann Credner hat zahlreiche Beispiele von zum Theil sehr bedeutenden Faltungen, Stauchungen und Zerreissungen nachgiebigen Untergrundes durch die Gletscher der Gegenwart und der Eiszeit zusammengestellt.[5] Besonders interessant sind die Erscheinungen auf der dänischen Insel Möen. Man wusste längst, dass die Kreidefelsen Möens ganz bedeutende Stauchungen, Biegungen und Brüche zeigen. Helland beobachtete Geschiebelehm, der förmlich zwischen die Kreideschichten hineingepresst war. An einer anderen Stelle sah er eine stockförmige Masse von Geschiebelehm, die quer durch die Kreideschichten setzt und sich zuletzt fingerförmig auskeilt. Früher dachte man hier an eruptive Vorgänge und plötzlich hereingebrochene Fluthen und glaubte

---

[1] Penck, Vergletscherung der Deutschen Alpen. S. 380.

[2] Silliman's Journal Ser. 3, Bd. 17 (Jan.—Juni 1879) S. 138.

[3] F. v. Richthofen, China. Bd. 2 S. 759.

[4] Penck a. a. O. S. 334.

[5] Zeitschr. der Geolog. Gesellschaft. Bd. 32 (1880) S. 75 ff., dazu die sehr instructiven Tafeln 8 und 9, ferner Helland in derselben Zeitschrift. Bd. 31 (1879) S. 71 f.

aus dem Betrage der Schichtenstörungen auf die Heftigkeit der Katastrophen schliessen zu dürfen. JOHNSTRUP zeigte aber, dass der Druck der nordischen Eisdecke jene Faltungen und Zerreissungen der Kreideschollen veranlasst hat. Bei der Biegung und dem Zusammenschieben der Schichten bedeckten, wie JOHNSTRUP[1] weiter ausführt, die Kreideschichten eine kleinere Fläche als vorher, Theile der Grundmoräne des Gletschers oder der von ihm geschobenen Massen (s. o. S. 156) wurden in die entstandenen Spalten und Lücken hineingepresst. Die Kreideschollen sind aber, wie wir früher sahen, die festen Punkte im Aufbau der dänischen Inseln, wurden selbst diese von dem vorrückenden Eise so wesentlich gestört, wie müssen da erst die Wirkungen der Eiserosion in den noch weniger widerstandsfähigen Thon- und Sandmassen gewesen sein? Die Erosion durch die Wellen hatte, wie wir wissen, einen grossen Antheil an der Modellirung der dänischen Küsten, gleichwohl drängt sich die Vermuthung auf, dass die Abtrennung der dänischen Inseln von einander und von Jütland und Schweden wenigstens zum Theil von den nach Süden vorrückenden Eismassen bewirkt wurde. Die Gletscher brauchten nur die Grundlinien der Meeresstrassen auszugraben, Wellen, Niederschläge, Frost, vielleicht auch Schwankungen des Landes oder des Meeresspiegels thaten nach dem endlichen Rückzug des Eises das Uebrige. RATZEL[2] führt als Eigenthümlichkeit vieler Fjordstrassen an, dass sie häufig durch in ihre Mündungen eingelagerte Inseln gegabelt werden und dass diese Inseln dann gern an dem Parallelismus der beiderseitigen Ufer Theil nehmen. Wollte man dies auf die dänischen Inseln anwenden, könnte man Aerö in der südlichen Mündung des kleinen Beltes, Langeland für den grossen Belt, vielleicht auch Hveen für den Sund als Beispiele anführen. Für unseren Zweck mögen diese Bemerkungen ausreichen, es wird Sache der mit den geologischen Verhältnissen ihrer Inseln vertrauten dänischen Forscher sein, diese anziehende Frage ihrer Lösung näher zu führen. Jedenfalls ist es jetzt nicht mehr erlaubt, die dänischen Inseln noch mit den Inseln des Aegäischen Meeres, welche in jeder Beziehung ganz anders geartet sind, in ein und dieselbe Gruppe von Archipelen einzureihen, wie PESCHEL vor den neuesten Fortschritten der Geologie und Gletscherkunde noch versuchen konnte.[3]

Wesentlich anders gestalten sich die Verhältnisse da, wo Land-

---

[1] JOHNSTRUP in Zeitschr. der Geolog. Gesellsch. Bd. 26 (1874) S. 533 ff. besond. 558.

[2] PETERMANN's Mittheilungen 1880. S. 394.

[3] Neue Probleme. S. 27 f. (2. Aufl.)

massen, die aus älteren festen Gesteinen bestehen, in Frage kommen. Hier können wir den Gletschern höchstens noch die Ausmeisselung und Wegschaffung einzelner eingelagerter Partien weicherer Schichten zugestehen. Dieser Vorgang hat vielleicht im östlichen Theile der Ostsee stattgefunden. Dort finden wir mehrere grosse Inseln, welche sich durch ihre geologische Beschaffenheit von den benachbarten Festlanden wesentlich unterscheiden, unter sich aber grosse Uebereinstimmung zeigen. Zu diesen Inseln gehört zunächst Oeland, ein silurisches Kalkplateau, das westlich steil, östlich aber sanfter gegen das Meer abfällt. In der Mitte erheben sich an 40 m hohe Kalkhügel, die von tiefen Sprüngen durchzogen sind und mehrfach einen karstähnlichen Character haben. Auch Gotland ist ein silurisches Kalkplateau, im Süden jedoch mit Sandstein überdeckt. Aus dem Plateau steigen einzelne Kuppen inselartig auf, die Höhe von 74 m wird aber nicht überschritten. Hier wie auf Oeland fehlen die Landseen, welche das schwedische Binnenland so reichlich besitzt, indessen finden sich einzelne Sümpfe. Auch hier ist der Boden streckenweise sehr kahl und mit Steingeröll überdeckt. Aehnliche Beschaffenheit hat die nördlichere Insel Fårö, welche nur durch einen schmalen Canal von Gotland getrennt ist.[1] Die Inseln vor dem Rigaischen Meerbusen, Oesel, Dagö, Mohn, Worms und einige kleinere, bestehen ebenfalls vorwiegend aus Gesteinen der silurischen Formation.[2] Endlich ist auch die dänische Insel Bornholm wenigstens in ihrer südlichen Hälfte zum Theil silurisch. Daneben besitzt die den übrigen dänischen Inseln ganz unähnliche Insel aber auch eine Granitregion (im Norden auch durch die Küstengestaltung sich von der Silurzone unterscheidend), sowie geringfügige Trias-, Jura- und Kreideschichten. Sehen wir von Bornholm ab, bleibt die geologische Uebereinstimmung zwischen Oeland und Gotland auf der einen, sowie der russischen Inselgruppe auf der anderen Seite der Ostsee höchst bemerkenswerth. Es liegt gewiss nahe, hier an silurische Ländermassen zu denken, welche einst die Verbindung zwischen Schweden und Russland herstellten, durch irgendwelche Kraft aber bis auf jene Reste zerstört wurden. Schon Ferdinand Römer hielt es für möglich, dass zwischen Gotland und Oesel noch andere Inseln (oder auch ein zusammenhängendes Festland) vorhanden gewesen sind, deren Zerstörung vielleicht einen grossen Theil der über die ostbaltischen

[1] Segelhandbuch für die Ostsee. Berlin 1881. Bd. 2 S. 408 mit Karte.

[2] Rathlef, Skizze der orograph. und hydrograph. Verhältnisse von Liv-, Esth- und Kurland. Reval 1852. S. 30 u. 33.

Länder zerstreuten silurischen Geschiebe geliefert hat.[1] Nun fehlen aber silurische Terrains auch auf dem Festlande zu beiden Seiten der Ostsee nicht völlig. Sie bilden den Südrand des Finnischen Golfes und herrschen in Esthland durchaus vor;[2] sie finden sich im südlichsten Theile Schwedens und am Ufer mehrerer der grösseren schwedischen und norwegischen Seen. Dahin gehören in Schweden vor Allem der Wener- und Wetter-, dann der Siljasee, in Norwegen der Mjös, der Randsfjord und der Tyrifjord.[3] Ueberblickt man eine Karte von Schweden, so erkennt man, wie die grossen, unregelmässig gestalteten, mittelschwedischen Seen die sonst sehr regelmässige Anordnung der zahlreichen kleineren Seen merklich unterbrechen. Helland meint nun, dass jene kleinen Silurschollen am Ufer der Seen Reste grösserer silurischer Gebiete sind, welche sich einst da ausdehnten, wo heute die grossen Seen sich befinden. Da das silurische Terrain leichter zu erodiren war, als die umgebenden krystallinischen Gesteine, ist es von den Gletschern, welche von den norwegischen Gebirgen herab ihren Weg nach den ostbaltischen Ländern durch das mittlere Schweden nahmen, rasch zerstört worden. Wollen wir für die silurischen Gebiete der Ostsee eine ähnliche Erklärung heranziehen, dann wären die Inseln Gotland, Oeland, Oesel u. s. w. nichts anderes als Reste eines zerstörten, und zwar durch Erosion zerstörten, grösseren Ganzen, also ächte Erosionsinseln. Auch hier werden noch weitere Aufklärungen abgewartet werden müssen, bevor wir diese Ansicht wirklich in unsere Lehrbücher eintragen dürfen. Sehr nützlich würde es sein, wenn der Boden der Ostsee östlich von Gotland, sowie die auf dem Meeresboden zahlreich vorhandenen Geschiebe einer eingehenden geologischen und mineralogischen Prüfung unterzogen werden könnten. Dass in jenen Gegenden bedeutende Landzerstörungen Statt gefunden haben müssen, geht auch aus einigen Zahlen hervor, welche Helland mitgetheilt hat.[4] Das Ablagerungsgebiet derjenigen Wanderblöcke, welche aus Schweden, Finland oder vom Boden der Ostsee stammen, umfasst 2 040 000 qkm. Die Mächtigkeit der aus jenen Gebieten stammenden Diluvialmassen wird im Mittel zu 32 m angenommen. Solche Massen würden zunächst im Stande sein, Schweden und Finland um 83 m zu erhöhen. Die

[1] Neues Jahrbuch für Geologie, Mineralogie und Paläontologie. Jahrgang 1858. S. 261 und 272.

[2] Rathlef a. a. O. S. 28.

[3] Helland in Zeitschrift der Geolog. Gesellschaft. Bd. 31 (1879) S. 100 f. Penck a. a. O. S. 427 f.

[4] Helland a. a. O. S. 99—101.

mittlere Tiefe der schwedischen und finländischen Seen wird zu 45 m angenommen, dabei könnten die Seen 16 bis 17 Mal ausgefüllt werden. Ja sogar zur Ausfüllung der Ostsee würden die diluvialen Massen 16 Mal ausreichen. Endlich meint HELLAND: „Wenn wir alles Material über die Seen, über das feste Land und in die Ostsee vertheilen, genügt es, um die Seen auszuebnen und das ganze Land von Schweden und Finland doch noch um 26 m zu erhöhen. Trotzdem bleibt dann noch Material zur Ausfüllung der Ostsee übrig." Ohne Zweifel sind die Zahlenwerthe, auf welche HELLAND seine Berechnungen stützt, noch vielfacher Berichtigungen fähig, da wir nur von wenigen schwedischen und finländischen Seen die Tiefenverhältnisse genau genug kennen und die Mächtigkeit der schwedischen Diluvialmassen auch nur an einzelnen Stellen zuverlässig ermittelt ist. Das giebt auch HELLAND selbst zu. Immerhin sind die Zahlen geeignet, der Ansicht von der Zertrümmerung eines Landstriches in der Ostsee durch das Eis einigen Halt zu verleihen. Aehnliche Verhältnisse wie in den baltischen Ländern scheinen an der Mündung des Lorenzstromes obzuwalten. Hier bildet die Insel Anticosti eine silurische Oase inmitten ganz anderer Formationen.[1] HINDE betrachtet zahlreiche kleinere Seen Canada's als Ausfüllungen ehemaliger Silurbecken.[2] — Damit sind wir aber auch mit unseren Zugeständnissen an die erodirende und inselabtrennende Thätigkeit der Gletscher fast am Ende. Da wo eine Eisdecke ein weitausgedehntes Terrain von bedeutender, überall ziemlich gleichmässiger Widerstandsfähigkeit überzieht, wird im Allgemeinen nur Abnutzung eintreten können. Durch die Gletscherschliffe, die Rundhöcker, die Trübung der Gletscherbäche, die Grundmoränen und die Massen des Gletscherschuttes überhaupt wird eine solche Abnutzung genügend bewiesen. Wo das Eis Spalten und Thäler, Fjorde und Fjordstrassen vorfand, drang es in dieselben ein, nutzte ihre Wände und ihren Boden ab und erweiterte sie. Es ist auch nicht unmöglich, dass hier und da ein Fjord oder ein Sund durch Verwitterungstrümmer der Ausfüllung nahe gebracht war, als die Eiszeit eintrat. Die lockeren Massen froren zusammen (s. o. S. 156), wurden vom vorrückenden Eise mit fortgeschoben, endlich aus dem Fjorde entfernt und so war dann der Sund oder geschlossene Fjord von Neuem „ausgeschürft". Wahrscheinlich ereignete sich aber dieser Vorgang nicht so häufig, als PESCHEL annahm.

---

[1] Vergl. die erste Karte zu LOGAN's Rapport de progrès de la commission géologique du Canada depuis son commencement jusqu'à 1863. Montreal 1865.

[2] PENCK a. a. O. S. 428.

PESCHEL[1] wollte auf diese Weise das häufigere Auftreten der Fjorde in höheren und ihr Fehlen in niederen Breiten erklären. Wo es keine Gletscher gab, sollte die Ausfüllung der Fjorde ihren Fortgang gehabt und die Formen der Fjorde verwischt haben. Wir haben uns jedoch oben überzeugt, dass Fjorde allerdings auch in warmen Zonen auftreten, man muss nur speciellere Karten zur Hand nehmen und die Ansicht verlassen, dass Fjorde und Gletscher immer zusammengehören. In Ostasien, im Persergolf, wahrscheinlich auch in Dalmatien gab es keine Gletscher und doch blieben die Fjorde erhalten.

Die Möglichkeit, dass die Gletscher aus einer Fläche oder einem Gebirgsabhange von gleichmässiger, bedeutender Härte an solchen Stellen Thäler, Fjorde oder Fjordstrassen herausmeisseln können, wo vor der Vergletscherung keine Spur von solchen vorhanden war, muss bis auf Weiteres entschieden bestritten werden. Wo sich in derartigen Gebieten Fjorde und Küsteninseln finden, sind sie entweder als Werke der Wellen, des Regens, der fliessenden Gewässer oder des Frostes oder aber als alte Spalten und Sprünge zu betrachten, die durch Erosionsvorgänge der verschiedensten Art, bei denen wir immerhin auch den Gletschern eine Stelle einräumen können, erweitert und verändert wurden, bis sie ihre gegenwärtige, auch nur vorübergehende Form erhielten. Im Allgemeinen beschränken wir also die Mitwirkung des Eises bei der Inselbildung auf Zerreissung und Verschiebung sehr nachgiebiger Schichten (Dänische Inseln), auf Herausschleifung weicherer Schichten aus härteren, so dass die von ersteren übriggebliebenen Reste nun Inseln bilden (Gotland) und auf gelegentliche Betheiligung an der Ausweitung vorgefundener Sunde und Strassen.

Im Anschluss an die früher gegebene Classification der tektonischen Inseln können wir auch unter den Erosionsinseln eine Reihe von Hauptformen unterscheiden. Wir stellen also folgende fünf Typen auf:

1) Norwegischer Typus: Trümmer eines hohen Gebirgs- oder Plateaulandes, deshalb häufig ansehnliche Bergmassen enthaltend. Gesellig auftretend, Grösse meist gering, doch kommen einzelne grössere Bruchstücke in jedem Schwarme vor. Gehören meist den älteren geologischen Perioden an, einzelne Ausnahmen finden aber statt. Hauptgebiete: Norwegen, Schottland, Irland, Dalmatien, Persergolf, Ostasien, Küstenstrecken Australiens, beide Polarzonen.

[1] Neue Probleme. 2. Aufl. S. 21 f.

2) Schwedischer Typus: Bruchstücke eines weniger hohen Tafellandes, meist flach und ohne bedeutende Erhebungen, gesellig auftretend, Grösse gering, grössere Bruchstücke sehr selten. Gleichfalls meist älteren Formationen angehörend. Hauptgebiete: Schweden, besonders die Ostküste, Finland, Ostrand der Hudsonsbai,[1] einzelne Striche der Polarmeere.[2]

3) Gotländischer Typus: Bruchstücke eines mässig hohen Hügellandes, ohne bedeutende Erhebungen. Nur vereinzelt auftretend, Grösse ziemlich bedeutend, meist der silurischen Formation angehörend. Hauptbeispiele: Oeland, Gotland, Oesel, Dagö, vielleicht Bornholm und Anticosti.

4) Dänischer Typus: Bruchstücke eines hügeligen, leichtwelligen oder ganz ebenen Landes von geringer Meereshöhe. Mehrere grössere Inseln von mittelgrossen und kleinen umgeben, die Inselschwärme aber nie so dicht wie bei 1 und 2. Bestehen meist aus jüngeren Gesteinen von der Kreide an. Hauptgebiet: Dänische Inseln ausser Bornholm.

Noch ein fünfter Typus kann aufgestellt werden. Wenn nämlich eine Halbinsel nur durch einen niedrigen, keines grossen Widerstandes fähigen Isthmus an den Stamm des Continentes gekettet ist, arbeiten namentlich die Wellen unablässig an der Zerstörung der schwachen Brücke. Die Zerstörung wird durch die Tiden, welche von beiden Seiten her den Isthmus angreifen, beschleunigt. Endlich ist, vielleicht noch unter Mitwirkung einer langsamen Senkung der ganzen Umgebung des Isthmus, die Landenge so schmal und gebrechlich geworden, dass ein einziger besonders starker Sturm, eine einzige Hochfluth genügt, die zuletzt schon bei jeder gewöhnlichen Fluth unterbrochene Verbindung dauernd zu zerstören. Die ehemalige Halbinsel ist nun zur Insel geworden, die wir entschieden den Erosionsinseln zuzurechnen haben. Eine solche Insel kann natürlich eigene Gebirgssysteme, Hoch- und Tiefländer in beliebiger Anzahl besitzen, ihre geologische Zusammensetzung kann eine sehr mannichfaltige sein. Grossbritannien ist das beste Beispiel dieser Classe von Erosionsinseln, die wir deshalb als Inseln des grossbritannischen Typus bezeichnen. Die Strasse von Dover ist wohl kaum anders entstanden, als durch langsame Wegwaschung der einst beide Ufer

[1] Vergl. die Karte in den Proceed. Royal Geogr. Society. Neue Serie. Bd. 3 (1881) bei S. 640.

[2] Z. B. in den engen Sunden zwischen dem Festlande Nordamerika's und dem Parry-Archipel. Vergl. Karte: Zeitschr. für allg. Erdkunde. Alte Serie. Bd. 5. Taf. 1.

verbindenden Landbrücke. Die Zeit, in welche die gänzliche Zerstörung des Isthmus fällt, lässt sich jetzt ebensowenig genau bestimmen, als es K. v. HOFF möglich war. Dieser fleissige Sammler schrieb 1822: Wir wissen historisch nichts von dem Durchbruche des Isthmus zwischen England und Frankreich und fast so viel als nichts von der sogenannten Cimbrischen Fluth.[1] Diese Worte sind noch heute zutreffend. Was die Cimbrische Fluth betrifft, so hat v. MAACK die Ansicht verfochten, dass diese Fluth unmittelbar Folge des Durchbruches des Kanals gewesen sei, dass sie die ganze Westküste der cimbrischen Halbinsel heimgesucht habe und dass die Zeit ihres Eintretens zwischen den Jahren 1000 und 360 vor Chr. Geb. angesetzt werden dürfe.[2] Aber diese Angaben dürfen nicht ohne Weiteres angenommen werden. Die grosse Ueberschwemmung, welche die Cimbern zur Auswanderung veranlasst haben soll, kann ebensowohl eine Sturmfluth nach Art der berühmten Katastrophe des Jahres 1825 gewesen sein. Es ist nicht nothwendig, dabei an den Durchbruch der Landenge von Dover zu denken, und wir müssen auch berücksichtigen, dass eine Sturmfluth, die der von 1825 an Höhe etwa gleichkam, noch viel gewaltigere Verheerungen anrichten musste, als die Deiche und anderen Schutzvorrichtungen noch fast ganz fehlten. Untersuchen wir die Landabbrüche, welche in historischer Zeit nachweislich an beiden Ufern der Strasse vorgekommen sind, so werden wir dazu geführt, einen sehr langen Zeitraum, der vielleicht Jahrtausende umfasst, für die allmähliche Vernichtung der Landbrücke in Anspruch zu nehmen. Wenn übrigens, wie v. MAACK a. a. O. selbst angiebt, der Durchbruch des Kanals nicht auf einmal, nicht durch eine einzige Fluth, sondern langsam, allmählich im Verlaufe vieler Jahrhunderte erfolgte, konnte die endgültige, dauernde Herstellung der Meeresstrasse auch ohne eine so gewaltsame Aufregung der ganzen Nordsee eintreten. Das Ereigniss, welches ja an sich von grossem Interesse ist, verliert dadurch viel von der überaus grossen Bedeutung für die physische und Völkergeschichte Nordwesteuropa's, welche man ihm vielfach zugeschrieben hat.

In noch viel weiter zurückliegende Zeiten fällt die Trennung Irlands von Grossbritannien. Auch Irland als Ganzes ist gewiss als eine Erosionsinsel zu betrachten; die fast immer stürmisch aufge-

[1] K. E. v. HOFF, Geschichte der natürl. Veränderungen der Erdoberfläche Bd. 1. Gotha 1822. S. 315.

[2] v. MAACK in Zeitschr. für allgem. Erdkunde. Neue Folge Bd. 8 (1860) S. 15 ff.

regten Wellen der umgebenden Meere, dazu die sehr reichlichen Niederschläge, der auch nicht ganz fehlende Frost und in geringem Maasse auch die Gletscher konnten in einer genügend langen Reihe von Jahrtausenden wohl die Trennung herstellen. A. v. LASAULX hat gezeigt, wie sich Irland und Schottland in ihrem geologischen Aufbau genau entsprechen.[1] Beide Länder bestehen aus einer Reihe paralleler von Südwest gegen Nordost streichender Falten, welche von einer nach Nordwest gerichteten schiebenden Kraft hervorgebracht wurden. Die regelmässige Aufeinanderfolge der aufgebogenen (meist silurischen) und der eingebogenen (von späteren sedimentären Formationen und einzelnen Eruptivgesteinen erfüllten) Theile dieses Faltensystemes kann, wie uns A. v. LASAULX für jede einzelne Strecke nachweist, vom Südwesten Irlands bis zum Nordosten Schottlands vollkommen sicher erkannt werden. Jedenfalls schiebt sich keine geologische Grenze trennend zwischen Schottland und Irland ein.[2] Die Bruchlinien laufen nicht etwa von Nordwest nach Südost, sondern vielmehr von Nordost nach Südwest; eine solche geologische Grenzlinie geht u. A. mitten durch die Insel Arran hindurch, ihre Verlängerung trifft das interessante, selten erwähnte Erdbebengebiet von Comrie am südlichen Abfall der schottischen Hochlande. Den Ort der letzten Verbindungsbrücke zwischen Grossbritannien und Irland haben wir also nicht im St. Georgs-Kanal, sondern zwischen dem südwestlichen Schottland und der Küste von Antrim zu suchen, wo ja auch jetzt die räumliche Annäherung noch am grössten ist. Auch Ceylon ist durch Wegwaschung des verbindenden Isthmus zur Insel geworden; wir haben die dortigen Vorgänge schon in einem früheren Capitel (S. 90 ff.) betrachtet. Bei Ceylon konnten wir den Fortgang des Zerstörungswerkes noch in die historische Zeit, ja bis in die letzten Jahrhunderte verfolgen, vielleicht ist deshalb der Schluss gerechtfertigt, dass Ceylon länger mit Vorderindien einen trockenen Zusammenhang besessen hat als Grossbritannien mit dem Festlande Europa's.

---

[1] A. v. LASAULX, Aus Irland. Bonn 1878. S. 223 ff.

[2] Ebenda S. 227.

Vierter Abschnitt.

Die Aufschüttungsinseln.

Sind auch die grossen Gruppen der tektonischen und der Erosionsinseln durch die Grösse und Bedeutung der zu ihnen gehörenden Inseln vor allen anderen hervorragend, so giebt es doch eine grosse Anzahl allerdings meist wenig umfangreicher Eilande, welche weder den Faltungen der Erdrinde unmittelbar oder mittelbar ihre Entstehung verdanken, noch durch Erosion irgendwelcher Art von einem Festlande abgerissen wurden. Es sind die Aufschüttungsinseln. Diese Inselklasse war schon VARENIUS nicht unbekannt. VARENIUS bezeichnet als pulvini [1] Anhäufungen oder Hügel von Sand, welche vom Boden eines Flusses oder des Meeres so hoch emporragen, dass sie die Fahrt der Schiffe behindern.[2] Die pulvini unterscheiden sich von Klippen (scopuli) nur dadurch, dass sie nicht aus festem Gestein bestehen. Uebrigens beklagt schon VARENIUS, dass die Bezeichnungen Klippe und Sandbank oft unrichtig angewendet würden. Im Meere entstehen Sandbänke durch Absetzung von Sandmassen, welche das Meer mit sich fortführt (per subsidentiam arenosae materiae, quam mare secum defert). VARENIUS ist nun der ganz richtigen Ansicht, dass aus einer Sandbank schliesslich eine Insel werden könne, sobald eine solche Menge Sandes etc. herbeigeführt sei, dass sie sich über den Meeresspiegel erhebe.[3] Als Beispiele solcher Aufschüttungsinseln führt unser Geograph allerdings auch die dänischen und japanischen Inseln an, ebenso die Molukken, weil man auf diesen bei Nachgrabungen in geringer Tiefe eine Menge Sand und Muscheln gefunden habe. Wenn wir nun auch zugestehen, dass gerade jene Beispiele sehr unglücklich gewählt sind, bleiben darum des VARENIUS Bemerkungen über die Aufschüttungsinseln und überhaupt sein ganzes Capitel über die Inseln, welches bisweilen an LYELL und PESCHEL gemahnt, nicht minder bewunderungswerth.

Es sind aber sehr verschiedene Vorgänge denkbar, welche zur Bildung einer Aufschüttungsinsel führen können. Die Strömungen des Meeres, sowie die grossen Flüsse führen Sedimente herbei, die sich an ohnehin seichten Stellen des Meeresgrundes sammeln und

[1] Eigentlich „Polster“, dann Sandbänke.

[2] Geographia generalis. Amstelod. 1650. S. 322 ff.

[3] VARENIUS S. 325 unten: Si tanta arenae, sabuli, limi, argillae copia progressu temporis aggregeretur, ut altior evadat, quam mare, erit insula.

schliesslich Inseln werden. Weiter können Vulcane des Festlandes oder der Inseln, wenn sie sich dicht am Meer erheben, Asche, vulcanische Bomben, Schlacken etc. in das Meer schleudern und dadurch unter günstigen Umständen eine neue Insel bilden. Lavaströme erreichen bisweilen das Meer. Werden ihre Köpfe dann von den Wellen angegriffen und durchlöchert, so entstehen kleine Klippeninseln als Reste der einst zusammenhängenden Ströme. Alle diese Typen können als minerogene Aufschüttungsinseln bezeichnet werden. Führt eine Anhäufung pflanzlicher Reste oder noch lebender Pflanzen zur Inselbildung, so mögen wir von phytogenen, bei solchen Untiefen endlich, welche durch die Thätigkeit der Korallen zu Inseln erhoben worden sind, von zoogenen Aufschüttungsinseln reden.

A. Minerogene Aufschüttungsinseln.

1. Durch die Bewegungen des Meeres aufgeschüttete Inseln. Es ist leicht einzusehen, dass diese Klasse von Inseln auf hoher See nur sehr selten anzutreffen sein wird. Das Baumaterial wird ja nur bei der Abnagung der Continente und Inseln durch Wellen, Flüsse und Niederschläge gewonnen. Nach John Murray[1] entfernen sich aber die aus Trümmern des Landes bestehenden Küstenablagerungen, nur ausnahmsweise durch Strömungen begünstigt, bis zu 150 Seemeilen (= 278 km) von der Küste, meist reichen sie nicht einmal so weit. Die Küstenablagerungen lassen die Natur des Landes, dem sie entstammen, deutlich erkennen. Grüne und blaue Schlammmassen umgeben diejenigen Länder, deren Küsten aus älteren und krystallinischen Gesteinen bestehen, graue Schlamm- und Sandmassen mit Stücken von Bimstein und Lava kündigen vulcanische Gebiete, röthlicher Korallenschlamm von Korallen aufgebaute Inseln an. In grosser Entfernung von jeder Küste aber hören die Spuren der Festlandstrümmer fast ganz auf, Gelegenheit zur Aufschüttung von reinen Zusammenspülungsinseln kann sich da nur ganz ausnahmsweise bieten. Umgekehrt werden Inseln dieser Art am häufigsten in der Nähe von stark angegriffenen Flachküsten und vor den Mündungen schlammführender Flüsse auftreten. Seichtigkeit des Meeres ist immer die nothwendigste Voraussetzung zu ihrer Bildung. An Widerstandsfähigkeit und Dauer stehen die Zusammenspülungsinseln hinter anderen Klassen weit zurück. Wenn die Küste, welcher sie ihre Entstehung verdanken, sinkt oder zurückweicht, werden sie dem Ansturm

[1] Proceed. Royal Society. Bd. 24 (1875—76) S. 471 ff.

der Wellen immer mehr preisgegeben und die Zufuhr neuen Materiales wird gleichzeitig erschwert. Steigt aber die Küste oder zieht sich das Meer zurück, so vereinigen sich die Inseln mit der Küste, bilden zuerst noch langgestreckte sandige Halbinseln und verwachsen endlich völlig mit dem Lande. Ausserdem verändert jeder heftigere Sturm, jede ungewöhnliche Meeresbewegung Form und Grösse dieser Inseln, es kann sogar vorkommen, dass einzelne Sandbänke und Sandinseln mit dem regelmässigen Wechsel der jahreszeitlichen Winde gleichfalls ihren Ort wechseln. Hague berichtet, dass eine Sandbank an der Westspitze der Koralleninsel Baker in der Südsee (0° 15′ n. Br., 176° 22′ w.-L. v. Gr.) bei den im Sommer herrschenden Südostwinden eine deutliche Ablenkung nach Nordost, bei den Nordostwinden des Winters aber eine Biegung gegen Südost erkennen lasse.[1] Auch Schwankungen in längeren Perioden werden erwähnt. Das Cap Ferret bei Arcachon (zwischen Gironde und Adour) machte zwischen den Jahren 1768 und 1826 in Folge der vorwiegenden Nordwestwinde einen Weg von 5 km gegen Südost, dann folgte eine Periode des Rückzuges gegen Norden, seit 1860 aber hat die Wanderung gegen Süden wieder begonnen.[2] Die nähere Verfolgung dieser Schwankungen der sandigen Küsteninseln und Halbinseln würde vielleicht auch geeignet sein, auf die jetzt mehrfach behaupteten langjährigen Perioden der vorherrschenden Windrichtung ein helleres Licht zu werfen. Ein so veränderliches, bei jedem Sturm in Gefahr gebrachtes Terrain wie das der Zusammenspülungsinseln eignet sich wenig zu Ansiedelungen und Hafenanlagen, vielleicht ist gerade dies der Grund, dass wir über den inneren Bau und die Einzelheiten der physischen Geschichte dieser Inseln noch wenig wissen. Nach der Karte lässt sich schwer bestimmen, welche Inseln dieser Gruppe zuzurechnen sind, nur Bodenuntersuchungen, namentlich Bohrungen auf der Insel selbst, können Entscheidung darüber bringen, ob wir es mit einem Bauwerke der Strömungen oder im Gegentheil mit einem abgetrennten Stück des alten Küstensaumes zu thun haben. In der Ostsee darf vielleicht Gotska Sandö, eine ziemlich hohe, bewaldete, von zahlreichen Untiefen und Bänken umgebene Sandinsel im Norden von Gotland, zu unserer Klasse gerechnet werden.[3] Die Insel ist ohne Häfen und sicheren Ankergrund. Der Meeresboden um die Insel wird als sehr veränderlich bezeichnet, bei Stürmen ist

[1] F. v. Czerny im Ergänzungsheft No. 48 zu Petermann's Mittheil. S. 42.
[2] Reclus, La Terre. 3. Aufl. Paris 1876. Bd. 2 S. 216.
[3] Segelhandbuch für die Ostsee. Bd. 2 S. 412.

der Seegang selbst auf der Leeseite der Insel auffallend hoch. Quellen und fliessendes Wasser scheinen nicht vorhanden zu sein, zur Zeit des Krimkrieges verschafften sich landende Engländer frisches Wasser durch Nachgraben im Sande. Vor der Küste Vorpommerns liegt die kleine Insel Ruden, die als ganz flach und sandig geschildert wird.[1] Die Insel ist 2300 m lang und im nördlichsten Theile nur 350 m breit.[2] Der Rest der Insel ist viel schmäler und läuft nach Süden in eine niedrige Landzunge aus. Der Boden ist durchaus unfruchtbar und gestattete nur die Anlage kleiner Küchengärten und einer Kiefernschonung. Auch der Ruden darf vielleicht als eine Zusammenspülungsinsel angesprochen werden, nicht jedoch das bis 25 m ansteigende kleine Diluvialplateau der Greifswalder Oie.[3] In der Nähe dieser beiden kleinen vom Meere stark angegriffenen Inseln, sowie überhaupt in den Rügen'schen Gewässern giebt es zahlreiche Untiefen, häufig Gründe genannt, welche bisweilen dem Wasserspiegel sehr nahe kommen und als submarine Inseln bezeichnet werden können. Sie sind sämmtlich im Segelhandbuch genau beschrieben, eine noch eingehendere Untersuchung ihrer mineralogischen und geologischen Verhältnisse wäre schon deshalb erwünscht, weil wir über den Einfluss, den das Vorrücken der grossen scandinavischen Eismasse auf den Boden der Ostsee ausübte, noch immer recht wenig wissen. Manche der steinüberdeckten Gründe der Ostsee sind wohl eher als Theile der grossen nordischen Grundmoräne denn als Werke der Wellen zu betrachten. Ich hatte bei einer früheren Gelegenheit[4] einige Mittheilungen über Bildung von Untiefen und Geröllbänken im Meer durch recente Eisberge und erloschene Gletscher zusammengestellt; die damals gewonnenen Resultate werden durch einige neuere Beobachtungen vollkommen bestätigt. Die Flämische Kappe, die bekannte grosse Untiefe östlich von der Newfoundlandbank, ist mit grossen Steinen übersät, sie ist, wie Otto Krümmel bemerkt,[5] nichts weiter als eine colossale erratische Aufschüttung von 2—3000 m relativer Höhe. Hier wie auf der Newfoundlandbank trifft die kalte, gerölltragende Eisberge führende Labradorströmung mit dem wärmeren Golfstrom oder wie man diese Strömung sonst

---

[1] Lehmann, Pommerns Küste von den Dievenow bis zum Darss. Breslau 1878. S. 27.

[2] Segelhandbuch Bd. 2 S. 12 f.

[3] Ebenda Bd. 2 S. 9. Lehmann, S. 27. Die Greifswalder Oie ist eine Erosionsinsel gleich den dänischen.

[4] Ausland 1882. April.

[5] Annalen der Hydrographie. Bd. 11 (1883) S. 5—7

nennen mag, zusammen, die Berge schmelzen und die mitgebrachten Steine schütteten allmählich jene umfangreichen Bänke auf. Im Herbst 1882 fand MURRAY auf dem „Wyville Thomson-Rücken" im Norden von Schottland alle höheren Stellen aus Kies und Steinen bestehend. Viele der letzteren waren abgerundet und einige zeigten deutliche Spuren von Gletschereinwirkungen. Die Mannichfaltigkeit der Gesteine war eine sehr grosse, man fand Sandstein, Diorit, Glimmerschiefer, Gneiss, Hornblende, glimmerhaltigen Sandstein und Kalkstein.[1] Die norwegischen Nordmeer-Expeditionen haben nicht nur zahlreiche erratische Geschiebe auf dem Boden des Norwegischen Meeres aufgefunden, sondern auch nachgewiesen, dass der grösste Theil der dortigen Ablagerungen von Schlamm und Thon aus Material besteht, welches von dem Treibeis und den Gletscherströmen aus Island, Grönland und Spitzbergen in das Meer hineingeführt wird.[2] Wenn festgestellt werden könnte, dass jene durch Eisberge veranlassten Ablagerungen irgendwo den Meeresspiegel erreichen, würden wir den Begriff der erratischen Aufschüttungsinseln in unser Inselsystem aufzunehmen haben.

Ein Gebiet, in welchem genauere Durchforschung der Zusammensetzung der einzelnen Inseln uns noch manche ächte Zusammenspülungsinsel nachweisen wird, ist die Küste des Golfs von Mexico und der östlichen Vereinigten Staaten bis gegen den Hudson.[3] Hier ist die Küste von sehr zahlreichen, meist langgestreckten, dem Küstenrande parallelen Inseln und Halbinseln umsäumt, unter welchen alle möglichen Uebergänge von der noch freien für sich bestehenden Sandbank bis zur völlig landfest gewordenen Landzunge oder Nehrung zu beobachten sind. Wenn auch gerade auf dieser Strecke langsame Senkung, Thätigkeit der Brandungswellen und der Gezeiten starke Schädigungen der Küste veranlasst haben, sind doch andererseits auch Neubildungen sicher beobachtet worden. Cap Cod soll an seiner Ostseite immer mehr zerstört, dafür aber an seinem Westufer durch Anschwemmung verbreitert werden. Im Hafen von Nauset (Massachusetts) sind seit Menschengedenken Untiefen in Marschwiesen verwandelt worden.[4] Indessen muss angeführt werden, dass RATZEL geneigt ist, den grössten Theil der Düneninseln der atlantischen und

[1] Annalen der Hydrographie. Bd. 11 (1883) S. 194.

[2] Ebenda Anm. 2. Näheres in Norske Nordhavs Expedition. Christiania 1881. Heft 9.

[3] Selbst nördlich vom Hudson zeigen sich schon am Cap Cod, auf Nantucket und besonders an der Küste von Long Island ähnliche Bildungen.

[4] RATZEL, Vereinigte Staaten. Bd. 1 (München 1878) S. 154.

Golfküste von zerrissenen Nehrungen abzuleiten.[1] Dann wären es also nicht Aufschüttungs-, sondern Erosionsinseln. Dagegen nimmt J. G. Kohl an,[2] dass wenigstens an der Golfküste Winde und Meeresbrandung Nehrungen, Dünenstriche und Sandinseln zusammengeweht haben. Dahin gehören u. A. die Inseln vor der Bai von Mobile, sowie die merkwürdige Kette der Chandeleurs-Inseln gerade östlich von New-Orleans. Näher an den Mündungen des Mississippi bestehen die Inseln nicht mehr aus zusammengetriebenem Sande, sondern aus Flussschlamm.[3] Sie sind im Allgemeinen äusserst niedrig und ragen kaum 2 m über den Wasserspiegel empor. Viel bedeutender als am Mississippi sind diese Aufschüttungsinseln aus Flussschlamm, die man auch wohl gleich den Inseln aus Gletscherschutt als besondere Classe den lediglich durch Strömungen und Wellen erbauten Inseln gegenüberstellen könnte, an den Mündungen einiger nordischen Flüsse entwickelt. Auch hier haben aber diese Inseln meist keine dauernde Existenz, entstehen und vergehen je nach der Menge des abgesetzten Schlammes und der Heftigkeit der Strömung. Zahlreich sind die Aufschüttungsinseln vor der Mündung des Mackenziestromes.[4] Der Mackenzie führt grosse Massen von Sedimenten mit sich und ist ein trüber, reissender, in seinen Strömungsverhältnissen sehr wechselnder Strom,[5] dessen Eisgang den einzelnen Handelsposten an seinen Ufern schon mehrfach gefährlich geworden ist. Die Inseln in der Mündung des Jukon sind flach und niedrig, die Deltaarme sehr seicht, das Meer noch weit herum ebenfalls untief.[6] Dall hält auch die Sandy Islands südlich vom Jukon für Anschwemmungsinseln. Nelson's Karte lässt deutlich erkennen, dass zwischen den Mündungen des Jukon und des Kuskokwim eine ziemlich grosse Anzahl Inseln, von denen einzelne immerhin, wie Nelson vermuthet, vulcanischen Ursprung haben mögen, nach und nach durch das vorrückende Schwemmland landfest geworden sind, so die Hügel bei Cap Romantzof, die Kusiloakberge bei Fort Andrejeffski und Andere. Nelson Island besteht aus einem älteren höheren und einem niedrigen in späterer Zeit angeschwemmten Theil. Unmittelbar vor den Mün-

[1] Ebenda S. 23.

[2] Zeitschrift für allg. Erdkunde. Neue Folge Bd. 13 (1862) S. 171.

[3] Kohl a. a. O. S. 188.

[4] Vergl. Petitot's Karte im Bull. Soc. Géogr. de Paris. Sér. 6 Bd. 10 (1875) S. 112.

[5] Petitot a. a. O. S. 151.

[6] Dall, Alaska and its resorts. Boston 1870. S. 263. 275 und Nelson's Karte in den Proc. Royal Geogr. Soc. Bd. 4 (1882) S. 712.

dungsarmen des Jukon sieht man noch freiliegende Aufschüttungsinseln, die noch nicht Zeit hatten mit dem Lande zu verwachsen. An der Küste Sibiriens haben wir unter den Inseln des Lena-Deltas wahrscheinlich ächte Aufschüttungsinseln neben losgerissenen Theilen des Küstensaumes zu unterscheiden. LATKIN berichtet, dass die meisten Inseln des Lena-Deltas völlig flach sind, einzig die grössere hügelige Insel Borchaja macht eine Ausnahme, sie liegt nahe am westlichsten Hauptarm.[1] Niedrige Schlamminseln fehlen auch im Hintergrunde der grossen Mündungsgolfe des Jenisei, Tas und Ob durchaus nicht. Die Inseln im Jeniseigolfe hat schon SEEBOHM ausdrücklich als Bauwerke des Flusses anerkannt. Ueber die Menge der Sedimente, welche der Ob mit sich führt, und über die Heftigkeit und den raschen Wechsel seiner Strömung hat DAHL[2] Manches mitgetheilt. Der Sand häufte sich auf der der Strömung entgegengesetzten Seite des Fahrzeuges so schnell an, dass sich in einer einzigen Stunde die Tiefe um einen ganzen Fuss und mehr verringert hatte. Die Inseln in der Obmündung sind niedrig, morastig und dicht mit Röhricht bewachsen, sie sind nur eine Seemeile weit sichtbar.

Aehnliche Inseln finden sich vor den Mündungsgolfen vieler grosser schlammführender Ströme, wenn auch nicht immer in so ansehnlicher Menge wie in Sibirien. Man sollte aber auch hier die Entscheidung über die systematische Stellung einer Insel nur auf Grund zuverlässiger Angaben über die Höhenverhältnisse, die Bodenbeschaffenheit und die Strömungs- und Fluthverhältnisse treffen, die Karte allein kann zu Irrthümern Veranlassung geben, da Inseln, welche von den Mündungsarmen eines Flusses umschlossen werden oder seiner Mündung unmittelbar vorgelagert sind, keineswegs immer auch Werke des Flusses sind.

2) Durch vulcanische Ausbrüche aufgeschüttete Inseln. Dieser Inseltypus wurde hauptsächlich von ZIMMERMANN aufgestellt. ZIMMERMANN[3] sagt: Andere Inseln konnten durch die Anhäufung von Asche und anderen vulcanischen Auswurfmassen aufgebaut werden, wenn die Feuerberge nahe am Ufer stehen, aber er führt kein Beispiel einer auf diese Art entstandenen Insel an. Die Möglichkeit eines solchen Vorganges ist ja nicht zu läugnen, noth-

[1] PETERMANN's Mittheilungen 1870. S. 92 f.
[2] Ebenda S. 287.
[3] Specimen zoologiae geographicae. Lugd. Batav. 1777. S. 624: Aliae insulae ex montibus in litore quodam positis, qui cineres, flammas, arenasque in Oceanum eructaverant, hoc ipso conjectu exstrui potuerunt.

wendige Bedingung ist grosse Seichtigkeit des Meeres und genügende Menge der ausgestossenen Massen. Gerade in der Nähe vulcanischer Gebiete pflegt aber die Küste sehr schroff zu grossen Tiefen abzusinken, die erste Bedingung wird also selten erfüllt werden. Die Menge der ausgeworfenen Massen kann allerdings sehr bedeutend werden. Die Menge des bei dem kurzen Ausbruch des Aetna im Jahre 1874 an die Erdoberfläche gelangten vulcanischen Materiales wird auf etwa 1 351 000 cbm geschätzt.[1] Als im Jahre 1669 durch einen drei Monate anhaltenden Schlackenauswurf die Monti Rossi gebildet wurden, glichen die emporgeschleuderten Aschen und Sande bis auf eine Entfernung von fast einer halben Meile um die Monti Rossi fast alle Unebenheiten des Bodens aus. Wir lesen auch wohl, dass die in das Meer niedergefallenen Massen des Sandes, der Asche und der Schlacken den Meeresspiegel dicht überzogen und Schiffe in ihrer Fahrt behinderten.[2] Aber es sind immer sehr weite Gebiete, die von dem Aschenfall betroffen werden, niemals concentrirt er sich auf einen kleinen Bezirk. Die Menge der auf den nämlichen Punkt des Meeresbodens niederfallenden Massen kann also nicht sehr bedeutend werden, ganz abgesehen davon, dass die leichten Aschen und Schlacken vielfach gar nicht untersinken, sondern lange Zeit an der Oberfläche hin und her treiben werden. Bei dem grossen Ausbruch, den der Gunong Tomboro auf Sumbawa im April 1815 hatte, verbreitete sich die Asche über einen grossen Theil des Indischen Archipels, sie wurde noch zu Benkulen auf Sumatra wahrgenommen, also in einer Entfernung vom Feuerberge, die der vom Aetna nach Hamburg gleichkommt.[3] Bimsteine, wird berichtet, schwammen wie Inseln auf dem Meere herum, besonders in der Richtung nach Makassar. Nirgends wird aber gesagt, dass eine wirkliche Inselbildung diesem Ausbruch zuzuschreiben sei. Auch in Europa sind ähnliche Beispiele weiter Verbreitung vulcanischer Aschen nicht ganz unbekannt; noch 1875 gelangte die Asche der in heftiger Thätigkeit befindlichen isländischen Vulcane bis nach Dalarne, Upland und in die unmittelbare Umgebung Stockholms;[4] 1883 wurde abermals an der norwegischen Küste von Island stammende Asche wahrgenommen. Auch in diesem Falle vertheilte sich die Asche

[1] Credner, Elemente der Geologie. 4. Aufl. Leipzig 1878. S. 150. Näheres bei Sartorius-Lasaulx, Der Aetna. Leipzig 1880. Bd. 1 S. 317.

[2] So bei Santorin, Island, in der Südsee.

[3] Junghuhn, Java, deutsch von Hasskarl. Leipzig 1857. Bd. 2 S. 818—828.

[4] Thoroddsen, Oversigt over de islandske Vulkaners Historie. Kopenhagen 1882. S. 119.

über einen viel zu grossen Umkreis, als dass locale Aufschüttungen im Meere denkbar gewesen wären. Dass es sich auf dem Lande und besonders in unmittelbarer Nähe des Vulcans selbst anders verhält, ist begreiflich, beruht doch die Bildung des Ausbruchskegels selbst zu einem guten Theile auf der Ansammlung der ausgeworfenen Massen. Wenn aber bei dem Ausbruch des Tomboro (s. o.) die Asche noch auf der gegenüberliegenden Insel Lombok eine meterstarke Schicht bildete, so gehört ein solcher Fall schon zu den seltenen Ausnahmen und kommt nur bei den grossartigsten, verhältnissmässig nicht häufigen Ausbrüchen vor.

Die Bildung neuer Inseln durch Lavaströme, welche in das Meer flossen und dort erstarrten, kommt ebenfalls nur selten vor. Am besten wurde ein solches Phänomen im Jahre 1866 bei Gelegenheit der Eruptionen bei Santorin beobachtet. Die Inseln Mikra Kaymeni, Nea Kaymeni und Paläa Kaymeni bestehen ganz und gar aus einer Anzahl sehr mächtiger, vielleicht mehrere Hunderte von Metern dicker Lavabänke. Die losen Schlacken und Aschen beeinflussen den Bau des aus den drei Inseln bestehenden ganzen Bergmassivs nicht wesentlich.[1] Im Jahre 1866 bot sich nun die Gelegenheit, die Vergrösserung dieser Lavainseln unmittelbar zu beobachten. Die neue Landbildung fand an der südlichen und südwestlichen Seite von Nea Kaymeni statt, ausserdem erhoben sich zwischen der genannten Insel und Paläa Kaymeni die Klippen, welche Maionisi genannt wurden.[2] Die beiden Neubildungen auf Nea Kaymeni wurden als Georg I. Klippe (östlich) und Aphroëssa (westlich) bezeichnet. Die Georgsklippe erhielt ihre erste Entstehung durch einen unterseeischen Lavaausbruch, am 1. Februar (1866) erhoben sich die ersten schon erstarrten schwarzen Klippen des neuen Landes über das Meer, schon nach wenigen Tagen war die entstandene Insel mit Nea Kaymeni zusammengewachsen. Von der Aphroëssa wurde der erste Fels am 15. Februar, 10 h 15′ Vormittags, sichtbar.[3] Von den Maionisi erschienen am 19. Mai die höchsten Schollen des Stromes als zwei kleine Inselchen über der Meeresfläche. Am 30. Mai war die Zahl der Inselchen schon auf vier gestiegen, später erhöhte sich ihre Zahl noch mehr. Sie hatten übrigens nur einen Durchmesser von wenigen Schritten und erreichten nur einige Meter Höhe. Das dichte, obsidianartige Gestein glich ganz dem des Georg und der

[1] Reiss und Stübel, Geschichte und Beschreibung der vulcanischen Ausbrüche bei Santorin. Heidelberg 1868. S. 193.

[2] K. v. Seebach, Ueber den Vulcan von Santorin. Göttingen 1867. Taf. 1.

[3] v. Seebach a. a. O. S. 44 f.

Aphroëssa.[1] K. v. Seebach betrachtet diese Inseln nur als später aufgetauchte Schollen desselben Lavastromes, welcher auch die Aphroëssa aufhäufte.[2] Bei allen diesen Neubildungen handelte es sich in keiner Weise um eine wirkliche Erhebung des Meeresbodens, sondern immer nur um grossartige Aufschüttungsphänomene. Reichlich quellende Lava ist jedenfalls viel geeigneter, Inseln zu bilden, als lose Asche und Schlacken. Sobald eine Zufuhr neuer Lava nicht mehr erfolgt, beginnt die Wiederzerstörung der entstandenen Lavainseln durch die Wellen und die atmosphärischen Einflüsse. Ein in das Meer hineinragender Lavastrom kann durchbrochen und in Inseln aufgelöst werden. So ist die kleine vulcanische Insel Brescou an der Küste von Languedoc nur ein abgetrennter Theil eines Lavastromes, welcher von dem alten Vulcan von Agde seinen Ausgang nahm. Einst war jener fünfgipfelige Vulcan selbst eine Küsteninsel, durch die unablässigen Anschwemmungen des Hérault ist er mit dem Festlande vereinigt worden. Auch die Insel Brescou wird ihre Selbstständigkeit nicht auf die Dauer behaupten können.[3]

Was die systematische Stellung der eben besprochenen Inseln angeht, so könnte man dieselben auch zu der Klasse der tektonischen Inseln rechnen, denn ihre Entstehung ist in letzter Linie auch auf die Faltungen der Erdrinde zurückzuführen. Wir würden aber hierdurch die schon sehr umfangreiche Gruppe der tektonischen Inseln noch mehr überladen und die Uebersichtlichkeit stören. Es ist daher besser, zwischen Inseln, die selbst einen Vulcan enthalten und diesem ihre Entstehung verdanken, und Inseln, die gleichsam beiläufig durch Ausbreitung der Ausbruchsstoffe eines Vulcanes in das Meer entstanden sind, scharf zu unterscheiden, und nur die ersteren unter den tektonischen Inseln aufzuführen.

B. Phytogene Aufschüttungsinseln.

Wenn am Meere oder an grossen Flüssen, welche reich mit Pflanzen bestanden sind, Theile des Ufers losgerissen und in die See hinausgetrieben werden, kann es vorkommen, dass eine solche schwimmende Insel auf einer Untiefe strandet und Veranlassung zu weiterer Anhäufung von Sedimenten wird. Flösse aus lebenden Pflanzen werden in den wärmeren Meeren nicht ganz selten beobachtet. Mehrfach wurden sie 50—100 englische Meilen vor der Mün-

[1] Reiss und Stübel a. a. O. S. 144 f.

[2] K. v. Seebach a. a. O. S. 73.

[3] Burat, Voyages sur les côtes de France. Paris 1880. S. 273.

dung des Ganges bemerkt, sie trugen noch lebende aufrechtstehende Bäume.[1] Auch dem Congo, Orinoco und Amazonenstrom fehlen sie nicht. Vom letzteren Strom schildern sie SPIX und MARTIUS.[2] Auf dem Parana heissen sie Camelotes und gelangen besonders bei grossen Ueberschwemmungen, welche die Ufer beschädigen, stromabwärts bis nach Montevideo und wohl noch weiter in das offene Meer hinaus. Ein britischer Officier beschreibt ein besonders auffallendes Phänomen dieser Art aus der Molukkensee; er traf dort einige kleine schwimmende Inseln, die mit Leuchterbäumen und Unterholz bestanden waren. Bäume und Sträucher hatten ihr Grün bewahrt, da eine noch vorhandene Schicht des Waldbodens, in dem sie wuchsen, ihnen Nahrung gewährte.[3]

Trotz der verhältnissmässigen Häufigkeit solcher Flösse kommt es doch gewiss nur sehr selten vor, dass eine glückliche Strandung erfolgt,[4] meist werden die Wellen das zerbrechliche Floss längst auseinandergeschlagen haben, bevor es eine grössere Strecke zurückgelegt hat. Um so wichtiger würde die sichere Beobachtung einer auf diese Weise erfolgten Inselbildung sein. Das Korallenmeer im Nordosten Australiens, die seichteren Gebiete der Sundawelt und die Mündungen des La Plata und Amazonenstromes sind die Gebiete, in denen eine solche Beobachtung zunächst gelingen möchte.

In unmittelbarer Nähe der Küste tragen die Mangrove- oder Leuchterbäume[5] viel zur Bildung kleiner Inselstreifen bei. An der Küste von Guiana geschieht die Ausdehnung des Landes unter dem Einfluss der Rhizophoren, welche in ihrem dichten Wurzelgeflecht den Schlamm zurückhalten. Bei Panama braust nach SEEMANN's Beobachtung oft die Fluth über die Kronen dieser Bäume, ohne ihrem Wachsthum zu schaden, da diese durch ihre Luftwurzeln wie mit Ankern im Meeresboden befestigt sind. Bei dieser grossen Widerstandsfähigkeit und der ansehnlichen Verbreitung der Rhizophoren mögen sie das Vordringen des Landes gegen das Meer immerhin merkbar unterstützen. „Es ist schwer, sich ein Gewächs vorzu-

[1] LYELL, Principles of Geology. 12. Auflage. London 1875. Bd. 2 S. 364 f.

[2] SPIX und MARTIUS, Reise in Brasilien. München 1823—31. Bd. 3 S. 1011 ff.

[3] LYELL a. a. O. Bd. 2 S. 366.

[4] LYELL meint, dass es in 1000, selbst in 10000 Jahren kaum einmal geschieht.

[5] Ueber dieselben zu vergl. GRISEBACH, Vegetation der Erde. Leipzig 1872. Bd. 2 S. 21 und 366.

stellen," bemerkt Tuomey,[1] „welches mehr dazu taugt, Inseln aufzubauen, als die Mangrove. Ihre langen Hängefrüchte fallen in das seichte Wasser nnd schlagen in dessen Schlammboden Wurzeln; der Schoss, welcher bald aufgeht, sendet seinerseits Zweige senkrecht abwärts, die ins Wasser tauchen und Wurzel fassen; neue Seitenzweige gehen von ihnen ab und verzweigen sich weiter, und auf diese Weise wandern die Sprösslinge oft 20—30 m vom Mutterstamme weg. Seetang und Treibholz fangen sich in ihren Schlingen und so ist bald eine bleibende Insel hergestellt". Diese characteristische Schilderung Tuomey's, welche auch Ratzel in seine Darstellung der Vereinigten Staaten aufgenommen hat, bezieht sich zunächst auf das südliche Florida, wo an der Leeseite der eigentlichen Keys derartige Inseln häufig sind, passt aber auch auf zahlreiche andere Küsten. Immerhin wird die Inselbildung durch Vermittelung der Rhizophoren immer nur im Anschluss an eine schon bestehende Küste stattfinden können. Bleibende Inseln, nach Tuomey's Ausdruck, sind die Mangrove-Inseln übrigens wohl nicht, sie bilden gerade in Florida nur eine vorübergehende Erscheinung, denn Strömungen und Korallen arbeiten dort unablässig daran, das Land auf Kosten des Meeres zu erweitern.

C. Zoogene Aufschüttungsinseln.

In viel ausgedehnterer Weise als Mangrovewälder und Treibflösse arbeiten die Korallen an der Aufschüttung neuer Inseln oder genauer an der Erhöhung unterseeischer Berge. Dass die Korallen überhaupt zur Inselbildung beitragen, wusste man seit dem Ende des XVI. Jahrhunderts, wenn man auch bisweilen unschlüssig war, ob man sie für Pflanzen oder Thiere halten sollte. Im Jahre 1599 beobachtet Linschoten im Kanal von Moçambique Felsgestein bildende Korallen, 1702 erwähnt Strachan die felsbauende Thätigkeit der Korallen bei Ceylon.[2] Aber über die Art und Weise der Inselbildung durch Korallen konnte man lange zu keiner allseitig befriedigenden Erklärung gelangen. Die Geschichte der Anschauungen über die Bildung der Koralleninseln ist ungemein lehrreich, weil sie uns zeigt, wie rasch eine einfache, die Haupterscheinungen ganz befriedigend deutende Theorie aufgegeben wird, wenn eine neue bestechende Lehre auftritt, welche mit einem Schlage über die geologischen Schicksale

---

[1] Silliman's American Journal Ser. II Bd. 1 (1851, Jan.—Juni) S. 392, ebenso Ratzel, Vereinigte Staaten. Bd. 1. S. 139.

[2] Ehrenberg, Abhandlungen der Berliner Akademie. Jahr 1832. Abth. 1. S. 393 ff. Strachan in Philos. Transact. Bd. 23 (1702) S. 1248.

ganzer Oceane neues Licht zu verbreiten scheint. In den letzten Jahren beginnt man aber den älteren in ihrem Grundkerne wohlbegründeten Anschauungen wieder grössere Gerechtigkeit widerfahren zu lassen.

Wir erinnern uns, dass J. R. FORSTER auf Grund seiner Beobachtungen im Südmeere flache Sandholme, die durch Riefe von Korallen verbunden sind, dann bergigte Inseln mit Riefen und ebensolche ohne Riefen unterschied.[1] FORSTER nahm nun an, dass die Korallen ihre Bauten vom Meeresgrunde an bis auf eine geringe Distanz vom Wasserspiegel hinaufführten und beschreibt sehr anschaulich (S. 127), wie die Wellen nach und nach Bruchstücke und Trümmer der verschiedensten Art heranspülen, so dass das Bauwerk, welches die Korallen nun ihrerseits nicht weiter erhöhen, zuletzt aus dem Wasser emporsteigt. Die kreisförmige Gestalt der Lagunenriffe wollte FORSTER durch das Bedürfniss der Korallen nach möglichstem Schutz gegen den heftigen Wellenschlag erklären. In diesen kreisförmigen Bauten, meinte er, findet keine heftige Bewegung statt und der polypenartige Wurm erhält eine ruhige Wohnung. Diese, wie sich später ergab, ganz irrthümliche Meinung wurde auch von FLINDERS getheilt. Dieser Reisende[2] hielt es auch noch für möglich, dass die Korallen Bauten von 200 Faden senkrechter Höhe errichten können, erkannte aber die wichtige Thatsache, dass die Korallen schlechterdings nur da leben können, wo sie immer (also auch zur Ebbezeit) von einer Wasserschicht bedeckt bleiben. Wichtige Resultate gewann A. v. CHAMISSO auf seiner mit KOTZEBUE unternommenen Weltreise (1815—18). Zunächst überzeugte er sich, dass die Korallen keineswegs ruhiges Wasser bevorzugen, vielmehr gerade in starker Brandung sehr gut gedeihen. So erklärt es sich leicht, dass die Aussenseite der Riffe rascher und kräftiger wächst, als die geschütztere Innenseite.[3] CHAMISSO zieht nun aus der reihenförmigen Anordnung der Koralleninseln, aus ihrer Häufigkeit in einzelnen Meerestheilen und ihrem gänzlichen Fehlen in anderen den Schluss, dass die Korallengebäude auf Meeresuntiefen oder auf den Gipfeln unterseeischer Berge errichtet sind. Sind die Korallen so weit in die Höhe gelangt, dass sie in Gefahr kommen, bei Ebbe der Sonne ausgesetzt zu werden, bauen sie nicht weiter. Die Wellen vollenden dann die Herstellung der neuen Insel, Pflanzen siedeln sich an, Insecten und

[1] Bemerkungen auf seiner Reise um die Welt. Berlin 1783. S. 5 u. 126 f.

[2] FLINDERS Reise fällt in die Jahre 1801 und 1802.

[3] KOTZEBUE, Entdeckungsreise in die Südsee und nach der Beringstrasse. Weimar 1821. Bd. 3 S. 187.

Eidechsen kommen, wiewohl selten, auf treibenden Flössen an, Vögel benutzen die aufgewachsenen Bäume als Rastplätze „und zuletzt", bemerkt Chamisso, „findet sich auch der Mensch ein, schlägt seine Hütte auf der fruchtbaren Erde auf, die durch die Verwesung der Baumblätter entstand, und nennt sich Herr und Besitzer dieser Welt." Sehr richtig führt Chamisso die Abweichungen in der äusseren Gestalt der Koralleninseln auf die Form des tragenden Berggipfels zurück. Ist dieser eine rundliche Kuppe, wird eine runde Insel entstehen, deren Ränder rascher aufwachsen als die Mitte, so dass die aus zahlreichen Abbildungen genügend bekannte Form der von einem schmalen mehr oder weniger zusammenhängenden Landstreifen umgebenen Lagune zu Stande kommt. Chamisso's Ansichten wurden zunächst durch die Naturforscher der Freycinet'schen Expedition, Quoy und Gaimard, wesentlich unterstützt. Diese Gelehrten betonten, im Gegensatz zu Forster, die geringe Mächtigkeit der wirklich von Korallen aufgeführten Schichten und wiesen darauf hin, dass die Grundlage der Lagunenriffe wohl vulcanischer Natur sein möchte, dass diese Inseln also auf Kraterrändern erbaut seien.[1] Von grösster Wichtigkeit waren auch die sehr gründlichen Korallenstudien Ehrenberg's im Rothen Meere (1823—26).[2] Ehrenberg konnte zweifellos feststellen, dass die Korallenbauten dort nur ein verhältnismässig dünner Ueberzug auf einer ganz anders gearteten Grundlage sind. Der Kern der Inseln war bald vulcanisches, bald nichtvulcanisches Gestein. Die Korallen beschirmen und conserviren vorhandene Inseln, es lässt sich aber nicht behaupten, dass sie neue aufbauen. Auch konnte sich Ehrenberg überzeugen, dass in vielen Fällen das Wachsthum der Korallenstöcke ein sehr langsames ist, so dass selbst nach Jahrhunderten die Küste keine bedeutenden Veränderungen im Vergleich zu alten Beschreibungen aufweist.

Mit lebhafter Zustimmung wurde Chamisso's Ansicht von Leopold v. Buch und seinen Anhängern aufgenommen. Namentlich tritt Hoffmann[3] entschieden für die Kratertheorie ein, die ihm durch die reihenförmige Anordnung vieler Korallenarchipele, wie der Malediven, wesentlich gestützt zu werden schien. Auch der englische Seefahrer Beechey hatte damals gerade in der Südsee durch seine Sondirungen nachgewiesen, dass einzelne Koralleninseln wirklich auf

[1] Annales des Sciences naturelles. Bd. 6 (1825) S. 273. Freycinet's Reise fällt in die Jahre 1817—20.

[2] Ehrenberg, Abhandlungen der Berliner Akademie. Jahr 1832. Abth. 1. S. 413. 419. 423. 424 u. ö. Vergl. auch oben S. 86.

[3] F. Hoffmann, Physikal. Geographie. Berlin 1837. S. 133.

steil abfallenden submarinen Kegelbergen aufruhen.[1] BEECHEY hatte das seitdem sehr häufig wiedergegebene Kartenbild[2] der Gambier-Inseln mitgebracht. Man sah, wie dort aus einer weiten von einem Korallenring umschlossenen Lagune Lavafelsen sich erhoben. Dieses Beispiel schien die Kratertheorie gegen alle Anfechtungen sicher zu stellen. Auch CHARLES LYELL war anfänglich, veranlasst durch dieses Bild der Gambier-Inseln und durch EHRENBERG's Forschungen, wie er selbst angiebt,[3] der Ansicht CHAMISSO's durchaus geneigt. Ohne Zweifel würde die durch spätere Expeditionen im Einzelnen noch auszubauende und besser zu begründende Kratertheorie herrschend geworden sein, hätte nicht DARWIN eine neue, anscheinend höchst einfache und auf alle vorkommenden Fälle anwendbare Lehre von seiner an Bord des „Beagle" zurückgelegten Weltreise mit heimgebracht.[4] DARWIN hatte vorzugsweise die Cocos- oder Keelings-Inseln im Indischen Ocean genau untersucht, ausserdem kannte er nur wenige Korallengebiete aus eigener Anschauung. Es war aber die kleine, ganz isolirt gelegene Gruppe der Keelings-Inseln gewiss ein weit weniger günstiger Platz, um die Bildungsgesetze der Koralleninseln zu ergründen, als es die Karolinen, die Marshall-Inseln, die Malediven oder ein anderer der aus vielen Hunderten von Laguneninseln bestehenden grossen Archipele gewesen wäre. Auch währte DARWIN's Aufenthalt nur vom 1. bis 12. April 1836, steht also hinter der viel längeren Zeit, welche andere Forscher, wie DANA, SEMPER, REIN, auf Korallenstudien verwenden konnten, wesentlich zurück. DARWIN's ungemein klare und einfache Anschauungen über den Ursprung der Koralleninseln sind in so viele Hand- und Lehrbücher (selbst elementaren Characters) übergegangen, dass wir uns hier auf die Hervorhebung der allerwichtigsten Grundsätze beschränken dürfen. DARWIN geht von dem Satze aus, dass riffbildende Korallen in grosser Tiefe nicht leben können.[5] In gewöhnlichen Fällen, glaubt er, können riffbildende Polypenstöcke bei

[1] Vergl. Journal Royal Geogr. Society. Bd. 1 (1831) S. 198.

[2] Auch bei DARWIN, Korallenriffe. Taf. 1 Fig. 8.

[3] Principles of Geology. 12. Aufl. London 1875. Bd. 2 S. 598 f.

[4] DARWIN's Ansichten über die Entstehung der Koralleninseln sind am vollständigsten in seinem Buche: „Ueber den Bau und die Verbreitung der Korallenriffe" enthalten. Die erste englische Ausgabe erschien 1842, die zweite wenig abweichende 1874, die deutsche Ausgabe von J. V. CARUS 1876. Man vergleiche ausserdem DARWIN, Reise eines Naturforschers um die Erde (zuerst 1839 ausgegeben) S. 521 ff. der CARUS'schen Ausgabe u. Journal Royal Geogr. Society Bd. 6 (1836) S. 311. Dies ist einer der ersten Berichte über die Reise des „Beagle".

[5] Korallenriffe. S. 81 ff. der deutschen Ausgabe, dann 86 u. 87.

grösserer Tiefe als 20—30 Faden nicht mehr gedeihen, ebensowenig aber bei einer geringeren als 15 Faden. Sie sind also auf eine sehr beschränkte Zone angewiesen. Wie ist es nun möglich, dass die Thiere gleichwohl mächtige, aus grossen Tiefen aufsteigende Riffe aufführen konnten? DARWIN kann nicht glauben, dass eine so grosse Anzahl von submarinen Bergen, mögen es nun Krater sein oder nicht, gerade bis zu der erforderlichen Höhe hinaufreichten. Da auf dem Festlande nirgends Gebirge mit Gipfeln von so gleichmässiger Höhe angetroffen würden, hätten wir auch kein Recht, sie im Meere als vorhanden zu denken.[1] Dagegen scheint jede Schwierigkeit zu schwinden, wenn wir mit DARWIN annehmen, dass die felsigen Grundlagen, auf denen die Korallen zu bauen begannen, langsam versinken, während die Thiere fortfahren, nach oben weiter zu bauen.[2] Nehmen wir an, es sei eine bergige Insel von Korallenriffen umgeben, den Strand- oder Saumriffen DARWIN's. Die Insel beginnt zu sinken, die Korallen erhöhen ihre Bauten, und zwar an der Aussenseite der Riffe am lebhaftesten, da sie ja, wie wir sahen, starken Wellenschlag bevorzugen. So bildet sich zwischen Insel und Riff ein breiter Kanal aus, das Strandriff ist zu einem Barrièrenriff geworden. Die Insel sinkt aber immer tiefer; zuletzt bleiben nur noch in der Mitte des Riffs einige Felsspitzen übrig. Verschwinden auch diese, so ist bei fortdauernder entgegenwirkender Thätigkeit der Korallen die Form des Lagunenriffes hergestellt. Die Bildung von wirklichen Inselchen und Inselstreifen auf dem Riffe, also ganz unabhängig von der versunkenen Hauptinsel, schreibt auch DARWIN der Thätigkeit des Meeres, der Winde und der allmählich sich einstellenden Pflanzen und Thiere zu. Diese Sätze erläutert DARWIN durch die bekannten, unendlich oft wieder dargestellten Durchschnitte, die man schon im vorletzten Capitel der Weltreise, dann wieder in den „Korallenriffen“ (S. 98. 99) antrifft.

Sehen wir nun zu, wie sich die Aufnahme dieser Lehren DARWIN's gestaltete. Gleich im Anfange fehlten zweifelnde und abwartende Stimmen nicht völlig. In der Berliner Gesellschaft für Erdkunde meinte der Berichterstatter (W. MAHLMANN), es müsse der Zukunft vorbehalten bleiben, zu entscheiden, ob DARWIN's Theorie der Bildung und noch fortschreitenden Veränderung der Korallenriffe sich bestätigen werde.[3] HUMBOLDT bespricht DARWIN's Resultate

[1] a. a. O. S. 92 f.

[2] a. a. O. S. 98.

[3] Monatsberichte der Berl. Gesellschaft für Erdkunde. Neue Folge. Bd. 2 (1845) S. 142.

in sehr freundlicher und anerkennender Weise, bemerkt aber, dass dieser anziehende Gegenstand erst dann zur völligen Klarheit kommen werde, wenn es gelingen sollte, mehr Kenntniss von der Auflagerungstiefe und der Natur der Gebirgsmassen zu erhalten, welche den unteren bereits abgestorbenen Schichten der Polypenstöcke zur Grundlage dienen.[1] Wir werden sehen, dass die falsche Beurtheilung der Mächtigkeit der Korallenriffe in der That eine der schwachen Seiten der DARWIN'schen Theorie bildet.

Dagegen wurde DARWIN's Ansichten die gewichtige Unterstützung CHARLES LYELL's und (mit einigen Einschränkungen) auch DANA's zu Theil. LYELL gesteht zwar zu,[2] dass die Senkungshypothese auf den ersten Blick äusserst seltsam (paradoxical in the extreme) erscheinen muss, kommt aber dann doch zu dem Schlusse, dass sie den Thatsachen besser entspricht, als irgend eine frühere. Uebrigens hatte LYELL ganz unabhängig von DARWIN schon 1831 die Ansicht vertreten, dass da, wo Atolle zahlreich sind, bedeutende Senkungen vorgekommen sein müssen.[3] DANA's werthvolles Werk über die Koralleninseln[4] erschien zuerst 1853. Zunächst wird die Kratertheorie als unwahrscheinlich hingestellt, dann fährt DANA fort: „Das Studium und die Vergleichung der verschiedenen Arten der Riffe ist die einzige wissenschaftliche (philosophical) Methode, um zu einer Entscheidung über diesen Gegenstand zu gelangen. Diesen Weg hat DARWIN in erfolgreicher Weise eingeschlagen und ist, wie wir Grund haben anzunehmen, zu der wahren Theorie der Koralleninseln gelangt." So wird DANA (S. 97) veranlasst, die Gruppe der Niedrigen Inseln als eine grosse Grabstätte von Inseln anzusehen, wo jedes Atoll die Lage einer versunkenen Insel bezeichnet. Die ganze Südsee ist für DANA mit diesen einfachen Denkzeichen überdeckt.

In Deutschland wurde DARWIN's Korallentheorie fast durchweg als unbedingt maassgebend angenommen. PESCHEL schliesst sich DARWIN in den „Neuen Problemen" vollkommen an;[5] auch für PESCHEL sind die Koralleninseln der letzte Versuch der Natur, ein untergegangenes Festland vor dem völligen Verlöschtwerden zu retten. Erst in den letzten Jahren beginnt man an der Richtigkeit der Voraussetzungen DARWIN's zu zweifeln und sich zu erinnern, dass die That-

[1] Ansichten der Natur. Taschenausgabe. Stuttgart 1871. S. 217.
[2] Principles of Geology. 12. Aufl. London 1875. Bd. 2 S. 600.
[3] Ebenda 1. Aufl. Bd. 2 S. 206.
[4] DANA, On Coral reefs and islands. New York 1853, daselbst S. 88 u. ö.
[5] Neue Probleme. S. 31 der zweiten Aufl.

sachen, welche DARWIN anführt, nicht durchweg einwurfsfrei sind, mindestens aber ganz anders, als es DARWIN wollte, und zwar viel einfacher, erklärt werden können. SEMPER und J. J. REIN erwarben sich das grosse Verdienst, die ganze Frage nach langem Stillstand wieder in Fluss zu bringen.[1] Zunächst sah SEMPER in der Palaos- oder Palau-Gruppe Erscheinungen, die er mit DARWIN's Grundlehren nicht vereinbaren konnte. Namentlich zeigte der nördliche Theil der Gruppe mehrere Rifftypen dicht nebeneinander.[2] Sollen wir da annehmen, dass der Meeresboden nur auf einem ganz beschränkten Raum gesunken ist, dicht daneben aber gestiegen oder wenigstens stationär geblieben? Das würde vielen beobachteten Thatsachen widersprechen. SEMPER hat auch dargethan, wie ein von einer submarinen Bank aus aufwachsender oder mit dieser Bank emporgehobener kuppenförmiger Korallenstock zunächst auf dem Gipfel der Kuppe, die zuerst dem Wasserspiegel nahe kommt, ungünstigen Einflüssen ausgesetzt wird und deshalb sein Wachsthum einstellt. Die seitlichen, noch nicht so hoch aufragenden Schichten des Stockes wachsen aber noch weiter, so dass durch das Zurückbleiben der mittleren eine ringförmige Bildung entstehen muss, die nach der DARWIN-schen Theorie gewiss als Denkmal einer erloschenen Insel angesehen würde, während doch absolut nichts derartiges hier vorliegt. DARWIN hat in der zweiten Auflage seiner „Korallentheorie"[3] SEMPER's Einwendungen bereits aufgenommen, seine Entgegnung, bei der namentlich ein wiederholtes Auf- und Abwärtsschweben der Atolle herangezogen wird, das in solcher Ausdehnung kaum anzunehmen ist, vermag aber SEMPER's Erklärung nicht aus dem Felde zu schlagen. Waren schon SEMPER's merkwürdigerweise lange sehr unbeachtet gebliebene Entdeckungen geeignet, die Grundlagen der DARWIN'schen Korallentheorie einigermaassen zu erschüttern, so ist dies noch in höherem Grade bei J. J. REIN's Arbeiten über die Korallenriffe der Fall. Die ersten Bemerkungen REIN's über diesen Gegenstand wurden schon 1870 veröffentlicht,[4] fanden aber ebenfalls lange Zeit nicht die Beachtung, die sie verdienten. Sie wurden durch weitere Mittheilungen, die durch die geographischen Congresse in Berlin und

[1] Ausserdem betheiligte sich der Engländer MURRAY an der Discussion dieser Frage, die Priorität gebührt jedoch SEMPER und REIN.

[2] Zeitschrift für wissensch. Zoologie. Bd. 13 (1863) S. 563 ff., besond. 568.

[3] S. 174 f. der deutschen Ausgabe.

[4] Jahresbericht der SENCKENBERG'schen naturforschenden Gesellschaft, Jahr 1870, besond. S. 158.

Venedig (beide 1881) veranlasst wurden, wesentlich erweitert.[1] Wir schliessen uns den Hauptergebnissen, zu welchen REIN gelangte, vollkommen an und fügen noch wenige ergänzende Betrachtungen hinzu. DARWIN musste umfangreiche Senkungen, namentlich in der Südsee und im Indischen Ocean, annehmen, um die Entstehung der Atolle zu erklären. Es frägt sich nun, ob solche Senkungen wirklich in dem verlangten Maasse zu beobachten sind. Directe Beweise haben sowohl DANA als DARWIN nur wenige angeführt, und von diesen halten mehrere bei wiederholter Prüfung nicht Stand. So erwähnt DARWIN[2] auf dem Keelings-Atoll die Fundamentpfosten eines Schuppens, welche bei seinem Besuch von jeder Fluth bespült wurden. Die Einwohner aber gaben an, dass der Schuppen 7 Jahre früher noch oberhalb der Hochwassergrenze gestanden habe. FORBES versichert aber in seinen höchst interessanten Mittheilungen über neuere Naturereignisse auf den Keelings, dass DARWIN hier sehr schlecht unterrichtet gewesen sein müsse.[3] Die Pfosten haben niemals zu einem Gebäude gehört, sondern stellten eine Art Wellenbrecher dar, der beim Besuch des „Beagle“ noch unvollendet war. Später wurde er fertig und erfüllte noch im Jahre 1879 bei FORBES' Anwesenheit seine Bestimmung. Als Senkungsbeweis ist er also absolut nicht zu verwerthen. FORBES bemerkte überhaupt keine Senkungszeichen auf den Inseln; eine Anzahl durch das Wasser unterwühlter und halb fortgespülter Bäume waren nach Versicherung kundiger Einwohner nur durch Stürme und Sturmwellen in diese Lage gebracht worden. Auch findet nicht eigentlich eine Wegführung der losgerissenen Theile des Strandes statt, sondern sie werden nur an der Küste entlang geführt und kommen einer anderen Stelle wieder zu Gute.[4] Weit eher deuteten noch ganz frische Korallenstöcke, die offenbar erst kürzlich der Sonne und dem Regen preisgegeben und deshalb abgestorben waren, auf eine gelinde in neuerer Zeit vorgekommene Hebung.[5]

Aeltere Berichte erwähnen häufig, dass in der Südsee, sowie in der Gruppe der Malediven im Indischen Ocean bisweilen ganze Inseln weggespült wurden oder doch an Umfang wesentlich abnahmen. Solche Fälle schienen allerdings auf die Existenz grosser Senkungs-

[1] Verhandlungen des I. Deutschen Geographentages zu Berlin 1881. S. 35 ff., besond. S. 46.

[2] Korallenriffe. S. 18 der deutschen Ausgabe.

[3] Proceedings Royal Geogr. Society 1879. S. 780.

[4] FORBES a. a. O. S. 779 f.

[5] Ebenda S. 778.

gebiete hinzudeuten, denn wir wissen ja, dass die verheerenden Angriffe des Meeres auf das Land durch eine säculare Verschiebung der Küstenlinie zu Ungunsten des Landes wesentlich unterstützt werden. So führt DARWIN an, dass MORESBY auf einem vom Wasser niedergewaschenen Riffe in den Malediven Spuren von Brunnen und Gräbern antraf, die gegraben waren, als das Riff noch eine Insel trug.[1] Ein anderes bei PRENTICE's Anwesenheit gänzlich von lebenden Korallen und Madreporen bedecktes Eiland war nach dem Zeugniss der Eingeborenen kurz vorher noch eine mit Kokospalmen bestandene Insel. Nun sagt aber schon der arabische Geograph BIRUNI von den Koralleninseln in Südwesten von Vorderindien, dass dort gleichzeitig einzelne Inseln abnehmen und verschwinden, andere aber zunehmen und grösser werden.[2] Der Wortlaut der Stelle lässt keinen Gedanken an Niveauschwankungen zu, vielmehr sehen wir deutlich, dass die wechselnde Richtung und Heftigkeit der Winde und Strömungen diese schwachen Bauwerke bald vernichtet, bald ihnen neue Sedimente zuführt. Die Eingeborenen selbst glauben, dass Aenderungen in den Strömungen des Meeres die Ursache der Zerstörungen sind. Was die Vernichtung von Koralleninseln in der Südsee betrifft, so glaube ich, dass man die zerstörenden Wirkungen der zwar seltenen aber höchst gefürchteten Orkane auf so wenig widerstandsfähige Gebilde bisher unterschätzt hat. Wir erleben in Europa fast in jedem Jahre ernstliche Beschädigungen unserer viel festeren und theilweise noch künstlich gesicherten Küsten, wie viel mehr müssen erst die kleinen Laguneninseln, die sich in der Weite des Oceans gänzlich verlieren, von einer besonders heftigen Brandung leiden! DARWIN selbst giebt zu, dass die Wirkungen der Stürme und die der Senkungen kaum von einander zu unterscheiden seien.[3] In den meisten Inselgruppen der Südsee existiren mehr oder weniger bestimmte Nachrichten von einzelnen besonders heftigen Stürmen, welche Inseln zerstörten; keine Naturerscheinung ist namentlich den Mikronesiern so furchtbar, wie die Stürme und das bei ihnen eintretende ungewöhnliche Steigen des

[1] DARWIN a. a. O. S. 37.

[2] Die interessante im Journal Asiatique Sér. 4 Bd. 4 (September 1844) S. 265 f. mitgetheilte Stelle lautet folgendermaassen: Ces îles ... apparaissent au dessus de l'eau sous la forme de morceaux de sables: ces sables ne cessent pas de grossir, de s'étendre et de faire corps ensemble, jusqu'à ce qu'ils présentent un aspect solide. Il y a *en même temps* de ces îles, qui avec le temps s'ébranlent, se décomposent, se fondent, puis s'enfoncent dans la mer et disparaissent. Quand les habitants de ces îles s'aperçoivent de cela, ils se retirent dans quelque île nouvelle et en voie de s'accroître.

[3] DARWIN a. a. O. S. 95.

Meeres. Chamisso bemerkt, dass die grosse Niedrigkeit der Lagunenriffe die Einwohner zuweilen in Schrecken und Lebensgefahr versetzt, indem die Wellen über die Inseln hinweggehen, wenn es sich so fügt, dass Tag- und Nachtgleiche und Vollmond auf einen Tag fallen und zu derselben Zeit ein Sturm das Meer in Unruhe setzt.[1] Die Bewohner der Marshall- und Gilbert-Inseln suchen bei solchen Stürmen ihre Fruchtbäume durch Anbinden an andere Gegenstände zu schützen.[2] In Mikronesien scheinen verheerende Stürme am häufigsten zu sein, sie finden sich aber auch auf den Neuen Hebriden,[3] auf den Viti, wo allerdings ein neuerer Beobachter in fünf Jahren nur einen erlebte,[4] auf den Tonga,[5] auf den Samoa (selten, aber gefürchtet, können Hungersnoth erzeugen),[6] auf der Herveygruppe (erstaunlich heftig),[7] auf den Niedrigen Inseln[8] und auch auf Oparo oder Rapa.[9] Mithin gehören die Hauptkorallengebiete der Südsee durchaus noch zu ihrem Wirkungskreise. Vielfach wird ausdrücklich bezeugt, dass die Wegspülung von Inseln eine rasche und plötzliche gewesen sei. Kadu, der Mikronesier, welcher Kotzebue nach dem Beringsmeere begleitete, erzählte, dass einmal auf der Radack-Gruppe das Meer bis an den Fuss der Cocosbäume gestiegen sei, durch eine glückliche Beschwörung sei es zum Rückzuge veranlasst worden.[10] Verletzung religiöser Gebräuche und Vorschriften reizt nach dem Glauben vieler Mikronesier das Meer auf und droht den Inseln den Untergang. Im Archipel der Niedrigen Inseln ging die Sage, dass die Ankunft des ersten (europäischen) Schiffes eine grosse Ueberschwemmung veranlasst habe, welche viele Menschenleben vernichtete.[11] Ein einziger Sturm fegte zwei von den Inseln der Karolinen-Gruppe gänzlich weg und verwandelte sie in Untiefen, zwei andere Inseln wurden gleichfalls zum Theil zerstört.[12] Besondere Verheerungen scheinen auch von den grossen Erdbebenwellen angerichtet

---

[1] Chamisso in Kotzebue's Reisewerk. Bd. 3 S. 189.

[2] Meinicke, Inseln des Stillen Oceans. Bd. 2 (Leipzig 1876) S. 435, Anm. 7.

[3] Meinicke a. a. O. Bd. 1 S. 181.

[4] Zeitschr. der Oesterr. Gesellsch. für Meteorologie. Bd. 12 (1877) S. 361.

[5] Meinicke a. a. O. Bd. 2 S. 64.

[6] Ebenda Bd. 2 S. 102. [7] Ebenda Bd. 2 S. 138.

[8] Ebenda Bd. 2 S. 202.

[9] Zeitschr. der Oesterr. Gesellsch. für Meteorologie. Bd. 13 (1878) S. 351.

[10] A. v. Chamisso a. a. O. Bd. 3 S. 117.

[11] Darwin a. a. O. S. 96.

[12] Comptes rendus hebdomadaires de l'Académie des Sciences. Bd. 10 (1840) S. 837.

zu werden, welche durchschnittlich einmal im Jahrzehnt von der Westküste Südamerika's ausgehend die Südsee durchkreuzen und noch an den Küsten Neuseelands, Australiens und Japans empfunden wurden. Bei der Erdbebenwelle von 1868 wurden die Niedrigen Inseln zum Theil gänzlich überfluthet. Auf den Chatham-Inseln wurde die Niederlassung Tupunga ganz in das Meer geschwemmt. Noch in Neuseeland war die Fluthwelle von grosser Heftigkeit und richtete Schaden an.[1] Im Jahre 1877 wurden wieder die Chatham-Inseln heftig betroffen, Brücken und Häuser wurden weggewaschen und beschädigt. Im Hafen von Wellington auf Neuseeland verursachte die Erdbebenwelle heftige Bewegungen der dort ankernden Schiffe. An der Ostseite der Banks-Halbinsel und an mehreren anderen Punkten Neuseelands war der Andrang des Meeres so heftig, dass Häuser überfluthet, Werften und Brücken zerstört wurden. Endlich war die Welle an der Küste Japans noch so bedeutend, dass einige Dörfer an der Bucht von Kamaishi (39° 18′ n. Br.) unter Wasser gesetzt wurden und die Bewohner sich auf die Hügel flüchteten.[2] Es wäre zu wünschen, dass die Wirkungen der nächsten Erdbebenwelle auch in den Archipeln Mikronesiens, in den Niedrigen Inseln u. s. w. genauer beobachtet werden möchten. Vielleicht ist manche Tradition der Eingeborenen von einer plötzlichen grossen Fluth (ohne dass ein Sturm dabei erwähnt wird) eben auf solche Erdbebenwellen zurückzuführen.

Es ist fast gewiss, dass alle oder doch die meisten der von den Inseln des Südmeeres und des Indischen Oceans berichteten Thatsachen, die wir früher, durch die Darwin'sche Korallentheorie beeinflusst, als Senkungsbeweise auffassten, viel einfacher als Wirkungen von Stürmen und Erdbebenwellen erklärt werden können. Man muss auch erwägen, dass eine mechanische Zerstörung der Inseln durch die Sturmwellen nicht in allen Fällen stattzufinden braucht, es genügt vollkommen, wenn der Sturm das Wasser, in welchem die Korallenstöcke leben, aufwühlt und trübe macht, dann wird den Thieren eine wesentliche Lebensbedingung — Klarheit des Wassers — entzogen und sie werden verhindert, ihre Bauten fortzusetzen. Anderweitige directe Beweise für die Senkung der Südsee, als die eben besprochenen, sind aber weder von Dana noch von Darwin jemals vorgelegt worden.

Darwin fand es unglaublich, dass eine so grosse Anzahl unter-

[1] Petermann's Mittheilungen 1869, S. 224.

[2] Ebenda 1877, S. 463—465.

seeischer Berge vorhanden sein sollten, um den Korallenbauten als Stützpunkte zu dienen.[1] Seine Zweifel erscheinen auch der Kratertheorie gegenüber in so weit begründet, als wir nicht annehmen dürfen, dass Inselringe von den riesigen Dimensionen, wie sie in den Malediven vorkommen, wirklich Krater darstellen. Denn, wie schon HUMBOLDT hervorhebt,[2] sind Krater mit einem Durchmesser von 75—100 km auf der Erde sonst nicht bekannt und der Vergleich mit den Wallebenen und Ringgebirgen des Mondes ist auch nicht zutreffend. Indessen müssen jene submarinen Erhebungen nicht nothwendig sämmtlich Krater sein, wenn ich auch nicht bezweifle, dass sich viele unter ihnen befinden. Zur Zeit, als DARWIN seine Beobachtungen niederschrieb, waren die Tiefenverhältnisse der hohen See noch äusserst mangelhaft bekannt. Wir dürfen auch das jetzt Erreichte nur als den schwachen Beginn weiterer Forschungen betrachten, jedoch ist wenigstens der Beweis geliefert, dass isolirte ziemlich steile submarine Berge allerdings vorkommen. Eine der neuesten Beobachtungen dieser Art ist die der Faraday-Hügel im Atlantischen Ocean (49—50° n. Br., 29° w. L. von Greenwich).[3] Hier haben wir (mit Berücksichtigung der von KRÜMMEL nachgetragenen berichtigten Zahlen) Böschungswinkel von 27° und von 35°. Ein solcher Berg würde allerdings auch auf dem flachen Lande als ein sehr steiler gelten, so dass KRÜMMEL's Ansicht, dass wir es hier mit einem in neuerer Zeit vorgefallenen Lavaausbruch am Meeresgrunde zu thun haben, mindestens einer genaueren Prüfung (durch Untersuchung von Gesteinsproben) sehr werth erscheint. Betrachten wir eine Tiefenkarte der Südsee,[4] so erblicken wir eine ganze Reihe unterseeischer, von Nordwesten nach Südosten streichender Bänke, auf welche die einzelnen Inseln und Inselgruppen aufgesetzt erscheinen (vergl. auch oben S. 106 f.). Sie machen ganz den Eindruck, als ob hier der Meeresboden ähnliche Faltungen erlitten hätte, wie wir sie am Lande als Alleghanies oder Schweizer Jura erkennen. Dass nicht sämmtliche Ketten in regelmässiger Folge mit Korallenbänken besetzt sind, erklärt sich leicht aus den nicht überall gleich günstigen Nahrungs- und Lebensbedingungen der Korallen, sowie aus der un-

[1] DARWIN a. a. O. S. 88 f.

[2] A. v. HUMBOLDT, Ansichten der Natur. Taschenausgabe. Stuttgart 1871. S. 217.

[3] OTTO KRÜMMEL in den Annalen der Hydrographie. Bd. 11 (1883) S. 6—8 und S. 146 f.

[4] PETERMANN's Mittheilungen 1877. Taf. 7. Derartige Karten darf man aber bisjetzt nur als Annäherungen an die Wirklichkeit auffassen.

gleichen Höhe der einzelnen Ketten und Gipfel. Wenn also DARWIN und DANA in einer Laguneninsel das Denkmal einer versunkenen Insel sehen, so erblicken wir darin nur ein Anzeichen von Faltungen des Meeresbodens, die gerade an dieser Stelle der Oberfläche verhältnissmässig nahe gekommen sind. Ob jenes System von unterseeischen Bänken sich früher einmal höher erhoben hat, ist zunächst weder mit Sicherheit zu ermitteln, noch für unsere Zwecke von besonderer Bedeutung. Es war auch schon früher angedeutet worden, dass die alten Annahmen von grossen versunkenen Continenten jetzt sehr an Geltung verloren haben. Einzelne Bewegungen, Erweiterungen bestehender und Bildung neuer Spalten mag in jenen Faltensystemen, deren wir auch im Indischen Ocean einige antreffen, allerdings noch stattfinden. Dafür spricht die auffällige Häufigkeit von Erderschütterungen auch in solchen Korallenarchipelen, welche von thätigen oder selbst zur Zeit ruhenden Vulcanen weit abliegen. Schon DARWIN hatte eine Reihe hierhergehöriger Thatsachen gesammelt.[1] MORESBY meldet, dass sogar die Chagos-Gruppe, welche in der That weit genug von irgend welchem vulcanischem Bezirk abliegt, häufigen, wenn auch nicht sehr heftigen, Erdbeben unterworfen ist. Besonders auffällige Phänomene berichtet FORBES von den Keelings-Inseln. Diese Gruppe hat durch Wirbelstürme schlimmster Art und auch durch Erdbeben wiederholt schwer gelitten. FORBES beschreibt den ächten Wirbelsturm vom 28. und 29. Januar 1876.[2] Dass dieser Wirbelsturm von einem Erdbeben, wenn nicht gar von einem submarinen Ausbruch begleitet war, geht aus Folgendem hervor. Etwa 36 Stunden nach dem Ende des Sturmes bemerkte man, dass das Wasser an der Ostseite der grossen Lagune der südlichen Insel eine dunkle Färbung anzunehmen begann. Gleichzeitig verbreitete sich ein intensiver Schwefelwasserstoffgeruch. In einer Frist von 24 Stunden waren alle Fische, Weichthiere und Korallen, welche in dem betroffenen Gebiet gelebt hatten, getödtet. Erst nach 10—14 Tagen verlor sich der Geruch und die ungewöhnliche Färbung des Wassers allmählich wieder. Drei Jahre später bei FORBES' Besuch waren erst ganz geringfügige Neubildungen von Korallen zu bemerken, selbst Fische waren nur wenige zu sehen. FORBES nimmt an, dass das Phänomen durch Bildung einer Spalte im Meeresboden in Verbindung mit einem Erdbeben entstanden sei; es erscheint nicht auffallend, dass directe Beobachtungen des Erdbebens fehlen, da der Sturm, die

---

[1] DARWIN a. a. O. S. 97.

[2] Proceedings Royal Geograph. Society 1879. S. 777 ff.

Brandung und der Lärm der stürzenden Wohnhütten und Palmen ein etwaiges Schallphänomen übertönen konnten; auf die Schwingungen des Bodens hat aber bei den verzweifelten Bemühungen, möglichst viele Lebensmittel und Geräthe zu retten, gewiss Niemand geachtet. Zudem wissen wir, dass auch früher wirklich Erdbeben auf den Keelings gefühlt wurden. DARWIN erwähnt, dass sich 1834 ein sehr heftiges Erdbeben ereignet habe, dem zwei schwächere in den Jahren von 1824—33 vorausgingen.[1] FORBES hat die annehmbare Vermuthung ausgesprochen, dass auch bei dem Erdbeben von 1834 eine ähnliche Schwefelwasserstofferuption wie 1876 eingetreten sei,[2] da auch DARWIN, der zwei Jahre nach jenem Erdbeben die Inseln besuchte, von einem unregelmässig ausgebreiteten Felde von mindestens einer (englischen) Quadratmeile Umfang spricht, auf dem nur gänzlich abgestorbene, aber noch aufrecht stehende Korallen zu finden waren.[3] Trat man darauf, so sank der Fuss ein, als sei er auf zerfallenes Strauchwerk getreten. Unter den Korallenarchipelen der Südsee sind es die Karolinen und die Marshall- und Gilbertinseln, auf welchen Erdbeben häufiger vorzukommen scheinen. LÜTKE, der russische Weltumsegler, fand auf der Laguneninsel Uleai mehrere gerade, nur einige Fuss breite, aber sehr weit zu verfolgende Spalten, welche über die ganze Breite des Riffes fortliefen.[4] Solche Spalten werden auch sonst mehrfach in Beschreibungen von Riffen erwähnt. Eine nähere Abgrenzung und Characteristik der einzelnen Erdbebengebiete in den Korallengruppen ist zwar jetzt noch nicht möglich, wird es aber durch sorgfältige Aufzeichnung auch der schwächsten Bewegungen hoffentlich später werden.

Wenn früher gegen die Annahme unterseeischer Gipfel als Stützpunkte der Koralleninseln namentlich geltend gemacht wurde, dass es schwer sei, sich eine so grosse Anzahl von Gipfeln von annähernd gleicher Höhe vorzustellen, so braucht uns dieser Umstand heute nicht mehr sonderlich zu beunruhigen. Wenn es auch wahr bleibt, dass die eigentlich riffbildenden Korallen nur auf eine schmale, nicht weit in die Tiefe reichende Zone angewiesen sind, so giebt es doch, wie REIN schon 1870 hervorhob,[5] in grösseren Tiefen andere Baumeister, welche wohl im Stande sind, jene unterseeischen

[1] DARWIN a. a. O. S. 18.

[2] FORBES, Proceedings a. a. O. S. 783.

[3] DARWIN a. a. O. S. 15.

[4] Vergl. MEINICKE, Inseln des Stillen Oceans. Bd. 2 S. 358. Die Insel heisst auch Ulie, Ulea, Wolea.

[5] Verhandlungen des I. Deutschen Geographentages. S. 38.

Gipfel zunächst soweit zu erhöhen, dass die Riffbauer sich darauf ansiedeln und nun ihrerseits mit ihren Bauten beginnen können. Wir verdanken die Kenntnis dieser Thatsache namentlich den Untersuchungen des Grafen Pourtalès an der Ostküste der Vereinigten Staaten und in der Florida-Strasse.[1] Das Pourtalès-Plateau an der Südspitze Florida's (Tiefe 165—550 m) besteht aus einem dunkelbraunen, harten Kalkstein, in dem sich häufig noch die auf dessen Oberfläche lebenden Korallen und Muscheln, aus denen er sich eigentlich bildet, erkennen lassen. Ausserdem betheiligen sich Echinodermen, besonders Seeigel und Schlangensterne, endlich auch Polythalamien an der allmählichen Erhöhung des Meeresgrundes. Die Bauten aller dieser Thiere in Verbindung mit mancherlei durch das Meer herbeigeführten Bruchstücken von Korallenstöcken, Sand u. s. w. bilden dann die Grundlage, auf welcher die Riffbauer fussen können. Wenn die submarinen Kuppen oder auch ganze Rücken und Bänke in grosser Menge vorhanden sind und nahe an den Meeresspiegel hinanreichen, wird ein dichter Schwarm von Koralleninseln entstehen, isolirte Erhebungen aus grösserer Tiefe werden nur noch hier und da ein Atoll entstehen lassen, fehlen in einem weiten, sehr tiefen Meeresbecken die geeigneten Grundlagen gänzlich, werden wir auch vergeblich Koralleninseln suchen. So hängt die geographische Verbreitung dieser Inseln eng mit dem Relief des Meeresbodens zusammen. Wären diese Betrachtungen irrig und die Lagunenriffe wirklich während einer Senkungsperiode bei andauerndem gleichmässigen Entgegenarbeiten der Riffbauer entstanden, dann müsste doch offenbar als Resultat der Arbeit eine Korallenschicht vorhanden sein, deren Mächtigkeit dem Betrage der Senkung genau entspricht. Aber J. J. Rein und K. v. Fritsch haben zunächst darauf hingewiesen, dass die Korallenbildungen der Jetztzeit nur eine verhältnissmässig geringe Mächtigkeit (weit unter 100 m) besitzen.[2] Auch die Korallenablagerungen früherer geologischer Perioden bleiben weit hinter der Mächtigkeit zurück, welche die Vertheidiger der Senkungshypothese, wenn sie consequent sein wollen, für die Koralleninseln der Jetztzeit annehmen müssen und zum Theil auch wirklich annehmen.[3] So reiht sich Thatsache an Thatsache um uns zu überzeugen, dass Darwin's Korallentheorie, an der noch vor wenigen

---

[1] Petermann's Mittheil. 1870. S. 393 ff., besond. 396. 397 u. Tafel 20.

[2] Verhandl. des I. Deutschen Geographentages S. 41 f., woselbst auch viele interessante Einzelangaben über die fossilen Korallenbänke.

[3] Darwin schätzte die Dicke des Aussenriffes der bekannten Gambier-Inseln auf über 600 m.

Jahren kaum Jemand zu rütteln wagte, jetzt aufgegeben werden muss. Auch unsere Lehrbücher und Leitfaden werden sich nun bequemen müssen, die neuere, REIN-SEMPER'sche Theorie an die Stelle der alten treten zu lassen. Sie können dies um so eher, als die neueren Anschauungen mindestens ebenso einfach und leicht fasslich sind als die früheren.

DARWIN hatte seinem Werke über die Koralleninseln eine Uebersichtskarte[1] der geographischen Verbreitung dieser Gebilde beigegeben, auf welcher er Lagunenriffe, Barrièrenriffe und Strandriffe durch verschiedene Farben bezeichnet hatte. Die Karte zeigt, dass die Lagunenriffe in der Südsee am meisten verbreitet sind; von den Palau-Inseln und Karolinen im Westen zieht sich ihre Reihe über die Marshall- und Gilbert-Inseln und über die zerstreuten Gruppen Centralpolynesiens zu den Niedrigen Inseln im Südosten herüber, mit denen sie schliesst. Der weite Raum zwischen den östlichsten der Niedrigen Inseln und Südamerika ist von eigentlichen Koralleninseln gänzlich frei. Man hat die Ursache dieser Erscheinung zum Theil in dem Vorherrschen kalter Meeresströmungen (Peruanischer Küstenstrom), welche dem Meerwasser nicht die für die Rifbauer nöthige Wärme belassen, zum Theil aber auch in dem Fehlen geeigneter submariner Gipfel und Rücken zu suchen. Gerade westwärts von den Küsten Amerika's zieht sich eines der tiefsten, inselärmsten Meeresgebiete der Erde hin, aus welchem nur ganz vereinzelt Vulcaninseln aufgestiegen sind. Hier konnte sich also keine Gelegenheit zur Bildung ähnlicher Archipele bieten, wie auf den langgestreckten, gipfelreichen Rücken in der Mitte und im Westen der Südsee. Im Indischen Ocean ist es namentlich die Reihe der Laccadiven, Malediven und Chagos, welche aus zahlreichen Laguneninseln von sehr verschiedener Grösse besteht.[2] Die Richtung dieser Inselketten schien HUMBOLDT zu der der von ihm aufgestellten grossen Meridianketten Asiens, namentlich dem Bolor, den vorderindischen Ghats und dem Ural in Beziehung zu stehen. In diesen Inseln, sagt HUMBOLDT, offenbaren sich uns parallele Züge, lange Spalten, aus denen am Meeresgrunde plutonische und vulcanische Felsarten emporstiegen, deren Gipfel sich im Lauf der Jahrhunderte wieder mit Lithophyten-Korallen bedeckt hat.[3] Das Atlantische Meer ermangelt völlig der grösseren Korallenarchipele

[1] DARWIN, Korallenriffe, Tafel III.
[2] Vergl. über die Malediven die drei Admiralitätskarten No. 66 *a b c*.
[3] Centralasien, MAHLMANN'sche Ausgabe. Berlin 1844. Bd. 1 S. 148.

nach Art der Malediven oder Karolinen. Nur die Bermudas verdanken den Korallen ihre Entstehung.[1] Es ist diejenige Korallengruppe, welche am weitesten in die gemässigten Zonen vorgeschoben ist. Auch hier führten die Korallen ihre Bauten bis nahe an den Wasserspiegel, Wind und Wellen thaten das Uebrige. Die Bermudas unterscheiden sich aber von den ganz flachen Inseln anderer Archipele durch ihre etwas grösseren Erhebungen, welche 79 m erreichen. Gleichwohl kann uns das an der Entstehungsweise der Bermudas nicht irre machen; fast Alles, berichtet Rein (S. 31), was im Meere lebt und kalkige oder kieselige Skelette bildet, hat Baumaterial zu den Inseln geliefert, eruptive Bildungen oder Spuren älterer geschichteter Gesteine hat man nirgends vorgefunden. Ueber die Beschaffenheit des unterseeischen Berges, auf den die Korallen sich stützen mussten, ist leider noch nichts ermittelt, es ist jedoch nicht völlig unmöglich, dass man es mit einer vulcanischen Bildung ähnlich dem oben erwähnten Faraday-Hügel zu thun hat. In einzelnen flacheren Meerestheilen beschränken sich die Korallen nicht auf Umgürtung der Ufer mit Riffen oder auf die Aufhöhung einzelner submariner Gipfel, sondern sie überziehen ganze Sedimentbänke oder unterseeische Felsplateaux. Die Schifffahrt wird durch diese Form der Riffe stets am ernstlichsten behindert. Wir finden diese Riffe im Nordosten des Australcontinentes, im Südchinesischen Meer westlich von Borneo und den Philippinen, dann im Rothen Meere und in manchen Theilen Westindiens in grosser Ausdehnung. Darwin konnte sich nicht überzeugen, dass alle die zahllosen Riffe des Rothen Meeres einfach dadurch entstanden seien, dass die Korallen Sedimentbänke oder die abgeriebenen Oberflächen unregelmässig gestalteter (submariner) Inseln überzogen, er will auch hier eine Senkung der Grundlagen der Riffe annehmen.[2] Gerade am Rothen Meere ist aber, falls überhaupt in neuerer Zeit eine Niveauverschiebung stattfand, eine leichte Hebung viel wahrscheinlicher als eine Senkung.

Darwin erläutert seine Karte durch einen ziemlich umfangreichen Appendix, in welchem er die Nachrichten über jedes einzelne ihm bekannte Riff zusammenstellt und kritisch erörtert. So verdienstlich diese Arbeit auch war, so ist sie doch jetzt vielfach veraltet, eine gründliche Neubearbeitung aller in zahlreichen Reisewerken zer-

[1] Vergl. Rein, Verhandlungen des I. Deutschen Geographentages S. 29 ff. Wyville Thomson, Voyage of the „Challenger". The Atlantic. Bd. 1 S. 289 ff., mit guter Karte.

[2] Darwin a. a. O. S. 205.

streuten Angaben über Korallenbauten muss deshalb als ein dringendes Bedürfniss bezeichnet werden. Freilich möchte eine solche Arbeit mehrere Bände umfassen. Für jetzt findet man die ausführlichsten und zuverlässigsten Angaben über die einzelnen Koralleninseln in den Segelhandbüchern und nautischen Zeitschriften; für Polynesien ist MEINICKE's mühevolle, vielfach in vorliegendem Werk citirte Monographie mit Nutzen zu gebrauchen. Für künftige Expeditionen wäre besonders die Anbringung von Zeichen, um das Wachsthum der Korallen in einer bestimmten Frist besser kennen zu lernen und die häufige Vornahme von Bohrungen zu empfehlen. Nur durch Bohrungen können wir über die Mächtigkeit der Korallenschicht, sowie über die Beschaffenheit und die geologische Zusammensetzung der submarinen Berge, welche die Riffe tragen, einen zuverlässigeren Aufschluss als bisher gewinnen.

Schluss.

Die Gruppe der Aufschüttungsinseln war die letzte, welche wir zu betrachten hatten. Die Unterscheidung nichtvulcanischer Hebungsinseln, welche A. KIRCHHOFF[1] vorschlägt, halte ich bisjetzt noch nicht für erforderlich. Denn es wird in den meisten Fällen schwer festzustellen sein, ob das allmähliche Hervortreten einer neuen Küsteninsel durch eine leise Hebung des Meeresbodens oder nur durch die anschwemmende und aufschüttende Thätigkeit der Wellen veranlasst wurde. Ebenso wird man nicht leicht entscheiden können, ob und wie weit eine Senkung der Küste (oder, wenn man will, ein Vorrücken des Meeres) der blossen Erosionsthätigkeit der Wellen, der Niederschläge oder des Eises zu Hülfe gekommen ist. Wir können daher besondere Senkungsinseln ebenfalls noch entbehren. Eine planmässig vorgenommene Beobachtung der Küstenschwankungen, die sich allerdings nicht bloss auf die Küsten einiger Culturländer beschränken dürfte, würde uns mit der Zeit die Beantwortung derartiger Fragen erleichtern.

Wir unterscheiden also folgende Inselclassen:

A. Tektonische Inseln.

I. Durchaus vulcanisch.
   a) kein deutlicher Krater vorhanden,
   b) ein Hauptkrater vorhanden,
   c) zwei oder mehr selbständige Krater vorhanden.

[1] Zeitschrift für wissensch. Geographie. Bd. 3 (1882) S. 172.

II. Nur theilweise vulcanisch.
III. Ohne vulcanische Bildungen.

B. Erosionsinseln.

I. Norwegischer Typus.
II. Schwedischer Typus.
III. Gotländischer Typus.
IV. Dänischer Typus.
V. Grossbritannischer Typus.

C. Aufschüttungsinseln.

I. Minerogene }
II. Phytogene } Aufschüttungsinseln.
III. Zoogene }

Register.

Abd el Kuri 85.
Abeilat-Inseln 87.
Aber Wrach 142.
Aber Benoist 142.
Abrasion 128, Anm. 1.
Achill (Insel) 136.
Açoren 77.
Adam von Bremen 140.
Adamsbrücke 91 f.
Adélieland 74.
Aden 87.
Adriatisches Meer, Tiefen 36 f. Ist ein Senkungsgebiet 58.
Aegäisches Meer, Tiefen 35 f. Ist ein Senkungsfeld 60.
Aegina 52.
Aepyornis maximus 13.
Aeroe 157.
Aetna 45 (Höhe), 115, 172.
Afognak 48.
Agde, Vulcan von — 174.
Aitutaki 102.
Akamaru 98.
Alaska 48.
Alaskastrasse 48.
Alauda alpestris 15.
Albemarle Island 109.
Alboran 61.
Aldabra 11, 84.
ALGERNON DE HORSEY, über die Comoren 81, 82.
Aleuten 48.
Alexander I. Land 73.
Alijosfelsen 110.
Amazonas, Fluthwellen im — 123 f.
Ambrosio, San-, Insel 108.
Amerika, angeblicher früherer Zusammenhang mit der alten Welt 3 f.
Amiranten 84.
Amsterdam, Neu- 93 ff.
Amorgos 60.
Amur, der — 39.
Andamanen 50.
Andamanisches Randmeer 41, 50.
Andreas, Cap St. — auf Cypern 43.
Andrejeffski, Fort — 170.
Andros 43.
Andschuan 82.
Angazija 82.
Anguilla 51.
Anno Bom 79.
Anson-Archipel 99.
Anticosti 160, 162.
Antigua 51.
Antillen, Inselcurve der — 51.
Antimilo 52.
Antipodeninsel 105.
Antrim 164.
Aokena 98.
Aphroëssa 173.
Apolima 103.
Apsley-Strasse 149.
Arakan-Yoma-Gebirge 50.
Arran 135, 164.
Asaua 104.
Ascensão 78.
Ascension 76, 113.
ASCHERSON, über Erosion in der libyschen Wüste 120.
Aspropotamo 36.
Astropalia 60.
Athos 44.
Athoshalbinsel, Gebirgsbau der — 60.
Atlantischer Ocean, Inseln desselben meist tektonisch 76 ff., vulcan. Gebiet 76 ff., auffällige Untiefen 77.
Attu 48 Anm. 2.
Auckland-Insel 105, 121 (Windverhältnisse).
Audierne, Fjord von — 143.
Aufschüttungs-Inseln 165 ff., Arten derselben 166 ff., minerogene 166, phytogene 174, zoogene 176.
Augustin, Cap St. — 50.
Ausbruchsstelle, vulcanische — im Golf von Tarent 57, im Golf von Livorno 57.
Ausbruch, submariner — bei den Samoainseln 103, bei Neubritannien 103

Anm. 2, in der Südsee 106, des Gunong Tomboro 172, auf Island 172, an den Keelings-Inseln 188.
Australien, Klima von — 24 f., Fjorde und Küsteninseln von — 149 ff.
AZARA, über neue Pflanzen in den Pampas 17.

Babuyan 49.
Bäreninsel (Europ. Eismeer) 70.
Bäreninseln (Sibirien) 67.
Baffinsbai 64.
Bahamas 47.
Bahrein-Inseln 89.
Baker-Island 25, 167.
Balearen 115.
Bali, Strasse von — 5.
Balkanhalbinsel 59, 144.
Balleny-Insel 74.
Bananas-Inseln 80.
Banda 50.
Bandasee 40 f., 50.
Banks-Halbinsel 186.
Banksland 64.
Baobelthaop 96 Anm. 1.
Barbados 51.
Barbuda 51.
BARKER, über einen Vulcan im Rothen Meer 86.
Barra Head 132.
Barrancos 113.
Barren-Island 50.
Barrièrenriffe 180.
Barthélémy, St. — 51.
Bassas da India 82.
Bass-Strasse 150.
Batan 49.
Bathurst-Insel (Polarzone) 71.
Bathurst-Insel (Australien) 149.
BEECHEY, über Korallenbauten 178 f.
BELCHER, über die Los-Inseln 80, über die Insel Clipperton 109.
Bell Rock 133.
Belopulo 35, 44, 52.
Bel-Sund 70.
Belz, Golf von — 143.
Benedicto, San — 109.
Benkulen 172.
Bennett-Insel 68.
Bénodet, Anse de — 143.
Berge, weisse, auf Kreta 36, 43.
Berge, submarine, als Grundlagen der Korallenbauten 186 f.
Beringsinsel 14.
Beringsmeer 38 f.
Bermudas 47, 192.
BERRY, über Meerestiefen nördlich der Beringstrasse 67.
BESSELS, über Frostwirkungen an der Polarisbai 65, 117.
Betsibokafluss 146.
Bimbia 80.
Biologische Methode 2. Schattenseiten derselben 10, 15, 22 f.
Bird Island (Westindien) 42.
Bird Island (Südsee) 99.
BIRGHAM, über die Sandwichsinseln 99 f.
BIRUNI über Veränderungen in den Malediven 184.
Bissão- oder Bissagos-Inseln 80.
BLANFORD über die Beziehungen Ceylons zu Indien 90.
Bligh Island 111.
Boa constrictor 12 f.
BOGULAWSKI, G. v. —, über Tiefe des südlichen Eismeeres 74, über submarine Vulcane in der Südsee 106.
Bohnsack 123.
Bolor-Gebirge 191.
Bonifacio, Strasse von San — 143.
Bonininseln 98.
Booby Island 78.
Boothiagolf 64.
Borchaja 171.
Borkenthier 14.
Bore, the — 125.
Borneo 24 (Grösse), 45 (Gebirge).
Bornholm 158, 162.
BOTELLA's geologische Karte von Spanien und Portugal 62, 137.
BOUÉ, über den Gebirgsbau der Balkanhalbinsel 59.
Bounty-Insel 105.
Bouvet-Insel 76.
Brescou (Insel) 174.
Bretagne 137, 142.
Brides, Bai von St. — 136.
Bristol, Golf von — 124.
Broken Bay 150.
Bruchzonen der Erde 53 ff., an Südamerika's Westküste 55, in Ostasien und Java 55, im Mittelmeere 53, im ägäischen Meer 60 f., in den Polarzonen 62 ff.
BRUGUIÈRE 54 Anm. 2.
BRUNS, über die Figur der Erde 129.
Bubian 89.
Buccaneer-Archipel 149.
BUCH, LEOPOLD VON —, Sein Inselsystem 31 f., griechische Inseln sollen den norwegischen Skjären ähnlich sein 33, sein Vulcanverzeichniss 53, über die Hebung Scandinaviens 128, über die Koralleninseln 178.
Buckle Island 74.
BUFFON's Inselsystem 29.
BURNEY, über die Füchse auf den Falklands-Inseln 78.
BURAT, über die Bretagne 137, 142.
Buru 50.
Busuanga-Gruppe 49.

Caithness 132.
Caldeiras 113.
Californische Kïisteninseln 110.
Calimere, Point — 90.
Camelotes 175.
Cameron-Gebirge 80.
CAMPBELL's Karte von Ascension 113.
Campbell Island 105.
Canaren 80, 80 Anm. 6, 114.
Cantire 135.
Cape Fear River 135.
Capverden 80, 80 Anm. 6.
Carpentaria, Golf von — 151.
CARUS 179, Anm. 4.
Carpentertiefe 41.
Catalonien, Granitküste in — 138.
Caviana 124.
Celebes 18, 45.
Celebessee 40, 50.
Centralpolynesische Sporaden 101.
Ceram 50.
Ceylon. Seine Beziehungen zu Indien 90. Ist eine Erosionsinsel 91 f., 164.
Chagos-Inseln 188, 191.
Chalcidice 44, 60.
Challenger-Expedition, untersucht die Tiefen des südlichen indischen Oceans 74, den St. Paulsfelsen 76, Fernando Noronha 77, die Falklands 79, die Prinz-Edward- und Mariongruppe 92, die Crozet-Inseln 92, Kerguelensland 93, die Heard- u. Macdonaldgruppe 93.
CHAMISSO, A. v. —. Sein Inselsystem 31. Vergleicht Westindien mit Südostasien 52. Ueber die Korallenbauten 177 f., über Stürme auf Koralleninseln 185.
Chandeleurs-Inseln 170.
Chang-Shan 49.
Chatham-Inseln 104, 186.
Chersones, thracischer 44.
Chesapeakebai 126.
CHARPENTIER, über den Bau der Pyrenäen 54 Anm. 2, Gletscherbeobachtung 154.
Chinchainseln 127.
Chios 43.
Christiana (Insel im ägäisch. Meer) 44.
Christiania, Windstärke in — 131.
Christmas Island 101.
Cimbrische Fluth 163.
Clara, Insel Santa — 107.
Clarence-Insel 74.
Clarencepik 79 Anm. 3.
Clarion 109.
CLARKE's Karte von Helgoland 140.
Clipperton-Insel 109.
Coburg-Halbinsel 149.
Cocos-Insel (Hinterindien) 50.
Cocos-Insel (Südsee) 109.
Cod, Cap — 169.
Codera, Cap — 51.
Colibre, Monte — 61, 111, 112.
Colonnäs, Cap — 44.
Colquhoun, Cap 72.
Columbretes 61.
COMBER, über das Camerongebirge 80.
Comoren 81.
Comrie 164.
Continente, angeblich versunkene — 20, 95, 96. Grössenverhältnisse 24, Nordspitzen der Continente 62.
Continentalinseln, HOFFMANN's 32 f.
COOK, über Senkung an der Küste der Verein. Staaten 126.
COOKSON, über die Schildkröten auf den Galápagos 12.
Cooks-Inseln 102.
Cook-Sund 48.
Cook-Strasse 151.
Corfù 43.
Corsica 45, 115, 143.
COUTINHO, J. S. DA SILVA —, über Landzerstörungen am Amazonas 124.
Cox 111.
Crawford 80.
CREDNER, HERMANN, über Stauchungen des Untergrundes durch Gletscher 156.
CREDNER, RUDOLF, über Beziehungen der Gezeiten zur Deltabildung 126 f., Bildung gewisser Alpenseen 154 f.
Crozet-Inseln 92.
Cruz, Cabo de — 51.
Cruz, Santa — 110.
Cuba's Gebirge 46 f.
Cypern von tiefem Meer umgeben 36, Höhenverhältnisse 43.
Cyprischer Olymp 43.
CZERNY, FRANZ VON — Erosion durch Wind 120.

Dänische Inseln 47, 157, 161, 165. Dänischer Typus 162.
Dagoe 158, 162.
DAHL, über die Inseln an der Obmündung 171.
Dahlak-Archipel 87. Dalarne 172.
DALL, über das Treibeis im Beringsmeer 38 f., Inseln vor dem Jukon 170.
Dalmation, Fjorde in 58, 143, Regenmenge u. Temperaturminima in — 145.
DANA, über Fjorde 141, über DARWIN's Korallentheorie 181.
Dardanellen 35.
DARWIN. Seine Weltreise 4, seine Schriften über die Inseln 4, Hochseeinseln arm an Thieren 5, Pflanzen der Keelings-Inseln 5, Schildkröten auf den Galápagos 12, Senkungsfelder zwischen Neuseeland und Australien 20, St. Paulsfelsen 76, Falkland-Inseln 78, Riffe zwischen den Seychellen und Masca-

renen 84, Aldabra 84, Ocean Island 99, über die Krater auf den Galápagos 109, über Clipperton Island 109, den Kickerfelsen 110, gefängnissartige Küstenbildung mancher tektonischen Inseln 114, alte Gletscher auf den Falklands und in Patagonien 152 f.
DARWIN's Korallenforschungen 179 ff., Untersuchung der Keelings-Inseln 179, seine Ansichten über die Entstehung der Korallen-Inseln 179 f., über SEMPER's Bemerkungen über die Palau-Inseln 182, über Erdbeben auf den Keelings-Inseln 189. Seine Karte der Korallen-Inseln 191. Sein Verzeichniss der ihm bekannten Riffe 192 f.
Davis-Strasse 64 f.
Deception Island 75, 111, 112.
DECKEN, C. C. VON DER — 11.
Delos 115.
Deltabildung 126 f.
Denham-Sund 149.
Didus ineptus 13.
Djebel Dokhân (Rothes Meer) 86. Djebel Dukhan (Persergolf) 89.
Djebel Sebain 86.
Djebel Sebergid 86.
Djebel Sobér 86.
Djebel Teïr 86.
DIEFFENBACH, über Warekauri 104.
Dievenow 138.
Dirk Hartog-Insel 149.
DIXON, über Klima der äquatorialen Südsee 25.
DÖLTER, über die Ponza-Inseln 57, die sardinischen Vulcane 58.
Dominica 46.
Don 38.
Donau 38.
Doppelinseln 113.
Dover, Strasse von — 162 f.
Drongs, die — 134.
Dronte 13.
DUMONT D'URVILLE, über die Bridgeman-Insel 75.

Eap 97.
Echinodermen 190.
Edelland 149.
EHRENBERG, über die Koralleninseln des Rothen Meeres 86 f., 178.
Eimeo 102.
Einsamkeit (Insel) 68.
Eisfjord 70.
Elephanteninsel 74.
Eliasberg auf Euböa 44.
Eliasberg auf Santorin 115.
Elizabeth-Insel 97.
Enderbyland 73.
Entfernung der Inseln v. Festlande 27 f.
Epineux-Einfahrt 149.
Erdbebenheerd im Adriatischen Meer 58.
Erdbeben. Zahlreich im Mittelmeer 53, nicht immer an Vulcane geknüpft 53, an Bruchlinien häufig 55 f., im Golf von Korinth 61, im südöstlichen Spanien 62, sind im arktischen Inselring selten 72, in Chile 108, in Mexico 110. Erdbebenwelle in der Südsee 186. Erdbeben auf Koralleninseln 188, auf den Chagos 188, auf den Keelings 188 f., auf den Karolinen, Marshall- und Gilbert-Inseln 189.
Erebus (Vulcan) 73 f.
ERMAN, über Wanderblöcke in Ostsibirien 148.
Erosion beeinflusst auch tektonische Inseln 56 f. Arten der Erosion 117, Erosion in Folge von Temperaturschwankungen 117 ff., Erosion durch den Wind 119 f., Erosion durch Niederschläge 121, Erosion durch Quellen und Flüsse 123 f., Erosion durch Strömungen und Meereswellen 124, Erosion durch Gletschereis 140 ff.
Erosionsinseln 116 ff., Eintheilung derselben 161 ff.
ESCHER VON DER LINTH, üb. Gletschererosion 154.
Estaca, Puenta de la — 137.
Euböa 44, 59.
Euripus 59.
Europa (Insel) 82.
Exmouth-Golf 150.
Eyre-Halbinsel 150.

Factory Island 80.
Färör 133 f.
Falconera 35, 44, 52.
Falkland-Inseln 73, 78.
Falkland-Sund 79.
Falster 138.
Fanning Island 101.
Faraday (Dampfer) 107, Anm. 1.
Faradayhügel 107, Anm. 1, 187, 192.
Fårö (Insel bei Gotland) 158.
Farquhar-Insel 84.
Felix, San — 108.
Fernando Noronha 77, 110, 114.
Fernando Poo 79, 79 Anm. 3.
Ferret, Cap — 167.
Fidschi (Viti) -Inseln 104, 185.
FISCHER, PHILIPP — 129.
FISCHER, THEOBALD — über die Senke von Tiriolo 46, 57, Strasse von Messina 57, Sicilische Strasse 57, Häufigkeit grösserer Veränderungen im Mittelmeer 58.
Fjorde. Definition 141. Verbreitung 141 ff. In den Polarländern 141, in Nordwesteuropa 142, in der Bretagne

142, in Gallicien 143, in Corsica 143, in Dalmatien 143 f., an der Sinaihalbinsel 145, im Persergolf 145, in Madagaskar 146, in Ostasien 146 ff., in Australien 149 ff., in Tasmanien 151, in Neuseeland 151, in Amerika 152 ff. — Fjorde und Gletscher nicht streng zusammenfallend 153, jeder Fjord für sich zu erklären 154 f. Sind nicht immer an den Mündungen seichter 155; verschiedene Typen der Fjorde 155, ihre Beziehungen zu Gletschern 160.
Flämische Kappe 107 Anm. 1, 168.
Flat Rock 50.
Flinders, über Korallenbauten 177.
Flores 50.
Florida 176.
Flüsse, Erosion durch — 123 f.
Fluthwellen 124 f.
Fokien, Strasse von — 49.
Fonualei 103.
Forbes, über angebliche Senkungen auf den Keelings 183, über Erdbeben und submarine Eruptionen daselbst 188.
Formosa 49.
Forster, J. R. Sein Inselsystem 31, über Korallenbauten 177.
Fox-Canal 64.
Fraas, über Erosion in Wüsten 119.
Franz Joseph-Land 63, 64, 66, 69.
Freycinet 178.
Freycinet Estuary 149.
Fritsch, K. v. — über die Mächtigkeit der Korallenbänke 190.
Frost, seine sprengende Wirkung auf Felsen 65 f., 117 f.
Fuchs, sein Werk über Vulcane 53.
Fuchsaffen 18.
Füchse auf den Falklands-Inseln 78.
Fuller, über einen Vulcan auf Kerguelensland 93.
Fundybai 125.
Fury- und Hecla-Strasse 64.

Galápagos 11 f., 108 f., 114.
Gallicien 137, 143.
Galway 136.
Gambiers-Inseln 97, 179.
Gardner Island 99.
Garruas 108.
Gata, Cabo de — 62.
Gatta, über den Bau Italiens 57, über die Erdbeben am adriatischen Meer 58.
Gaudo 43. Gaudo Pulo 43.
Gazellentiefe 41.
Gebirgsbildung, ältere und neuere Ansichten darüber 54 f.
Geikie, Archibald — über Erosion 117, Erosion durch Frost in Schottland 118, Erosion durch windbewegte Kiesel 120, Küstenzerstörung durch Quellen 123, über Steintrümmer als Wurfgeschosse für die Wellen 132, über Schliffe auf diesen Steintrümmern 132.
Gelbes Meer 40, 49.
Gennargentu, Monte — 45.
Geologie, ihre Bedeutung für die Classification der Inseln 21 f.
Georgs-Canal 164. Georg I Vulcan 173.
Geraneia bei Megara 59.
Germond de la Vigne über Wanderblöcke in Spanien 243.
Gesellschafts-Inseln 102.
Ghats, die — 191.
Giants Tomb 105.
Giesecke 63.
Gilbert-Inseln 97, 185, 189, 191.
Ginevra-Bai 70.
Gishiginsk, Meerbusen von — 39.
Gletscher. Erosion durch Gletscher 140 ff. Gletscher in den Polarländern 141, in Nordwesteuropa 142, in der Bretagne 142, in Spanien 143, in Sardinien und Corsica 143, auf der Balkanhalbinsel 144, auf dem Libanon und Sinai 144, in Madagaskar 146, in Ostasien und Nordostsibirien 148 f., in Australien 151, in Tasmanien und Neuseeland 151 f., in Amerika 152 f., auf den Falklands-Inseln 79, 152.
Geringe Grösse der heutigen Gletscher 153, Gletscher an der unteren Fläche schwer zu untersuchen 153 f., jeder Gletscher folgt eigenen Gesetzen 154, Einwirkung auf den Untergrund 156, Gletscherwirkungen auf den dänischen Inseln 156 f., Beziehung der Gletscher zu Fjorden 160, erodirende Leistungen der Gletscher 161.
Gonzales 108.
Gorée 80.
Gormaz, Ramon Vidal — 108.
Gotland 158, 161, 162. Gotländischer Typus 162.
Gotska Sandoe 167 f.
Gough-Insel 76.
Grahamland 73, 74.
Grand Cayman 42.
Grandidier 14.
Granville 125.
Great Bamboo Island 49.
Greifswalder Oie 168.
Grenada 46, 51.
Grenze zwischen Insel und Continent 22.
Griechische Inseln werden mit den malayischen und westindischen verglichen 34 ff.

Grönland, Grösse 24, ob aus Inseln bestehend 62 f., Höhen 66, Geologie 71.
Groote Eilandt 157.
Grossbritannien 3, 92, 162.
Grossbritannischer Typus 162.
Guadeloupe 46.
Guajiro (Halbinsel) 51.
GÜNTHER, über Schildkröten auf Aldabra 11, über von Matrosen verschleppte Schildkröten 12.
Guernsey 125.
Guinea-Inseln 79.
GUMPRECHT, über Geologie Westafrika's 80.
Gunong Bobokaräng 45.
Gunong Tomboro 172.

HAAST, über Gletschererosion in Neuseeland 152, Anm. 1 u. 2.
Haast (Fluss) 152.
Haddington, Mount — 74.
HAGEN, über die Veränderung der Ostseeküste 130.
Hagion Oros-Halbinsel 44.
HAGUE, über das Klima der äquatorialen Südsee 25, über eine wandernde Sandbank 167.
Haiti 46.
Hall-Becken 71.
Halmahera 45, 50.
Hamelin Pool 149.
Hanisch-Inseln 87.
Hawai 30, Geologisches 100 f.
Hawkesbury (Fluss) 150.
Heard-Insel 93.
Hebriden, neue — 51, 185.
HEDENSTRÖM 67.
HEER, über die Geologie des Parry-Archipels 71.
Helena, St. — 15 f., 76, 114.
HELLAND, über Höhlen auf den Färör 133, Erosion silurischer Schichten in Schweden 159.
Henrietten-Insel 67.
Herald-Insel 66.
Hermanos, Los — 51.
Herschel, Mount — 73.
HEUGLIN, TH. VON — über den Dahlak-Archipel 87.
Halbinseln, durch Strömungen abradirt 127 f.
HANN 129.
Helgoland 139 f.
Hervey-Inseln 185.
HIBBERT über die Shetland-Inseln 131, 134.
HIEKISCH, über Nowaja-Semlja 68 f.
HIGGIN, über Rodriguez 83.
Hillswick Ness 134.
HINDE, über einige Seeen in Canada 160.
Hinlopenstrasse 70.
Hiwaoa 102.
HOCHSTETTER, F. v. — über eine Seeschlange auf der „Novara" 12, über Moareste 13, über Aenderung der Flora Neuseelands 17; sein Werk über Neuseeland 53, seine Karte der Bruchzonen der Erde 54, 62. Ueber den Ural 69, über St. Paul 94, über die Abnahme vulcanischer Erscheinungen auf Neuseeland 105, über den Krater von St. Paul 111, über die Fjorde Neuseelands 151.
HÖFER, über tektonische Erdbeben 55, über Nowaja Semlja 68 f., über Spitzbergen 70.
HÖRNES, üb. tektonische Erdbeben 55 f., über die Balkanhalbinsel 59, über Samothrake 60.
HOFF, K. v. — über Helgoland 139 f., über den englischen Canal 163.
HOFFMANN, F. Sein Inselsystem 32 f., Südseevulcane als Sicherheitsventile, 33, erhebt Einwände gegen L. v. BUCH's Lehren 33, hält Polynesien nicht für einen versunkenen Continent 33, über die Lage der thätigen Vulcane 33, 52 f., über die Reihen der Koralleninseln 33 f., über die Entstehung der Koralleninseln 178 f.
Honolulu 100.
HOOKER 16.
HOOPER, über die Herald-Insel 66.
Horn-Sund 70.
HOULDER 83.
Hualalai 101.
Hudson (Fluss) 125.
Hudson-Strasse 64.
HUMBOLDT, A. v. Seine Nachrichten über vulcan. Erscheinungen 53, über DARWIN's Korallentheorie 180 f., über die Grösse der Krater 187, über die Richtung der Koralleninseln im Indischen Ocean 191.
Hunter (Fluss) 150.
Hveen 157.

JÄGER, über das norwegische Meer 70.
James Hall-Gruppe 49.
Jan Mayen 64, 72, 77.
JANSEN 27.
Japans Küsteninseln 147.
Japanisches Meer 39 f., 48.
Java 115, Anm. 3.
Iblei, Monti 115.
Ida auf Kreta 43.
Jeannette-Expedition 64, 67.
Jeannette-Insel 67.
Jenisei 171.
Jezirat Darai 85.
Jezirat Samheh 85.
Ikomi, Berg von — 82.

Indischer Ocean, Tiefen 19, Inseln 81 ff., submarine Falten 95 f., 191.
Inseln, ursprüngliche 3, Unterscheidung derselben von Continenten 23 ff., Grössenclassen der Inseln 24 ff., Entfernung der Inseln vom Festlande 27 f., Continental- und pelagische Inseln bei HOFFMANN 33, tektonische Inseln 34 ff., 56, Erosionsinseln 116 ff., Aufschüttungsinseln 165 ff.
Inselreihen Ostasiens 47 ff., Westindiens 51 ff., des Mittelmeeres 52, der Viti-Inseln 104.
Inselring, arktischer 62 ff., ist im N. der grossen Oceane unterbrochen 65, Höhen 66, Geologie 66 ff., Seltenheit vulcan. Erscheinungen und Erdbeben daselbst 72.
Inselring, antarktischer 72 ff., zerfällt in drei Gruppen 73, ist im S. der grossen Oceane unterbrochen 73, Höhen 73, vulcan. Erscheinungen 74.
Inselsysteme ZIMMERMANN's 3 f., PESCHEL's 7 f., WALLACE's 8 f., KIRCHHOFF's 10, STRABO's 27 f., VARENIUS' 29, BUFFON's 29, RITTER's 29, RATZEL's 30, FORSTER's 31, CHAMISSO's 31, L. v. BUCH's 32, HOFFMANN's 32 f.
Johanna (Insel) 82.
JOHANSEN 68.
John, St. (Insel) — 86.
JOHNSTRUP, über Gletscherwirkungen auf den dänischen Inseln 157.
Irland 135 f., 163 f.
Island 3, 64, 66, 72, 77, 172.
Islay 135.
Italien 57.
Itschabo 127.
Juan Fernandez 107.
Juan de Nova, San (Insel) 82.
Jugorsche Strasse 68. Jukon (Fluss) 170.
Jungfern-Inseln 51.
JUNGHUHN 53.
Jura (Insel) 135.

Kadjak 48. Kadu 185.
Kahulani 100.
Kaiser Wilhelm-Pik 93.
Kaloyerifelsen 60.
KALTBRUNNER 23.
Kalymnos 60. Kamaishi 186.
Kamtschatka 46.
Kangaroo Island 150.
KANT über die Grenze zwischen Insel und Continent 23.
Kantavu 104 Anm. 2.
Kao 103, 113.
Kao-Shan 49.
Kara Burun Dagh 44.
Karavi 35, 52.
Karisches Meer 65.
Karische Pforte 68.
Karolinen 97, 185, 189, 191.
Karpathos 43.
Kassandra 44.
Kauai 99.
Kaula 100.
Keeling-Inseln, Pflanzenwelt 5, von DARWIN untersucht 179, angebliche Senkungen 183, Erdbeben u. submariner Ausbruch 188, Wirbelsturm 188.
Kellerasseln 94.
Kemp-Insel 73.
KEMPTHORNE über den Persergolf 89.
Kenai-Halbinsel 48.
Kennedy-Canal 71.
Kephalonia 43.
Kerak 88.
Kerguelensland, Geologie 92, Windstärke 121.
Kerka 144.
Kermadec-Inseln 104.
KERSTEN, über die Comoren 81, über die Seychellen 84.
Keys, die — 176.
Kickerfelsen 110.
Kilauea 101.
Kimolo 52.
Kinara 60.
Kini Balu 45.
King-Sund 149.
Kjoege, Bai von — 138.
KIRCHHOFF, ALFRED. Sein Inselsystem 9, 10, nimmt nichtvulcanische Hebungsinseln an 193.
Kishm 88.
Kiusiu 48.
Klabat 45.
Knox-Land 74.
König Karl-Land 63.
KOHL, J. G. über Aenderung der Flora von Canada 17, über Culturbedeutung der Inselformen 27, über Aufschüttungsinseln im Golf von Mexico 178.
Koljutschinbai 149.
Korallen, fehlen auf den Galápagos 109, bauen die sogenannten Aufschüttungsinseln 176 ff. Ihre Lebensbedingungen 177 f., 189 f. Mächtigkeit der Korallenbänke 190. Flächenförmige Korallenriffe 192.
Koralleninseln, besitzen reihenförmige Anordnung 33 f. Geschichte der Ansichten über ihre Bildung 176 ff. Ansichten von FORSTER 177, FLINDERS 177, CHAMISSO 177, QUOY und GAIMARD 178, EHRENBERG 178, LEOPOLD v. BUCH 178, HOFFMANN 178, BEECHEY 178 f., LYELL 179, 181, DARWIN 179 ff., MAHLMANN

180, A. v. HUMBOLDT 180 f., DANA 181, PESCHEL 181, SEMPER 182, J. J. REIN 182. Koralleninseln von Stürmen sehr beschädigt 184 f., vielfach Erdbeben unterworfen 188 f.
Korea 46, 48, Fjorde 146.
Korinth, Isthmus von — 52.
Korinth, Golf von — 60, 61.
Kos 60.
Kos, Golf von — 35.
KOTZEBUE über Nebel in der Südsee 122.
Kraterähnliche Bergformen 67.
Kreta, von tiefem Meer umgeben 36, Gebirge 43.
KRÜMMEL, über die Strasse zwischen Bali und Lombok 5, über Tiefe der Ostsee 36, über Tiefe der Bandasee 40, über das Andamanische Randmeer 41, über die Faradayhügel 107 Anm. 1, über die Flämische Kappe 168, über die Faradayhügel 187.
KRUSENSTERN, über Vulcane zwischen Japan und den Ladronen 99.
Küstenschwankungen 128 ff.
Kupferinsel 48.
Kurilen 48.
Kusaie 97.
Kusiloakberge 170.
Kuskokwim 170.
Kut-Aleh-Gruppe 87.

Labrador 67.
Laccadiven 191.
Ladronen 98.
Lagunen-Inseln 97.
Lagunenriffe 180.
Lanai 100. LANDGREBE 53.
Langeland 157.
Larus minutus 15.
LASAULX, A. v. — über Sicilien 57, über den Aetna 58, über die Küste des südwestl. Irland 136, über die geolog. Beziehungen zwischen Irland und Schottland 164.
Lasithigebirge 43.
Late 103. LATKIN, über das Lenadelta 171.
Laurisches Gebirge 44.
Lavaströme, neue Inseln bildend 173.
Lawrence-Bai, St. — 149.
Laysan 99.
Lefkonisia 35.
LEGUAT, über Rodriguez 16.
LEHMANN, PAUL, über Veränderungen der Ostseeküsten 138 f., über die submarinen Riegel an Fjorden 155.
Lehua 100.
LEIGH SMITH 63.
Lei-tshóu 146.
Leme, Canale di — 144.
Lemuria 18 f., 84, 95.
Lenadelta 171.
LENTZ, über Höhe der Gezeiten 124 f.
LENZ, üb. die Geologie Westafrika's 80.
Leros 60.
Levitha 60.
Lewis-Insel 135.
Lharidon-Bai 149.
Ljächow-Insel 67.
Limosa melanura 15.
LINNÉ 15.
Linschoten 176.
Liparen 3, 57.
Liautung, Golf und Halbinsel von — 49.
Lisiansky 99.
LISTING 129.
Liu-kiu-Inseln 49.
Lombok 5, 173.
Londonderry, Cap — 149.
Long Island (China) 49, Long Island (Amerika) 169 Anm. 2.
Longos 44.
Lookout Ridge 98.
Lorenzo, San — 127.
Lorient, Golf von — 143.
Los-Inseln 80, 110.
Lucaena glauca 16.
Lucia, St. — 46.
LÜTKE, üb. Erdbebenspalten auf Uleai 189.
Luzon 49.
LYELL über den Einfluss der Windrichtung auf die Höhe der Kraterwände 111, über Erosion 117 Anm. 2, über „Landslips“ in England 122, über eine Regenschlucht in Georgia 122 f., über Flutherscheinungen in der Fundy-Bai 125, über eine Senkung der Ostküste Nordamerika's 126, über Treibflösse 175, über die Koralleninseln 179, 181.

MAACK, K. v. — über die Cimbrische Fluth 163.
MACARTNEY 94.
MAC CULLOCH, über Frostwirkung in Schottland 118.
Macdonald-Insel 93.
Mackenzie (Fluss) 170.
Macquarie-Insel 105.
Madagaskar, Grösse 24, Klima 25, systematische Stellung 81, Vulcane 82, Gletscherspuren 83, 146, Fjorde 146.
Madeira 80.
Mäander 35.
Maestra, Sierra — 47.
MAHLMANN, über DARWIN's Korallentheorie 180.
Maionisi 173.
Makatea 97.
Maláka 46.

Malaspina 61.
Malayische Inseln mit griech. und westind. Inseln verglichen 34 f.
Malden Island 25, 101.
Malediven 184, 191.
Mallorca 62.
Malo, St. — 125.
Malpelo 109.
Manaar (Insel) 91.
Manaar, Strasse von — 91.
Mangarewa 97.
Mangrovebäume 175 f.
Manua 103.
MARCO POLO 13.
Margarita 51.
Maria, Santa — (Insel) 127.
Marion-Insel 92.
Marmarameer 35.
Marquesas 102.
Marshall-Inseln 97, 185, 189, 191.
Martinique 46.
Martin Vaz 78.
Mas a fuera 107.
Mas a tierra 107.
Massara (Ebene) 43.
Mathieu, Pointe de St. — 137.
Matotschkin Schar 68 f.
Maui 100.
Maullin, Rio — 152.
Maulwurf 139.
Mauna Kea 101.
Mauna Loa 101.
Maura, Santa — 43.
Mauritius 83.
Mavro 60.
Mayotte 81.
Mbuke Levu 104 Anm. 2.
MEINICKE über Hawaii 100 f., über die Inseln südlich von Neuseeland 105. Seine Arbeit üb. die Südsee-Inseln 193.
Melbourne, Mount — 73.
Melville-Insel (Polarzone) 71, 72.
Melville-Insel (Australien) 149.
Mendelia, Golf von — 35.
Messina, Strasse von — 57.
Methana 44, 52.
Methode, morphologische 2, 23.
Methode, biologische 2. Schattenseiten derselben 10, 15, 22 f.
MEYER 140.
Meyers Rock 93.
Miau-tau Inseln 49.
Michaels, Mount St. — (Fernando Noronha) 77 f.
Michel, Bai von St. — 137.
MIDDENDORFF, A. TH. v. — 148.
Mikra Kaymeni 173.
Milledgeville 122.
Milo 52.
Mindanao 49.
Minerogene Aufschüttungsinseln 166.
Mjoes (See) 159.
Misdroy 139.
Mittelmeere besitzen tiefe abgeschlossene Becken 42 f., besitzen meist hohe Inseln 47, sind reich an Vulcanen 33, 52 f., sind Bruchzonen 53 f., sind reich an Erdbeben 53 f.
Mittelmeeres, Tiefen des — 36, 37.
Moa 12.
Mocha, La — 127.
Moen 138, 156.
Mohéli 81.
Mohilla 81.
Mohn (Insel) 158.
Moila 81.
Molokai 100.
Molokini 100.
Molukken 165.
Molukkensee 40.
Molyneux-Hafen 13.
Mondoleh 80.
Montserrat 46.
Morbihan 143.
MORESBY, über die Malediven 184, über Erdbeben auf den Chagos 188.
Morlaix, Fjord von — 142.
MOSELEY, über Aussterben der Inselfaunen 10 f., über Kerguelensland 93, 95, über die Heard-Insel 93, über die Kermadec-Inseln 104 Anm. 4.
Mounts-Bai 125.
MÜLLER, SALOMON, über die Thierwelt der Sunda-Inseln 6.
Mull 133, 135.
MULLENS 83.
Murchison, Mount — 73.
MURRAY, über Küstenablagerungen 166, üb. den Wyville Thomson-Rücken 169.
MUSGRAVE 105, über das Klima der Auckland-Inseln 121.
Mykonos 60, 115.

Nagaras, Cap — 35.
Nantucket 169 Anm. 2.
Narborough 109.
Narcondam 50.
Nauplia, Golf von — 35.
Naxos 43, 60, 115.
Nauset 169.
Nea Kaymeni 173.
Nebel 121 f.
Necker Island 99.
Nelson 170. Nelson Island 170.
Neubritannien 102 Anm. 2.
Neuguinea 24.
NEUMAYR, über die Küstenländer des Aegäischen Meeres 59 ff.
Neuse River 125.
Neuseeland, Aenderung der Flora auf — 17, Beziehung zu Australien 20, Fjorde u. Gletscher 151 f., Erdbebenwellen 186.

Neusibirien 64, 67.
Newfoundland, Bank von — 66.
Niederschläge, Erosion durch — 121.
NIEMANN 140.
Nihoa 99.
Niihau 99.
Nikaria 43, 60.
Ningpo 146.
Nisyros 52, 60.
Niuafu 111.
NORDENSKIÖLD, über das Borkenthier 14, über die Bären-Inseln 67, über die Geologie Neusibiriens 67, über die Geologie Spitzbergens 69, über Gletscher in Ostsibirien 148 f.
Nordspitzen der Continente 62.
Norfolk-Insel 124.
Norwegischer Typus 161.
Nossibé 81.
Nossikomba 81.
Novara-Expedition 12, 93 ff.
Nowaja Semlja 68, 69.
Nuyts-Archipel 150.

Oahu 100.
Ob 171.
Ocean Island 99.
Ochotskisches Meer 39.
Oeland 158, 162.
Oesel 158, 162.
OLIPHANT, über Fjorde auf Tsusima 147.
Olosenga 103.
Oparo 102, 185.
Oräfa Jökul 66.
Orkane zerstören Koralleninseln 184 f.
Ormus 88.
Ostasiens Fjorde 146.
Ostchinesisches Meer 40, 49.
Ostseeküsten 130, 135.
Oster-Insel 98.

Pae-Choi 68.
Palaea-Kaymeni 173.
Palau-Inseln 96, 182, 191.
Paláwan 49.
Palks-Strasse 90 f.
Palmyra Island 101.
Palomas 127.
Palominas 127.
Pamaudzi 81.
Pámbampassage 91 f.
Pampas 17.
Panama 175.
Papa Stour 134.
Paria, Halbinsel von — 51.
Parana 175.
Paros 115.
Parry-Archipel 64, 66, 71.
Patmos 60.
Pattersontiefe 41.
Paul, St. — (Atlantischer Ocean) 76, 98, 110.
Paul, St. — (Indischer Ocean) 93 ff., 111 f.
Paumotu-Inseln 97, 185, 191.
PAYER, über Beschaffenheit Grönlands 63, über Franz Joseph-Land 69.
PEACH 132 f.
Pelamys bicolor 12.
Pelion 44.
Pellew, Sir Edward — -Gruppe 151.
PELLY über die Seychellen 84, über den Persergolf 88.
Pembroke 136.
PENCK, über Küstenschwankungen 129 Anm. 1 u. 2, über Geschichte der Glacialgeologie 141, über Gletschererosion 153 f.
Pendulum Island 71.
Penmarch, Pointe de — 137.
Penrhyn-Inseln 97.
Penshinsk, Meerbusen von — 39.
Pentelikon 59.
Perim 87.
PÉRON 111.
Péron-Halbinsel 149.
Persergolf. Inseln desselben 88 f., Tiefe 88, vulcanische Spuren 89, Fjorde 145.
Peruanischer Küstenstrom 191.
PESCHEL. Sein Inselsystem 7 f., Aenderung der Flora St. Helena's 16, über Lemuria 18 f., über Landzusammenhang zwischen Australien und Neuseeland 19 f., über fünf weder von Vulcanen noch von Korallen aufgebaute Archipele 34 f., über Saghalin 39, über die ostasiatischen Inselcurven 47 f., über Tiefe des nördl. Eismeeres 65, über den St. Paulsfelsen 76, über die Inseln des südl. Indischen Oceans 95, über die Ladronen 99, über die Kückeneinschnitte Dalmatiens 143, über die Aehnlichkeit der griech. mit den dän. Inseln 157, über Ausschürfung der Fjorde durch Gletscher 160 f., über DARWIN's Korallentheorie 181.
Peterborough, Kathedrale von — (Felsen) 108, 110.
Petermannspitze 66.
Pe-tshi-li, Golf und Strasse von — 49.
Phönix-Inseln 101.
Phytogene Aufschüttungsinseln 174.
PIJNAPPEL 45.
PILLA 57.
Pitcairn Island 97, 98.
Plantago major 17.
Platform Island 78.
Plessidi 44.
Polaris-Bai 65, 117.

Polino 52.
Polykandros 52.
Ponza-Inseln 57.
Porto Santo 80 Anm. 6.
Pororocas 123 f.
Pouldu, Anse du — 143.
POURTALÈS, Graf 190.
Pourtalès-Plateau 190.
Prästoe, Bucht von — 138.
PRENTICE, über die Malediven 184.
Preparis-Insel 50.
Principe 79.
Prinz Edward-Insel 92.
Prinz Patrick-Insel 64.
Polythalamien 190.
Pori 44.
Poros 52.
Possession-Insel 92.
Providence-Insel 84.
Puget-Sund 152.
PUMPELLY über die Eiszeit 156.
Puynipet 97.

Quellen, Erosion durch — 123 f.
Quelpart-Insel 48.
QUOY und GAIMARD 178.
Quoin Island 49.

Radack-Gruppe 185.
Rahemeh-Inseln 87.
Raiwawai 102.
Rameswaram oder Ramiseram 91.
RAMSAY, über Erosion in Wales 137.
Rance, die — 142.
Randsfjord 159.
Rangitoto 113.
Rapa 102, 185.
Rapanui 98.
Rarotonga 102.
Ras Mesandum 89.
Ras Mohammed 145.
RATHLEF, über die Geologie der Ostseeprovinzen 158 f.
Ratteninsel 78.
RATZEL, über die Grenze zwischen Insel und Continent 25 f., RATZEL's Inselsystem 30, über Fjorde 141, über Tiefe der Fjorde 155, über Erosionsinseln an der amerikan. Küste 169 f.
Ravadinera (Untiefe) 100.
Recherche-Archipel 150.
Regenfurchen 122.
Regenlosigkeit ist nicht immer Merkmal continentalen Klima's 25.
REIN, über einen japanischen Fluss 39, über den Namen der Bonin-Inseln 98, über japanische Küsteninseln 147, über das Fehlen der Gletscher in Japan 148, über DARWIN's Korallentheorie und die Entstehung der Koralleninseln 182, über die Erhöhung der Grundlagen der Korallenriffe 189f., über die Mächtigkeit der Korallenbänke 190, über die Bermudas 193.
REISS, über die Hebung des Amazonas-Gebietes 124.
RENARD über den St. Paulsfelsen 76 Anm. 5.
Réunion 83.
Revillagigedos-Inseln 109.
Rhodus 43.
Rhizophoren 175.
Rhytina Stelleri 14.
Ria de Foz 137.
RICHTHOFEN, F. v. — über den Hauptgegenstand der wissenschaftlichen Geographie 21 f., über die Hebung Nordchina's 40, über die Gebirge Korea's 46, über die Miau-tau-Inseln 49, über Erosion 117, über Saigerungsprocesse durch den Wind in Wüsten 119, über die Wirkung der Brandungswellen bei vorrückender oder zurückweichender Küste 128, über Schliffe auf Brandungsgeröll 132, über ein Anzeichen der Küstensenkung 134, über die Küsteninseln China's 146, über das Fehlen der Gletscher in China 148, über eine Notiz PUMPELLY's 156.
Riefe, von FORSTER erwähnt 31, 177.
RITTER, über die culturhistorische Bedeutung der Inselgrössen 27, RITTER's Inselsystem 29, über die Passübergänge der malayischen Halbinsel 46, über die Inseln im Persergolf 88, über Fjorderscheinungen ebenda 89 f., 145, über die systematische Stellung Ceylons 90.
Robeson-Canal 71.
Rocca partida 109.
Rodriguez 16, 21, 83.
RÖMER, über zerstörte Silurgebiete in der Ostsee 158.
Romantzof, Cap — 170.
Rosa, Santa — 110.
ROSS, JAMES CLARKE — über Prinz Edward- und Marion-Insel 92, über Stürme bei Kerguelensland 121.
Ross, Mount — auf Kerguelensland 93.
Rossi, Monti — 172.
Rothes Meer, Inseln daselbst 85 ff., 178, 192.
Rotondo, Monte — 45.
Rotti 50.
Rotumah 104.
Ruden 168.
Rügen 139, 168.
Ruk 97.

Sabine-Insel 71.
Sabine, Mount — 73.

Sackville 125.
Saddle Island 56.
Saghalin 39, 48.
Salamis 59.
Sala y Gomez 98, 110.
Salomon-Inseln 51.
Saltholm 138.
Samar 49.
Samoa-Inseln 102 f., 185.
Samos 43.
Samothrake 43, 60.
Samsun Dagh 44.
Sandholme 31, 177.
Sandwich-Bai (Süd-Afrika) 127 Anm. 3.
Sandwich-Gruppe (südl. Eismeer) 73.
Sandwichs-Inseln 99 ff.
Sandy Islands 170.
Sangir-Inseln 50.
Santorin 52, 60, 111, 114 f., 173 f.
Sardinien 115.
Saros, Golf von — 35.
SARTORIUS V. WALTERSHAUSEN's und A. v. LASAULX' Aetnawerk 53.
Savaii 103, 114.
Scalanova, Golf von — 35.
Schantar-Inseln 48.
Schildkröten, auf Aldabra 11, auf den Galápagos 11 f., von Seeleuten verschleppt 12.
SCHMARDA, über Schwankungen im Auftreten gewisser Thiere 15.
SCHMIDT, über Gletschermangel in Ostasien 148.
SCHNEIDER, über die Gebirge Borneo's 45, über den Bruchrand Java's 55.
Schottland, Küsteneinschnitte in — 131 ff., geolog. Stellung 164.
SCHRENK, über Strömungen im Ochotskischen Meer 39, über den Gebirgsbau des Urals u. Nowaja Semlja's 68.
Schujak 48.
Schumagin 48.
SCHUMANN, über den Weichseldurchbruch 123, über Senkung der Ostseeküste 130.
Schumschu 39.
Schwarzes Meer 38.
Schwedischer Typus 162.
SCHWEINFURTH, über Erosion durch den Wind 120.
SCLATER 18.
SCORESBY 63.
SEEBACH, K. v. — 113, 174.
SEEBOHM 171.
SEEMANN, über Rhizophoren 175.
Seeland 30, 138.
SEIBT, über das Mittelwasser der Ostsee 130.
SEMPER, über die Palau-Inseln 96 Anmerk. 1, 182, über DARWIN's Koraltheorie 182.
Seriphos 115.
Seto-uchi 147.
Seychellen 84.
Shantung 49.
Shinanogawa 39, 39 Anm. 3.
Shannon (Insel) 71.
Shannon (Fluss) 136.
Shetland-Inseln 132.
SIBREE, über die Vulcangebiete Madagaskars 82 f., über Gletscherspuren auf Madagaskar 146.
Sicilien 28, 57, 115.
Sicilische Strasse 37.
SIEVEKING, über Halbinseln des westlichen Südamerika 127.
Sigsbeetiefe 42.
Siljasee 159.
Silla de Torellas 45.
SILO, GODLOB — 111.
SIMSON, JOHN — 78.
Siphnos 115.
Sitchinak 48.
Sitiagebirge 43.
Skerryvore 132.
Skopelos 35.
Skudesnaes 121.
Skye 135.
Smith-Sund 71.
SMYTH, über die Columbretes 61.
Socorro 109.
Socotora 85.
Sombrero 51.
Sounds, The — 151.
Spencer-Golf 150.
Spezzia Pulo 35.
Spitzbergen 66, 69.
SPIX und MARTIUS, über Schlangen auf Treibflössen 12, über die Pororoca 123, über Treibflösse 175.
Starbuck Island 101.
Staubregen 121.
STELLER 14.
STEVENSON 131.
Stockholm 172.
STOKES 129.
Stolbowoj-Insel 67.
Stor-Fjord 70.
STRABO 2. Sein Inselsystem 27 f.
STRACHAN 176.
Strafcolonien 114.
Strandriffe 180.
Stroemoe 133.
Strömungen, Erosion durch — 127 f.
STRONG, JOHN — 78.
STUDER, über die Arten der Erosion 116, über Erosion durch Frost 118, über die Dykes von Trapp auf den Hebriden und in Irland 135.
Sturmwellen, Einfluss der — auf die Küstenform 112.
STURT, CHARLES — 24.

Südchinesisches Meer 40, 50.
Südsee, Inseln in derselben 96 ff., Faltungen am Boden der Südsee 106 f., 187.
Südgeorgien 73.
Süd-Orkney-Inseln 73.
Süd-Shetland-Inseln 73.
Süss, Eduard — über die Bruchzonen der Erde 53 f., über Gebirgsbildung 54 f., über tektonische Erdbeben 55, über den Gebirgsbau Italiens 57, über die Küsteneinschnitte Dalmatiens 58, 144 f., über den Ural 69.
Sulu-Inseln 49.
Sulusee 40, 50.
Sumatra 24, 46.
Supan, über Temperaturschwankungen 117, 119.
Swinemünde 130.

Ta-chu-shan 49.
Tafuafluss 62.
Tahiti 30, 102, 113.
Talanti, Golf von — 35.
Talaut-Inseln 50.
Tamara 80.
Tane Latsak 81.
Tarawai 98.
Tas 171.
Tasmanien 151.
Tausend Inseln 70.
Taygetus 44.
Tektonische Erdbeben 55 f.
Tektonische Inseln 34 ff., Aufstellung des Namens 56, Eintheilung derselben 110 ff.
Temperaturschwankungen 117, 119.
Tenos 115.
Testigos-Inseln 51.
Thasos 35, 43.
Thermopylen 59.
Thessalische Küstenkette 59.
Thomé, St. — 79.
Thompson-Insel 76.
Thomson-Tiefe 20, 41.
Tiefen, bedeutende im südöstlichen Mittelmeer 36, zwischen Algier und Toulon 37, im schwarzen Meere 38, bei den Kurilen 38, in den Sundameeren 40, im Caribischen Meer 42, im Golf von Mexico 42, zwischen Grönland und Spitzbergen 64, im Karischen Meer 65, in der Davis-Strasse 65, im südlichen Indischen Ocean 74, an den Mascarenen und Comoren 85.
Tiefe, grösste bisher gemessene 38.
Timor 50.
Tiriolo, Senke von — 46, 57.
Tobago 51.
Todd, über das Klima von Südaustralien 25.
Tofua 103, 113.
Tokelau-Inseln 97.
Tonga-Inseln 103 f., 185.
Tongatabu 124.
Tortuga 51.
Tour, Glacier du — 155.
„Travailleur“, Arbeiten des — 37.
Treibeis im Beringsmeer 38 f.
Treibflösse 12, 174 f.
Trieux, Golf von — 142.
Trinidad (Westindien) 51.
Trinidad (Atlantischer Ocean) 78.
Tristan d'Acunha 71, 113.
Trockenperioden auf der südl. Halbkugel 25.
Tscheljuskin, Cap — 64.
Tsusima 48, 147.
Tubuai-Gruppe 102.
Tugidak 48.
Tuomey, über Inselbildung durch Rhizophoren 176.
Tupunga 186.
„Tuscarora“, Expedition der — 38, 106.
Tuscarora-Tiefe 55.
Tutuila 103.
Tyrifjord 159.
Tyrrhenisches Meer 37.

Ukamok 48.
Uleai 189.
Upland 172.
Upolu 103, 114.
Ural 68, 69, 191.
Ureparapara 111.
Urga (Insel) 48.
Urup 38.

Vancouver, über die Insel Oparo 102.
Vanua Levu 104 Anm. 2.
Varenius, über die Grenze zwischen Insel und Continent 23, 25, über Grössenclassen der Inseln 26 f., Inselsystem des Varenius 28 f., über Aufschüttungsinseln 165.
Vélain, über Neu-Amsterdam und St. Paul 94 f., über den Krater von St. Paul 111.
Ventotene 57.
Vespertilio noctua 15.
Victorialand 73.
Vincent-Golf, St. — 150.
Vincent, St. — (Insel) 12 f., 46.
Vineta 138.
Viti-Inseln 104.
Viti-Levu 104 Anm. 2.
Vlaming 111.
Volo, Halbinsel von — 52.
Vourkos, Cap — 35
Vulcane der Südsee als Sicherheits-

ventile 33, thätige Vulcane meist am Saum der Continente 33, Vulcane zahlreich in Mittelmeeren 33, vulcan. Ausbruch in der Samoa-Gruppe 103, vulcan. Thätigkeit in der Südsee, Vertheilung derselben 106.

Wagner, Hermann — über die Grenze zwischen Insel und Continent 24.
Waialeale 100.
Waigatsch 65, 68.
Walan 197.
Waldegrave, über Pitcairn Island 98.
Walfisch-Bai 127, Anm. 3.
Walfischrücken 127.
Wallace, über den Malayischen Archipel 5 ff.; Wallace's spätere Werke 8, sein Inselsystem 8 f., über den Aepyornis 13, über Waldverwüstung auf St. Helena 16, über Celebes 18, über Lemuria 19, über den Granit der Seychellen 84, über Ceylon 90.
Ward, über Socotora 85.
Warekauri 104.
Wataroa-Fluss 152.
Weichsel 123.
Wellen des Meeres, Erosion durch dieselben 128 ff., Druck derselben 132.
Wellesley Island 151.
Wellington 186.
Wellsted, über Socotora 85, über Ormus 88.
Wenersee 159.
Westerlund, über die Veränderung der schwedischen Vogelfauna 15.
Westindische Inseln mit den griechischen und malayischen verglichen 34 ff., Höhenverhältnisse derselben 46.
Wetzstein 85, 119.
Wetter (Insel) 50.
Wettersee 159.
White Rocks 85.
Wilkes, über den Mauna Kea 101.
Wilkesland 73.
Windsor Earl, über den Malayischen Archipel 6.
Wind, Erosion durch denselben 119 f. Einfluss desselben auf die Brandungswellen 120 f.
Windstärke an Küsten 120 f., in Christiania und Skudesnäs 120 f.
Wittow 130.
Wojeikow über Gletscher in Brasilien 152 f.
Wolf, über die Galápagos 108.
Wollaston 16.
Worms (Insel) 158.
Wrangel, über Frostwirkung auf Felsen 65, 117.
Wrangel-Insel 64, 67.
Wybrand 13.
Wyville Thomson, über die Steinströme auf den Falkland-Inseln 79.
Wyville Thomson-Rücken 169.

York-Halbinsel 150.
York, Cap — 150.
Young-Insel 74.

Zannone 57.
Ziegen-Insel 107.
Zimmermann — thiergeograph. Werk desselben 2 ff., seine Ansichten über alten Zusammenhang der Inseln und Continente 3, über die Grenze zwi- Insel und Continent 23, über vulcanische Aufschüttungsinseln 171 f.
Zirkel, über die Geologie Islands 77, über Erosionshöhlen auf Mull 133, über Trappgänge auf Arran 135.
Zittel, über einige Alpenseen 155 Anm. 4.
Zmuttgletscher 154.
Zöppritz 129 Anm. 2.

Groddeck, Albrecht von, Die Lehre von den Lagerstätten der Erze. Ein Zweig der Geologie. Mit 119 Abbildungen in Holzschnitt. gr. 8. 1879. geh. ℳ 8.—

Kohl, Johann Georg, Die geographische Lage der Hauptstädte Europa's. gr. 8. 1874. geh. ℳ 10.—

Der Verfasser schildert die Ursachen der Lage und Weltstellung der namhaften Hauptstädte Europa's. Er behandelt die Richtung der auf sie zielenden Flussläufe und Thalbecken oder der bei ihnen zusammentreffenden Küstenlinien und entwickelt daraus, wie der lebendige Verkehr das Emporblühen der einzelnen Plätze herbeigeführt hat.

Der Periplus des Erythräischen Meeres von einem Unbekannten. Griechisch und deutsch mit kritischen und erklärenden Anmerkungen nebst vollständigem Wörterverzeichniss von **B. Fabricius.** gr. 8. 1883. geh. ℳ 6.—

Petermann, Julius Heinrich, Reisen im Orient. Mit einem Titelbild und einer Uebersichtskarte der Reisen 1852—1855, entworfen von H. Kiepert. Zweite Ausgabe. Zwei Bände in einem Band. gr. 8. 1865. geh. ℳ 9.—

Richthofen, Ferdinand Freiherr von, **Aufgaben und Methoden der heutigen Geographie.** Akademische Antrittsrede gehalten in der Aula der Universität Leipzig am 27. April 1883. gr. 8. geh. ℳ 1.80

Sachs, Carl, Aus den Llanos. Schilderung einer naturwissenschaftlichen Reise nach Venezuela. Mit Abbildungen im Text und einem Titelbilde. gr. 8. 1879. geh. ℳ 9.—

Das Werk des in den Tiroler Alpen verunglückten hoffnungsvollen jungen Gelehrten ist eine der besten Erscheinungen auf dem Gebiete der neueren Reisebeschreibung. Es schildert in lebendiger und anziehender Weise die Erlebnisse und Eindrücke des Verfassers auf einer im Auftrage der Berliner Akademie der Wissenschaften auf Kosten der Humboldtstiftung in den Jahren 1876—1877 ausgeführten Reise nach Venezuela.

Schultze, Victor, Die Katakomben. Die altchristlichen Grabstätten. Ihre Geschichte und Monumente. Mit 52 Abbildungen im Text und einem Titelbilde. Royal-8. 1882. geh. ℳ 10.—

In knapper und präciser Darstellung werden zum ersten Male in deutscher Sprache in selbständiger Weise die Resultate der gesammten Katakombenforschung übersichtlich dargestellt. Der Verfasser beschränkt sich nicht auf die Katakomben Roms, sondern zieht auch Sicilien, Griechenland u. s. w. in den Bereich seiner Darstellung.

Druck von Metzger & Wittig in Leipzig.

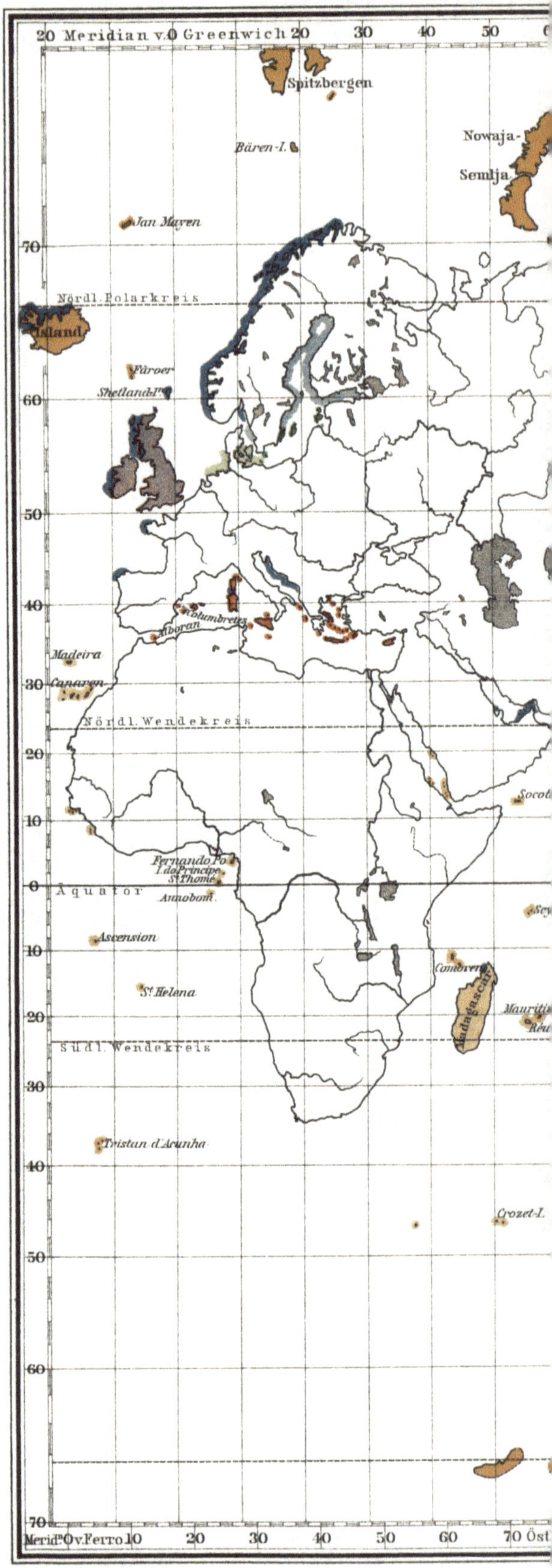
20 Meridian v. 0 Greenwich 20 30 40 50
Spitzbergen
Bären-I.
Nowaja-
Semlja
Jan Mayen
Nördl. Polarkreis
Island
Färoer
Shetland I.
Columbretes
Alboran
Madeira
Canaren
Nördl. Wendekreis
Fernando Po
I. do Principe
St. Thomé
Äquator
Annobom
Ascension
St. Helena
Comoren
Madagascar
Südl. Wendekreis
Tristan d'Acunha
Crozet-I.
Merid. 0 v. Ferro 10 20 30 40 50 60 70

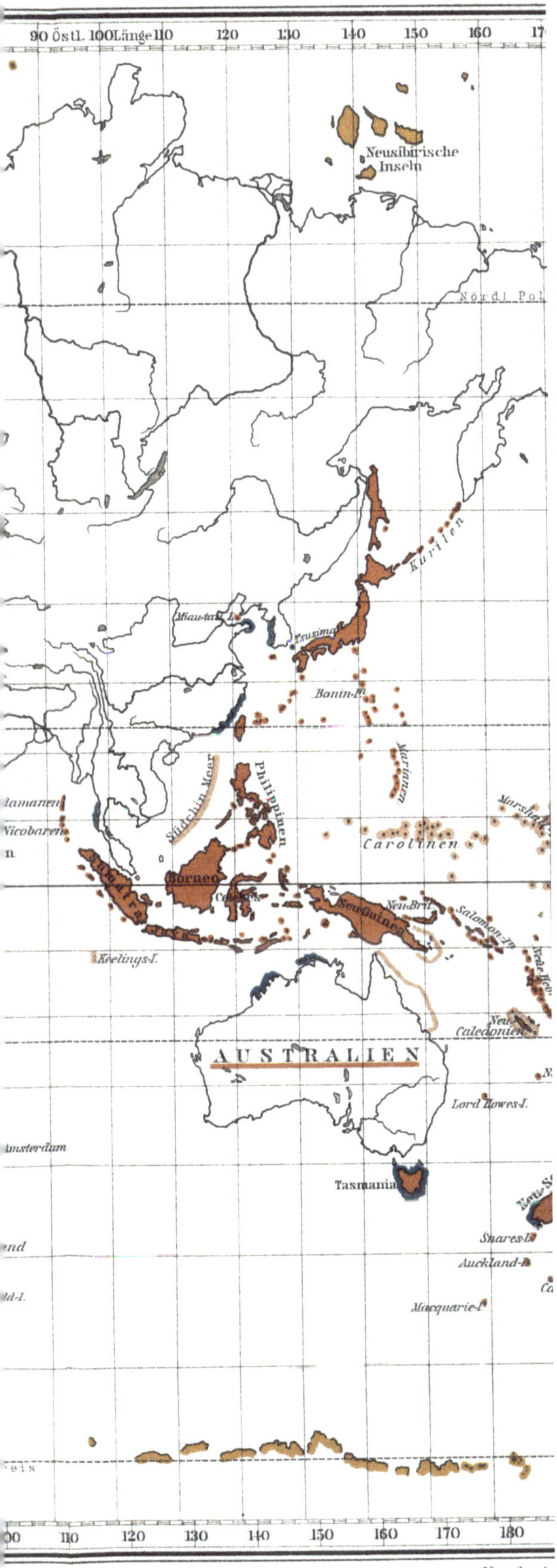

90 Östl. 100 Länge 110
120
130
140
150
160
Neusibirische Inseln
Nördl. Pol
Kurilen
Miau-tau-I.
Tsusima
Bonin-I.
Marianen
Südchin. Meer
Philippinen
Carolinen
Borneo
Sumatra
Celebes
Neu-Guinea
Neu-Brit.
Salomon-In.
Keelings-I.
AUSTRALIEN
Neu-Caledonien
Lord Howes-I.
Amsterdam
Tasmania
Snares-I.
Auckland-I.
Macquarie-I.
110
120
130
140
150
160
170
180

Verlag

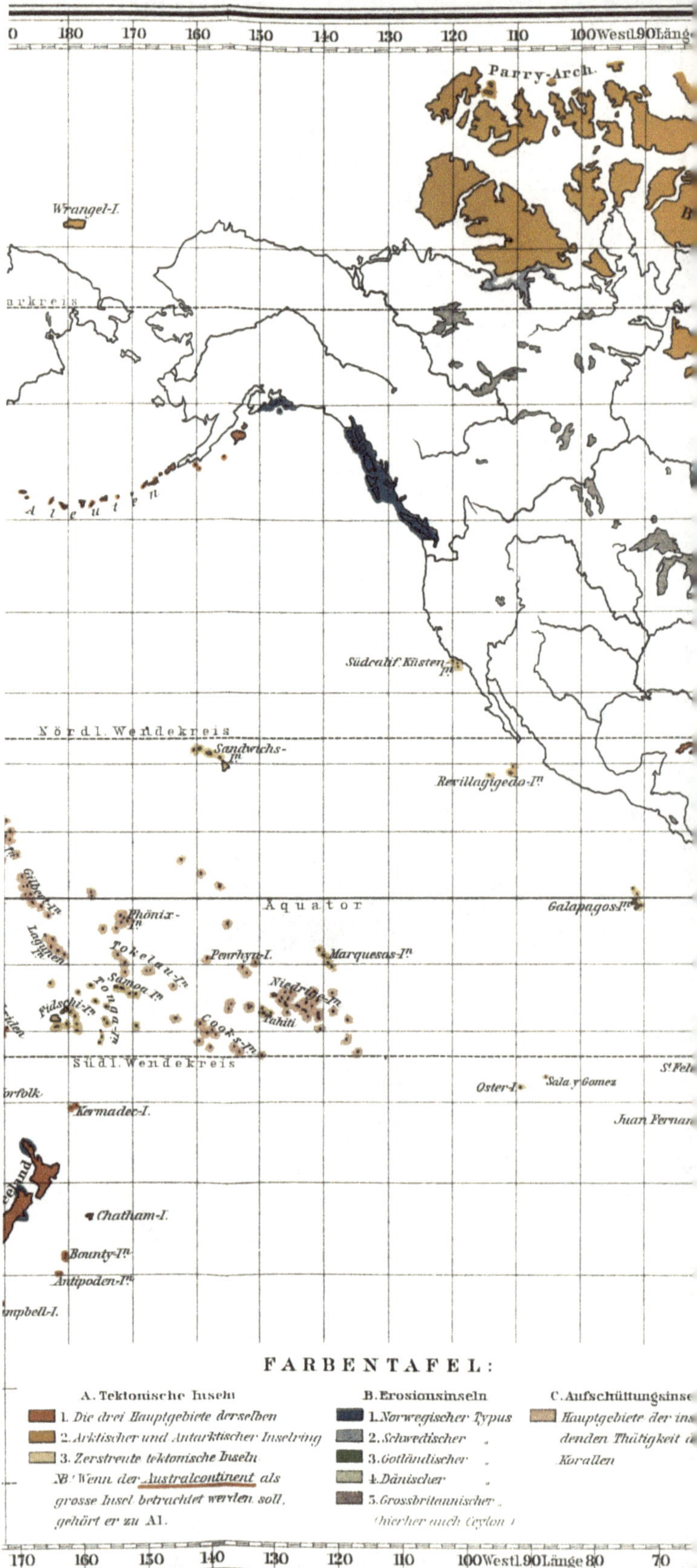

von Veit & Comp. in Leipzig.

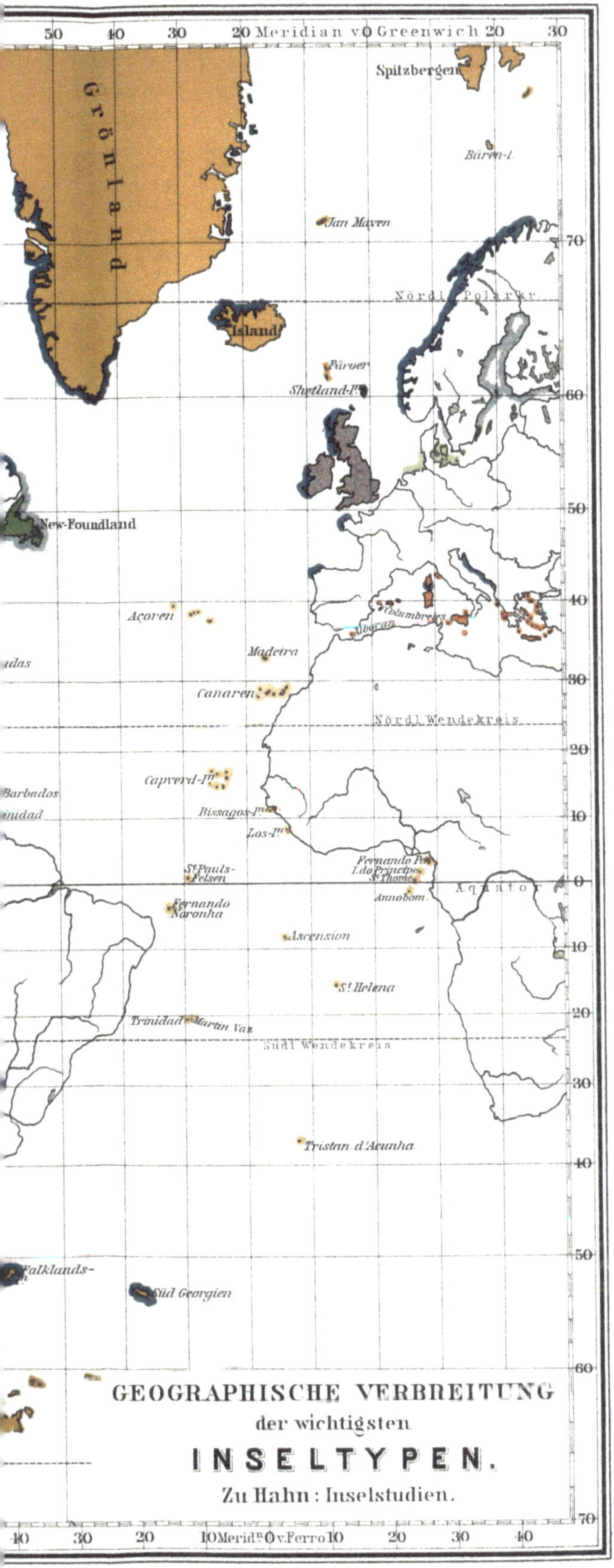

GEOGRAPHISCHE VERBREITUNG der wichtigsten INSELTYPEN.

Zu Hahn: Inselstudien.

Zeitfracht Medien GmbH
Ferdinand-Jühlke-Straße 7
99095 Erfurt, Deutschland
produktsicherheit@kolibri360.de